胚胎电子系统移除-进化自修复方法及应用

Elimination-Evolution Self-Repair Method and Application of Embryonics System

朱　赛　孟亚峰　韩春辉　吕贵洲　安　婷　编著

哈爾濱工業大學出版社

内 容 简 介

本书主要介绍仿生电子系统(胚胎电子系统是其中的一种)的发展现状,分别从胚胎电子系统的移除-进化自修复方法、具有进化能力的胚胎电子系统结构、目标电路快速进化自修复方法、新型的电子细胞基因存储结构及胚胎电子系统实验系统设计方法等方面进行研究与分析,并结合高可靠性阵列天线设计需求,研究基于胚胎电子系统的阵列天线结构及其修复方法,进行阵列天线仿生自修复实验系统的设计与实现。

本书是作者近年来在此领域研究工作的总结,适合电子系统设计人员及相关研究人员阅读,也可作为电子系统设计、雷达天线设计、可靠性设计与维修工程等相关专业研究生或高年级本科生的参考书。

图书在版编目(CIP)数据

胚胎电子系统移除-进化自修复方法及应用/朱赛等编著. —哈尔滨:哈尔滨工业大学出版社,2024,11.
ISBN 978-7-5767-1754-9
Ⅰ. TN82
中国国家版本馆 CIP 数据核字第 2024ME0933 号

策划编辑　薛　力
责任编辑　王会丽
封面设计　刘　乐
出版发行　哈尔滨工业大学出版社
社　　址　哈尔滨市南岗区复华四道街 10 号　邮编 150006
传　　真　0451-86414749
网　　址　http://hitpress.hit.edu.cn
印　　刷　哈尔滨市石桥印务有限公司
开　　本　787 mm×1 092 mm　1/16　印张 15.25　字数 334 千字
版　　次　2024 年 11 月第 1 版　2024 年 11 月第 1 次印刷
书　　号　ISBN 978-7-5767-1754-9
定　　价　97.00 元

前　言

自组织、自修复、自适应是物体生长、生存、适应不同环境的基础,这些迷人的特性深刻吸引着电子系统设计工作者,设计具有自组织、自修复、自适应能力的电子系统,成为电子系统设计工作者孜孜追求的目标。围绕电子系统的自组织、自修复、自适应能力,研究者开展了深入研究。特别是在电子系统的自修复方面,开展了大量研究,初步取得了一些成果。本书在总结国内外相关研究成果的基础上,结合本单位(陆军工程大学石家庄校区)近年来的研究编著而成,旨在抛砖引玉,为相关领域的研究人员提供借鉴和参考。

本书共8章,第1章绪论,介绍仿生电子系统研究背景及意义、仿生电子系统国内外研究现状;第2章胚胎电子系统的移除-进化自修复方法,主要介绍仿生电子系统的自修复方法,分析自修复方法的优点及不足,重点介绍移除-进化自修复方法;第3章具有进化能力的胚胎电子系统结构,主要介绍胚胎电子系统结构设计、功能层的胚胎电子阵列设计、电子细胞结构设计及修复层结构设计;第4章目标电路快速进化自修复方法,主要介绍基于电路综合思想的进化自修复,详细讨论进化自修复过程中的胚胎电子阵列的数学描述、功能分化方法、目标电路评估方法及基于功能重分化的电路快速进化自修复;第5章新型的电子细胞基因存储结构,主要介绍常用的基因存储结构,详细阐述部分基因循环存储结构、阵列中基因配置和基因更新、控制电路的分析与设计,分析部分基因循环存储结构的可靠性及硬件消耗,介绍基因备份数目优选方法;第6章胚胎电子系统实验系统设计,主要介绍实验系统框架结构、实验系统的硬件设计与实现、支持软件设计与开发等;第7章基于胚胎电子系统的阵列天线,主要介绍基于TR细胞的阵列天线自修复结构及其修复流程,分析自修复阵列天线的可靠性,探讨自修复阵列天线的优化设计方法;第8章阵列天线仿生自修复实验系统,主要介绍实验系统总体结构、实验系统硬件平台的设计与实现,以及进化修复软件的设计与实现。

本书是作者近年来在此领域研究工作的总结,鉴于理论水平和学识有限,书中难免存在疏漏和不足之处,恳请读者批评指正。

作　者

2024年9月

目　　录

第1章　绪　　论

1.1　仿生电子系统研究背景及意义

微电子技术的飞速发展,使得复杂可编程逻辑器件(complex programmable logic device,CPLD)、现场可编程逻辑门阵列(field-programmable gate array,FPGA)等可编程集成芯片在电子装备中大量应用,大大提高了电子装备的集成化、智能化和精确化水平。集成芯片担负着装备中的数据处理、指令下达等任务,是装备的中枢和大脑,在装备中具有重要的地位。芯片集成度的增加也使得装备对电磁环境越来越敏感,如何保障电子装备在复杂电磁环境下可靠运行,是关系技术成败的关键问题。

1.1.1　可编程集成芯片的应用及对电子装备的影响

1. 电子装备受电磁干扰的影响

随着电子工艺技术的进步,由于阈值电压降低、噪声容限变窄、时钟速度和集成度大大提高,因此现代深亚微米集成电路对电磁环境越发敏感。同时大量高功率雷达等高频装备的运用导致电磁环境日益恶劣。虽然电磁屏蔽、滤波、接地、使用瞬态抑制器件和钝感器件,以及电磁防护新材料等防护方式发挥着重要作用,但其本质上属于被动式的防护手段,面对复杂多变的电磁环境,很难完全切断外界电磁环境与内部敏感设备之间的耦合路径,电磁波的侵入不可避免地造成内部器件受扰或损伤。

据统计,国外1971—1986年间发射的39颗同步卫星中,共发生各类故障1 589次,由电磁辐射引起的故障达1 129次,在各类故障中居首位。1995年,发射的“实践四号”卫星上搭载了两套用于检测单粒子翻转的检测装置,入轨19天内检测出65次翻转。惠普(HP)公司的AlphaServer ES45超级计算机多次因故障而崩溃,造成了重大损失。随着集成电路工艺水平的提高,集成芯片中逻辑位的故障率不断升高。研究分析指出,伴随着集成工艺的进步,软故障率以8%的速度增加;同时集成芯片上逻辑位总数按照摩尔定律成倍增长,导致芯片的总失效率呈指数增长。因此,高度集成的芯片应用使得电子装备对环境越来越敏感,其抗干扰和抗电磁毁伤的能力越来越差,集成芯片的故障会影响整个装备的功能甚至导致区域内电子装备功能降级甚至瘫痪。

2. 电子装备的维修代价和难度

集成芯片的应用大大提高装备的集成化和智能化水平,随之而来的是装备故障的检测诊断难度增加:一是需要配备更高端的检测仪器设备、更先进的诊断技术;二是因其可测性差使得装备的故障不能快速准确定位,难以保证装备可靠运行,更重要的是因装备维修的时效性差而有延误,导致产生严重后果。

1.1.2 自修复技术是装备发展的迫切需求

目前,通常采用冗余容错技术提高电子装备的可靠性:对关键部件进行多模冗余配置,根据多数表决结果进行实时故障检测,通过切换故障部件保证系统正常运行。虽然技术本身的理论已经比较成熟,但存在硬件资源消耗过大、环境适应能力较差等缺点,容错方式不够灵活,容错能力有限。

针对上述传统冗余容错技术存在的不足,国内外学者开始探寻新的容错技术,仿生自修复是其中一个重要的研究方向。仿生自修复是受生物界中生物生长、自愈、进化过程的启发,模拟生物体的自修复机制,使电子电路具备自适应地跟踪环境、自我检测及自我修复损伤和缺陷的能力。

本书以电子装备的自修复为目的,对仿生电子系统的自修复理论和方法进行研究;提出一种新型的仿生自修复方法,研究仿生电子系统结构,搭建仿生自修复实验平台,开发仿生电子系统的支持软件。本书为电子系统仿生自修复理论的工程应用奠定了基础。

1.2 仿生电子系统国内外研究现状

仿生电子系统是20世纪90年代初逐步兴起的交叉学科研究领域,起源于计算机之父冯·诺依曼在20世纪50年代提出的研制具有自繁殖和自修复能力的机器的设想。因相关理论和技术条件的限制,直到1992年,随着进化算法及大规模可编程逻辑器件的出现,日本学者Hugo De Garis正式提出了仿生电子系统的概念,并将仿生电子系统分为进化型仿生硬件和胚胎型仿生硬件两个方向。

1.2.1 国外研究现状

自仿生电子系统概念提出以来,众多学者在此思想指引下进行了卓越的研究,初步建立了仿生电子系统理论框架和基本结构,并在实际需求的引领下,进行了多分支的细化研究。

瑞士联邦理工学院、瑞士电子与微技术中心的学者以硅片上的人工生命为目标,进行了细胞结构、阵列结构及自修复机制的初步研究,并进行了4态可逆计数器的实现,对胚胎型仿生硬件进行了验证,展示了仿生电子系统广阔的研究和应用前景;将胚胎型仿生硬件思想引入FPGA的设计中,基于多路选择器(multiplexer,MUX)设计了MUXTREE电子细胞,MUXTREE电子细胞与二进制决策机NANOPASCALINE共同构成BIODULES模块,由BIODULES模块组成的阵列具有自修复和自复制能力,且对BIODULES模块进行了硬件实现;在MUXTREE电子细胞的基础上,以FPGA为基础,实现了BioWatch和

BioWall,其中BioWatch包含600个分子,BioWall包含80×25=2 000个分子,以直观的形式验证了胚胎型仿生硬件的自复制和自修复能力;设计了MICTREE人工细胞,进行了图灵机的研究,进行了二进制计数器的实验;以具有进化、发育、自修复、自复制和自学习能力的仿生机器为目标,研究同时具有种群发生学、个体发生学和后天渐成学3个层次仿生能力的自组织硬件模型和结构,研究了POEtic构架,最终在0.35 μm互补金属氧化物半导体(complementary metal oxide semiconductor,CMOS)工艺下制作了POEtic芯片,芯片包含144个分子,组成8×18阵列,芯片面积为54 mm^2,进行了自复制、分化实验及音频处理等;研究了适用于大规模复杂系统的具有仿生能力的可重构硬件,在POEtic的基础上设计了电子细胞ubicell,开发了ubichip芯片、ubidule平台及相应的管理软件UbiManager,设计实现了Marxbot机器人平台。

英国约克大学的学者在前人研究的基础上,研究设计了胚胎型仿生硬件的基本框架,给出了电子细胞的基本结构,该结构成为后来所有研究者设计胚胎电子系统和电子细胞的基础。在该胚胎电子系统上,进行了可编程分频器、3位减法计数器、3位零点检测器和1位3输入投票器的实现;将免疫机制引入胚胎型仿生硬件,对细胞检测机制进行了深入研究,以增加胚胎型仿生硬件的容错能力;在Xilinx Virtex FPGA上进行了基于胚胎电子阵列的2位可逆计数器实现,并进行了资源消耗分析。分析表明,基于胚胎电子阵列的实现需要消耗更多的硬件资源。此后,该研究组基于胚胎型仿生硬件实现了机器人控制器,并进行了硬件消耗分析,表明目标电路的胚胎电子阵列实现比三模冗余需要消耗更多的硬件,且胚胎电子阵列95%的硬件消耗由基因存储单元产生;开展了"用于可靠性计算系统的胚胎电子硬件"项目,研究实时应用下的快速重配置仿生硬件,设计了RISA仿生结构,并采用0.18 μm COMS工艺制作实现了RISA芯片;为了降低系统硬件消耗,研究了原核电子细胞模型,并建立了原核胚胎电子系统,研究了新型的仿生人工组织UNITRONICS,设计了SABRE结构,基于该结构理论在Xilinx Virtex FPGA上进行了4×4乘法器和避障机器人控制器的实现。

罗马尼亚的克卢日·纳波卡技术大学开展了"基于仿生电子结构的容错设备研究",进行了基于胚胎型仿生硬件思想的电子系统容错研究,设计了新型的电子细胞模型,并采用Xilinx FPGA模拟电子细胞,多个FPGA模拟胚胎型仿生硬件,在此基础上研究了基于胚胎型仿生硬件的容错网络。

韩国科学技术研究院研究了基于胚胎型仿生硬件的数字系统快速自修复,将旁系基因调整引入胚胎型仿生硬件,提出了一种新的自修复数字系统结构,并进行了发光二极管(LED)点阵控制实验。

1.2.2 国内研究现状

自2002年深圳大学的朱明程将胚胎电子系统思想引入国内以来,中国科学技术大学、复旦大学、南京航空航天大学、国防科学技术大学等根据实际应用的不同对仿生电子系统进行了多方面的研究。

复旦大学的俞承芳探索了胚胎型仿生硬件在可容错系统中的应用,进行了模 2 增量计数器、全加器的实现及 FPGA 验证,并研究了胚胎型仿生硬件中单细胞替换修复机制的具体实现。

中国科学技术大学的罗文坚等对胚胎型仿生硬件的可靠性进行了研究,并基于可靠性队列移除和细胞移除自修复机制进行了分析。

南京航空航天大学的王友仁带领的团队自 2005 年起便对胚胎型仿生硬件进行了研究,并基于多路选择器进行了电子细胞和胚胎型仿生硬件的实现,进行了数字电路的自修复实验。对细胞内功能模块、开关盒、基因存储及其重配置进行了深入研究,并对其中基因存储的自检测、互连资源的自检测进行了研究。在阵列层面研究了基于自主布线的阵列自主容错机制、芯片级故障定位和自修复,并进行了 4 位乘法器的仿真实验;将胚胎型仿生硬件思想拓展到三维空间,研究了三维可重构阵列的自诊断与容错方法;对胚胎型仿生硬件的可靠性进行了分析,为修复策略及布局的选择提供了理论基础。

国防科学技术大学的窦勇等受人体血液组织中同类细胞替换、成体干细胞分化和异类细胞转化机制的启发,提出了一种新型的多细胞阵列结构 eTissue,并进行了 3×3 的均值滤波算法的仿真实验;李岳、钱彦岭带领的团队针对有限冲击响应(FIR)滤波器设计了专用电子细胞结构,进行了 FIR 滤波器的自修复仿真实现,设计了胚胎型仿生硬件配置控制单元,并研究了原核仿生细胞,进行了二进制相移键控调制电路的仿真实验。受内分泌系统通信启发,设计了总线结构的胚胎电子阵列,进行了模糊控制器自修复实验。

1.2.3 仿生电子系统当前研究方向及其存在的问题

在国内外学者的一致努力下,经过多年的研究,仿生电子系统有了很大进展,但距离实际应用仍存在一定距离,下面介绍当前的几个研究方向及其存在的问题。

1. 自修复方法

如何模拟生物系统的自组织、自修复过程,设计用于电子系统的自修复方法,是研究重点。有学者提出经典的自修复方法主要有行/列移除自修复、细胞移除自修复和进化自修复等,在经典自修复方法的基础上,有学者研究了其他自修复方法,如免疫自修复、同类细胞替换和异类细胞转化相结合自修复、总线细胞移除及重利用自修复、相邻细胞替换自修复等。

行/列移除自修复、细胞移除自修复、免疫自修复及相邻细胞替换自修复等机制能够实现仿生电子系统的实时自修复,但存在硬件消耗大、修复故障类型有限等缺点;同类细胞替换和异类细胞转化相结合自修复、总线细胞移除及重利用自修复等方法从细胞重用角度进行硬件消耗的优化,但细胞转化需要一定的逻辑控制电路支持,增加了细胞复杂度,在另一方面增加了细胞硬件消耗,总线方式虽然有利于自修复机制,但对电路的实现造成了一定限制;进化自修复能够优化资源消耗,但当前的进化方法时间消耗大,无法满足仿生电子系统自修复时间要求。

2. 仿生电子系统结构设计

硬件是自修复的基础，在胚胎型仿生硬件思想指导下，有学者提出了多种系统结构。C. Ortega 提出了胚胎电子阵列的基本结构；D. Mange 等以多路选择器为基本功能器件对胚胎电子阵列进行了具体实现；R. O. Chaham 等以查找表(look-up table，LUT)为功能单元进行了胚胎电子阵列的具体实现；Y. Thoma 等在胚胎电子阵列中加入具有自主布线能力的布线单元，替代了经典电子细胞结构中的输入/输出(I/O)单元，将胚胎电子阵列的布线与功能分开，增加了布线的自适应性；A. Stauffer 等提出了三维(3D)模式的电子细胞概念，将胚胎电子阵列拓展到3D空间；A. M. Tyrrell 等提出了蜂窝状的胚胎电子阵列结构，丰富了细胞间的连接方式；窦勇等采用基于标记与识别的数据处理方式，提出了一种名为电子组织的自适应可重构多细胞阵列机构；S. Kim 等将电子细胞阵列中的细胞阵列设计为控制模块阵列和工作模块阵列，并将相邻的工作模块划分为不同的状态，提高了阵列的自修复能力；P. Bremner 等基于原核细胞模型提出了 SABRE 结构；王友仁等提出了能够实现芯片级自修复的新型可重构硬件细胞阵列结构，研究了三维可重构硬件容错体系结构。

虽然研究者提出了多种胚胎型仿生硬件，但所采用的胚胎电子阵列大多为经典结构，细胞间的连接都是通过细胞的 I/O 布线单元和细胞间的布线资源进行的；有学者将细胞内的 I/O 布线单元设计为阵列中脱离细胞的具有自主布线能力的布线单元，但分布式的自主布线模式很难得到全局最优布线方案，当阵列规模较大时，电路的自修复需要较长的时间进行重布线；蜂窝状的胚胎电子阵列虽然丰富了细胞间的连接，但电子细胞蜂窝状排列，不利于行/列移除等自修复机制的实施。

3. 胚胎电子阵列的功能分化

胚胎电子阵列的功能分化是关系其实际应用的关键问题。对于功能明确的目标电路，如何获得系统的基因库及细胞的表达基因，关系着大规模目标电路的应用及胚胎型仿生硬件的进一步研究。研究者采用有序二叉决策图(ordered binary decision diagram，OBDD)进行多路复用器(MUX)型胚胎电子阵列的功能分化，该方法不能充分利用 LUT 的丰富功能，不适于 LUT 型胚胎电子阵列。对于 LUT 型胚胎电子阵列，研究者采用进化硬件思想进行功能分化研究，采用笛卡儿遗传规划(Cartesian genetic programming，CGP)等进化算法进行细胞表达基因的搜索，进化过程中基因编码长度长，功能分化过程中，需要对每一代的结果进行功能评估，对于大规模电路，特别是时序电路，电路评估计算量巨大，功能分化过程耗时严重；有学者将基因调整网络用于胚胎电子阵列的功能分化，该方法模拟细胞生长分化过程，一定程度上降低了编码长度，但生物界中每种生物的基因调整网络具有很大差异，其机理尚在研究之中。如何针对特定的目标电路设计基因调控网络，具有一定难度，且在利用基因调控网络进行功能分化过程中，仍然需要电路功能评估，计算量巨大。

4. 电子细胞结构设计

电子细胞是胚胎电子阵列的最小单元，是实现系统自检测、自修复的基础，自胚胎型仿生硬件提出以来,电子细胞结构就是学者研究的重点。C. O. Sanchez 等提出了经典的电子细胞结构,主要由基因存储、地址产生器、I/O、逻辑块组成,该结构成为后续研究的基础;R. Canham 等使用分子对电子细胞结构进行细化,但其所设计分子结构与电子细胞基本结构相似,只是概念上不同,并没有扩展电子细胞的内涵;A. M. Tyrrell 等提出一种蜂窝状电子细胞结构,每个细胞包含控制单元和执行单元两部分;M. R. Boesen 等提出一种基于 eDNA 的新型电子细胞结构;M. Samie 等提出原核电子细胞,降低了细胞内基因存储所需空间。

但当前电子细胞结构并不能达到存储、自检消耗的最优和自检覆盖率的最大化,POEtic 结构中,具有 300 万门容量的 FPGA 只能执行 80 个 POEtic 分子,为了提高胚胎电子阵列的最终使用,电子细胞结构特别是其内部的基因存储模块还有待研究。

1.3 章节安排

本书共 8 章,具体章节安排如下。

第 1 章绪论,介绍仿生电子系统研究背景及意义、仿生电子系统国内外研究现状及章节安排。

第 2 章胚胎电子系统的移除-进化自修复方法,介绍仿生电子系统概述、进化型仿生硬件与自修复电子系统和胚胎型仿生硬件及其自修复;重点介绍移除-进化仿生自修复,对其移除自修复模式、进化自修复模式及移除-进化自修复流程进行详细阐述,并分析其优缺点。

第 3 章具有进化能力的胚胎电子系统结构,介绍胚胎电子系统结构设计,该系统是一种具有进化能力的胚胎电子系统;对该系统中执行目标电路功能、移除自修复模式的功能层、修复层进行详细设计;对所设计电路进行仿真实现,并进行电路的自修复实验验证。

第 4 章目标电路快速进行自修复方法,介绍基于电路综合思想的进化自修复;对胚胎电子阵列的数学描述、功能分化方法、进化过程中的电路评估进行研究,设计功能分化流程,对其中关键的物理映射过程进行建模,在此基础上给出进化自修复流程及求解方法;通过多个电路的进化自修复实验,对所提进化自修复方法的自修复能力和进化速度进行验证。

第 5 章新型的电子细胞基因存储结构,为实现移除-进化自修复中进化结果的重配置,在分析已有基因存储的可靠性和硬件消耗的基础上,提出一种新型的基因存储结构——部分基因循环存储结构;设计所提基因存储结构的硬件结构及阵列中基因配置和基因更新方式,对其进行可靠性和硬件消耗建模、分析,并研究基因备份数目的优选方法。

第 6 章胚胎电子系统实验系统设计,设计并实现用于仿生电子系统自修复的实验系统,并在此基础上,进行雷达某电路的自修复实验,通过实验对所研究内容进行验证。

第 7 章基于胚胎电子系统的阵列天线,介绍基于胚胎电子系统的阵列天线设计方法及其修复流程;在胚胎电子系统理论基础上,结合阵列天线功能、结构,设计具有自修复能力的阵列天线结构,进行自修复阵列天线的可靠性分析,分析阵列天线结构优化方法。

第8章阵列天线仿生自修复实验系统,介绍实验系统总体结构,设计实现实验系统硬件平台及进化修复软件。

1.4 本章小结

本章介绍了仿生电子系统的研究背景及意义,归纳、总结了国内外研究动态,对后续章节安排进行了说明。

第 2 章　仿生电子系统的移除-进化自修复方法

自仿生电子系统提出以来,研究者从生物界的种群、个体等层面进行了广泛研究,设计了一系列具有自组织、自适应、自修复能力的仿生电子系统。本章介绍已有典型仿生电子系统及其自修复方法,详细分析不同仿生自修复方法的优缺点;针对已有仿生自修复方法的不足,提出一种新型的仿生自修复方法,即移除-进化自修复方法;阐述移除-进化自修复方法的修复模式,设计移除-进化自修复流程,分析该自修复方法的优缺点。

2.1　仿生电子系统概述

1997 年,有学者根据自然界中生命生长、学习及物种进化等现象,将生命过程分为种群发生学(Phylogeny)、个体发生学(Ontogeny)和后天渐成学(Epigenesis)3 个层次,提出了著名的 POE 模型,如图 2.1 所示。

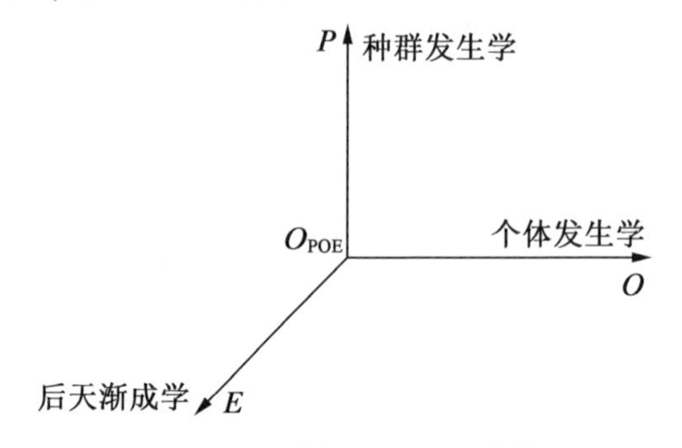

图 2.1　POE 模型

种群发生学即物种长期生存过程中的种群进化,指在物种繁殖过程中,精确、低错误率地繁殖确保子代与父代的一致性,同时为基因重组、变异提供产生新个体的机会。种群进化过程的不确定性,为种群的发展提供了多样性,使得种群能够适应不断变化的外部环境。个体发生学指多细胞生物从单个受精卵开始,通过细胞分裂、功能分化最终发育为多细胞成体的过程。发育过程中单个或多个细胞的凋亡会被快速清除,并不导致个体的死亡;个体通过发育过程只能获取基因组中所存储的信息,而无法确定组织的全部信息。如由 10^{10} 个神经元和 10^{14} 个连接构成的人脑是无法由 3×10^{9} 个 4 种核糖核酸组成的基因组所确定,与之类似的还有神经系统、免疫系统及内分泌系统等。这些系统的基本结构由遗传信息确定,在生物体的生命周期中通过与外部环境的交互而不断学习、变化,这个过程称为后天渐成学。

与生物界相似,仿生电子系统也可以划分为种群发生学(*P* 轴)、个体发生学(*O* 轴)和后天渐成学(*E* 轴)3类。*P* 轴的典型代表是以进化算法为核心、以可重构硬件为基础的进化型仿生硬件,*O* 轴的典型代表是以胚胎的生长和分化过程为核心的胚胎型仿生硬件,*E* 轴是以人工神经网络为代表的学习型仿生硬件。此外,*P*、*O*、*E* 3个研究方向的交叉融合,形成了一些新型的仿生硬件。在 *PO* 平面形成具有生长、复制和再生等个体特征并且能够进化的仿生硬件;在 *PE* 平面形成具有学习能力的进化型仿生硬件;在 *OE* 平面形成融合了个体机制和学习能力的仿生硬件。

虽然按照POE模型将仿生电子系统分成了3类及各种混合型仿生硬件,但目前国内外学者主要研究 *P* 轴的进化型仿生硬件和 *O* 轴的胚胎型仿生硬件。

进化型仿生硬件是在可编程逻辑器件的基础上,受自然界生物长期种群进化发展过程启发而设计的一种具有自适应、自修复能力的仿生硬件,其目的在于开发一类具有结构自适应性的硬件系统。胚胎型仿生硬件是一种源于多细胞生物发育过程的仿生结构,其目的是开发一种能够自繁殖和自修复的仿生物态机器,通常是由功能相同的处理单元排列而成的二维阵列,也称为胚胎电子系统、胚胎电子阵列、多细胞阵列等。

2.2　进化型仿生硬件与自修复电子系统

2.2.1　进化型仿生硬件理论

进化型仿生硬件由两个基本要素构成:可重构器件和进化计算方法。可重构器件内部结构由可重新编程配置的二进制结构位串来确定,通过配置不同的结构位串可实现各种电路功能,为进化型仿生硬件提供了硬件平台;进化计算方法通过全局搜索寻优,计算满足预定功能或指标的结构位串,为进化型仿生硬件提供进化动力,是进化型仿生硬件的灵魂。

进化型仿生硬件根据可重构器件的不同可分为模拟型和数字型,模拟型以现场可编程模拟阵列(field programmable analogue arrays, FPAA)、现场可编程晶体管阵列(field programmable transistor array, FPTA)等模拟可重构器件为硬件基础,数字型以CPLD、FPGA等数字可重构器件为基础。虽然两种类型的硬件基础不同,但其基本思想相同,即将可重构器件上多个可能电路结构组成种群,将电路的结构位串作为进化计算的染色体,通过种群的进化操作获得满足性能要求的结构位串,并通过对可重构器件的重新编程配置,最终获得最优电路结构,实现可重构器件的自适应、自组织、自修复等仿生特性。

进化型仿生硬件的具体实现过程如图2.2所示。首先,在进化算法求解空间随机产生一个初始种群,种群中每个个体即是可重构器件上一个电路拓扑结构的编码表示;其次,确定适应度指标,将个体编码映射到电路空间,并在电路空间采用在线或离线评估方法计算适应度值;再次,根据适应度值采用进化算法或群智能算法进行种群的进化更新,产生子代种群,提高种群中最优个体的适应度;最后,对子代种群进行适应度评估、进化更新,直至得到满足适应度要求的最优个体,将对应的结构位串配置到可重构器件,获得满足期望性能指标要求的电路结构。

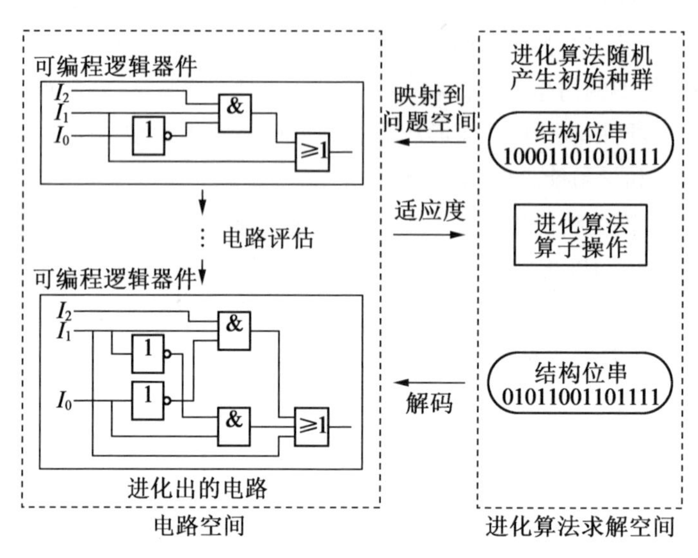

图 2.2 进化型仿生硬件的具体实现过程

进化型仿生硬件实现过程包括以下 4 个主要步骤。

(1)确定编码方案,初始化种群。

编码将可重构器件上的电路拓扑结构映射为进化算法求解空间中的 DNA 编码,是硬件进化的基础。编码方案主要分为直接型编码和间接型编码,直接型编码将可重构硬件的结构位串直接作为进化算法中的 DNA,用结构位串表示种群内的个体;间接型编码在更高层次上对电路结构进行描述,增加了进化过程中电路最小粒度,对电路的功能模块进行进化。

(2)个体电路的适应度评估。

进化过程中,需要评估种群中个体对应电路结构的适应度,为种群的进化操作提供依据,是进化过程中最为耗时的环节。适应度包括电路功能、功耗、时延等,可根据实际应用需求设置。适应度评估可分为在线评估和离线评估,在线评估将待评估个体下载到可重构器件上,对实际电路输入各种测试集进行测试,评估速度快,但需要硬件支持;离线评估通过软件对结构位串表示的电路进行仿真分析,评估其功能及性能。离线评估无须硬件支持,但评估结果及评估速度受仿真算法影响,对于大规模电路,特别是时序电路,评估过程复杂。

(3)种群进化操作。

种群进化操作是电路进化的关键,主要通过遗传算法(genetic algorithm, GA)、遗传规划(genetic programming, GP)、进化规划(evolutionary programming, EP)、进化策略(evolutionary srategies, ES)等进化算法进行求解空间内目标电路的寻优。此外,蚁群算法、粒子群算法等各种群智能算法也不断应用到电路的进化求解中。

(4)编码的实现。

将进化获得的最优结构位串配置到可重构器件,获得具有预定功能和更适应内、外部环境的电路结构。

2.2.2　基于进化型仿生硬件的自修复电子系统

进化型仿生硬件自提出以来,其自适应、自组织、自修复等仿生特点便吸引了大批电子工程师的目光。20 多年来,研究者不断地利用进化型仿生硬件设计各种具有自修复能力的电子系统,根据进化型仿生硬件在自修复电子系统中的位置及作用可分为直接修复和间接修复两种类型。

直接修复中进化型仿生硬件直接实现电子系统功能,电子系统出现故障时,内部环境发生变化,系统对环境的适应度降低,通过进化系统结构,提高系统的适应度,维持系统预定功能,完成电子系统的自修复。基于直接修复模式的自修复电子系统结构如图 2.3 所示。

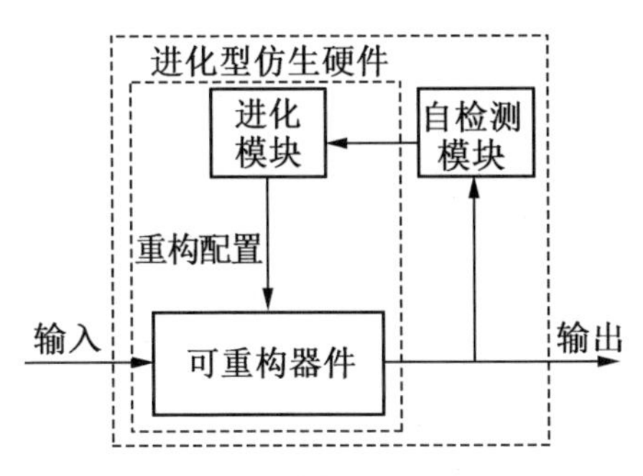

图 2.3　基于直接修复模式的自修复电子系统结构

图 2.3 中,可重构器件执行目标电路功能,自检测模块实时检测目标电路状态,进化模块根据自检测结果进行可重构器件上目标电路的进化。运行过程中,当自检测模块检测到故障时,触发进化模块根据故障位置进行目标电路的进化,进化成功后,使用最优的结构位串重新配置可重构器件,实现可重构器件上目标电路的修复。

在直接修复的基础上,研究者将进化型仿生硬件与经典的三模冗余相结合,提出了具有在线修复能力的三模冗余自修复电子系统结构,如图 2.4 所示。目标电路在可重构器件上直接实现,且通过三模冗余进行备份,3 个模块的输出经可控开关、表决器共同决定系统输出。系统运行过程中,3 个模块的输出通过差错检测器进行故障检测,当检测到某一模块发生故障时,触发进化模块对故障模块进行进化、重配置,从而完成故障模块的修复,保证电子系统的正常运行。

间接修复中使用进化型仿生硬件作为电子系统的补偿电路,当目标电路发生故障时,通过补偿电路修正补偿目标电路的故障输出,达到系统修复目的。基于间接修复模式的自修复电子系统结构如图 2.5 所示。

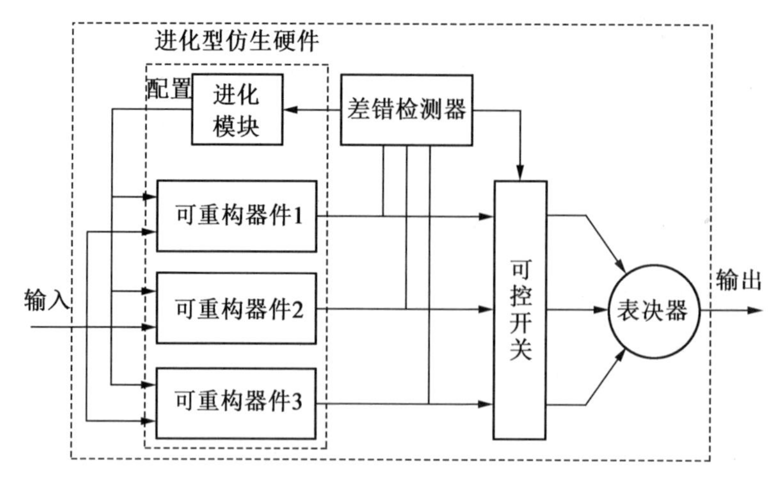

图 2.4 具有在线修复能力的三模冗余自修复电子系统结构

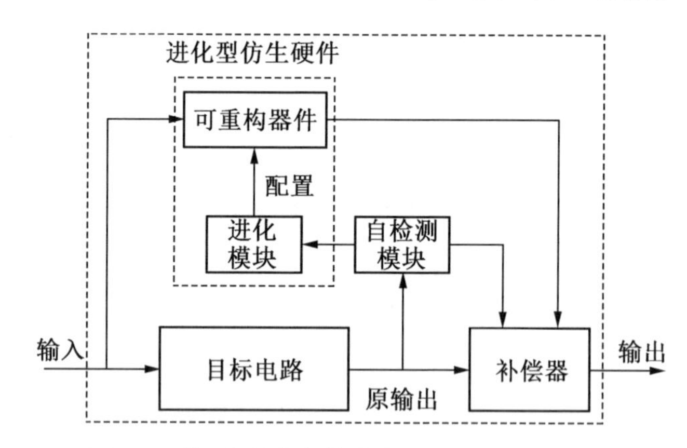

图 2.5 基于间接修复模式的自修复电子系统结构

图 2.5 所示自修复电子系统中,当自检测模块检测到目标电路故障时,触发进化模块根据故障输出位置进化补偿电路,进化成功后,将进化所得结构位串配置到可重构器件,由可重构器件执行补偿电路功能,并通过补偿器将补偿电路输出补偿到目标电路的故障输出上,得到正确的电路输出,实现进化型仿生硬件对目标电路的补偿修复。

2.2.3 进化型仿生硬件自修复分析

进化型仿生硬件通过对可重构器件中结构位串的全局进化,能够搜索到具有较大适应度的电路形式,"绕开"故障单元,实现电路的自修复。该自修复方式具有以下优点。

(1)全局搜索,优化程度大。

通过算法的全局搜索,可以在广阔的搜索空间中搜索潜在的最优值,实现最优化电路,资源利用率高。

(2)修复故障类型多。

进化修复过程中,"绕开"故障单元,使用系统中正常资源重新实现目标电路,可以对系统中功能单元、连接等进行修复,可修复故障类型多。

但在整个进化、修复过程中也存在以下困难。

(1)结构位串难以获取。

进化过程中将可重构器件的结构位串作为遗传基因,结构位串是进化的基础。在实际工程应用中,可重构器件的结构位串掌握在 Xilinx、Altera 等生产厂家手中,是其技术核心,应用人员很难获取。

(2)故障难以定位。

进化修复前需要精确定位故障单元,对于现有的 CPLD、FPGA 等大规模可重构器件,故障定位过程困难。

(3)进化搜索空间巨大。

可重构器件的结构位串较长,搜索空间随着结构位串呈指数增长,导致进化过程搜索空间巨大。以 Xilinx 的 Spartan-3E 系列的低端 FPGA 为例,其配置位串长度及进化搜索空间见表 2.1。

表 2.1　FPGA 配置位串长度及进化搜索空间

Spartan-3E FPGA	配置位串长度/bit	进化搜索空间
XC3S100E	581 344	$2^{581\ 344}$
XC3S250E	1 353 728	$2^{1\ 353\ 728}$
XC3S500E	2 270 208	$2^{2\ 270\ 208}$
XC3S1200E	3 841 184	$2^{3\ 841\ 184}$
XC3S1600E	5 969 696	$2^{5\ 969\ 696}$

对于这些低端 FPGA 芯片,进化算法的搜索空间非常大,如此大的搜索空间使得进化计算速度缓慢。随着微电子技术的发展,每 18 个月,芯片的集成度就要增加一倍,其搜索空间更是呈指数上升。单纯地依靠进化算法的改进,很难解决在如此大的搜索空间中进行搜索计算的速度问题。

(4)目标电路的评估过程计算量大。

进化修复过程中,需要对种群中的电路个体进行功能评估,即计算电路的功能与预设功能的相似度。功能评估过程中,需要对电路的每一个可能输入进行计算,对于规模较大的电路,特别是时序电路,电路评估过程计算量大、耗时严重。

总体来看,基于进化型仿生硬件的自修复电子系统还处于理论研究阶段,修复速度不能满足实际应用需求,距离实际应用还有较大距离,有待进一步的研究。

2.3　胚胎型仿生硬件及其自修复

胚胎型仿生硬件是另一种仿生硬件结构,其模仿多细胞生物胚胎发育过程,具有自检测、自诊断、自修复能力。

2.3.1　多细胞生物的胚胎发育与自修复

多细胞生物由单个受精卵通过分裂、分化等过程发育为具有复杂功能的生物体。首先,受精卵分裂形成分裂球,多个分裂球聚集在一起,形成囊胚;囊胚细胞通过增殖、分化形成内、外两个胚层,然后在内、外胚层间形成中胚层,3 个胚层组成原肠胚;3 个胚层形成各种不同器官原基,分化成各种组织,进一步形成器官;不同的器官在相同或相关的生理作用下,联系起来构成各种系统,形成了胚胎雏形。

通过细胞分裂、功能分化,单个受精卵生长发育为多细胞生物。细胞分化过程中,每个细胞根据它在胚胎内的位置选择表达基因组特定基因,实现特定功能,形成特定功能的组织、器官,最终完成生物体功能。生物体内的细胞具有遗传信息相同及选择表达的特性,不同位置的细胞虽然功能不同,但都拥有一份完整的描述生物体的 DNA。未进行选择表达的胚胎细胞,通过选择不同的表达基因,能够实现生物体中任意组织功能,可代替生物体任意部位的细胞执行其功能。

胚胎发育过程中,若细胞发生损伤,则通过细胞胞吞作用移除损伤细胞,并在损伤细胞和非损伤细胞之间搭建连接,使得非损伤细胞移动并延伸至损伤区域,修复损伤细胞区域。

对于发育完成的多细胞生物,未分化的胚胎干细胞通过诱导分化同样能够修复机体内的各种受损器官、组织。已有研究表明,通过诱导分化,胚胎干细胞能够分化为造血干细胞、心肌细胞、肺细胞、肝细胞、神经细胞等,从而替代受损组织细胞,完成机体的修复。

2.3.2　胚胎型仿生硬件理论

受多细胞生物胚胎发育与自修复过程启发,有学者研究了胚胎型仿生硬件,与多细胞生物的胚胎类似,根据不同的基因配置执行各种目标功能,具有快速自修复能力。

胚胎型仿生硬件是由结构相同的电子细胞排列而成的均匀二维阵列,因此也称为胚胎电子阵列,其结构如图 2.6 所示。胚胎电子阵列中的每个电子细胞都是具有一定数据处理能力的逻辑单元,由地址产生器、基因库、I/O 单元、逻辑单元和自检测单元(build-in test, BIT)组成。地址产生器用来计算细胞在电路中的位置,产生细胞在电路中的唯一标识,细胞通过该标识表达对应基因,执行特定的功能;基因库存储整个电路的所有基因,不同的基因代表不同的电路功能及细胞连接方式;I/O 单元进行细胞与周围细胞的连接控制,在表达基因配置下控制细胞与阵列中其他细胞的信号交互;逻辑单元执行细胞的逻辑功能,在不同的表达基因配置下执行不同的逻辑功能;BIT 在细胞运行过程中实时检测细胞状态。

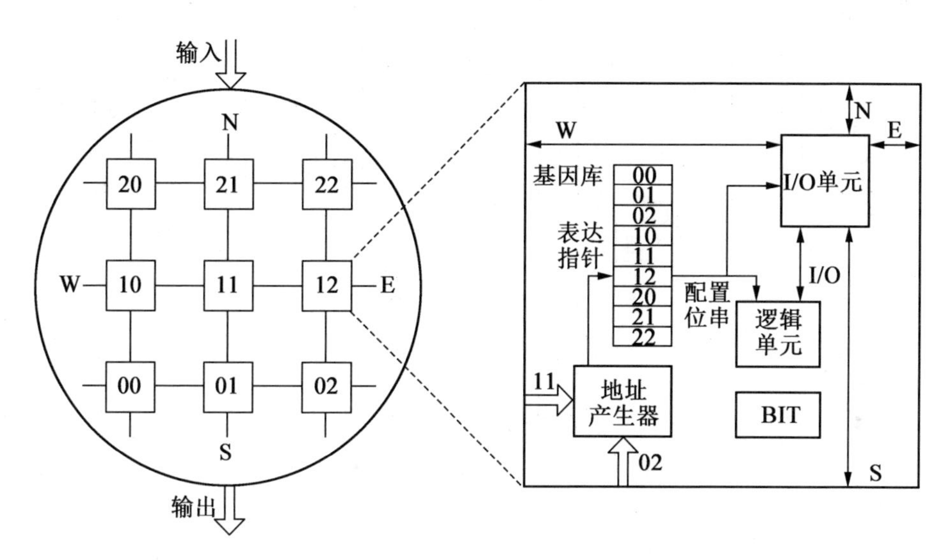

图 2.6　胚胎电子阵列结构

阵列中每个细胞根据自身位置表达基因库中的特定基因,确定 I/O 单元连接方式及逻辑单元执行的逻辑功能,整个阵列的细胞一起完成目标电路功能。运行过程中,细胞内的 BIT 模块实时检测细胞状态,检测到细胞故障时,对外发出细胞故障信号触发修复机制,移除故障细胞,消除故障对目标电路的影响。剩余细胞重新计算位置并更新表达基因,执行新的细胞功能及连接。通过故障细胞的移除和正常细胞的替代,阵列上目标电路功能得以维持,完成胚胎电子阵列上目标电路的自修复。

对于图 2.7 所示的 4 输入 2 输出的目标电路结构(4 输入为 in1～in4,2 输出为 outi1、out2),该电路由 5 个节点组成,分别执行的功能为 fun1、fun2、fun3、fun4、fun5。

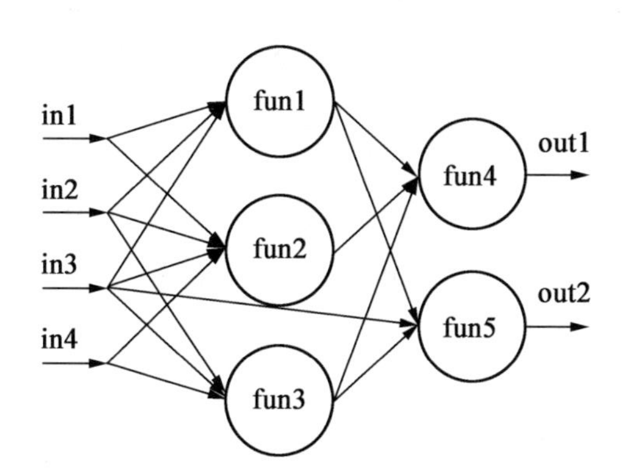

图 2.7　4 输入 2 输出的目标电路结构

在规模为 3×4 的胚胎电子阵列上对图 2.7 所示目标电路进行自修复实现,其中一种实现方式如图 2.8 所示。阵列中包含 12 个结构、配置完全相同的电子细胞,电子细胞的基因库中包括 6 个基因 gene1、gene2、gene3、gene4、gene5、gene0，其中 gene1～gene5 分别为图 2.7 目标电路中执行 fun1～fun5 节点的功能及连接配置，gene0 为空闲基因。

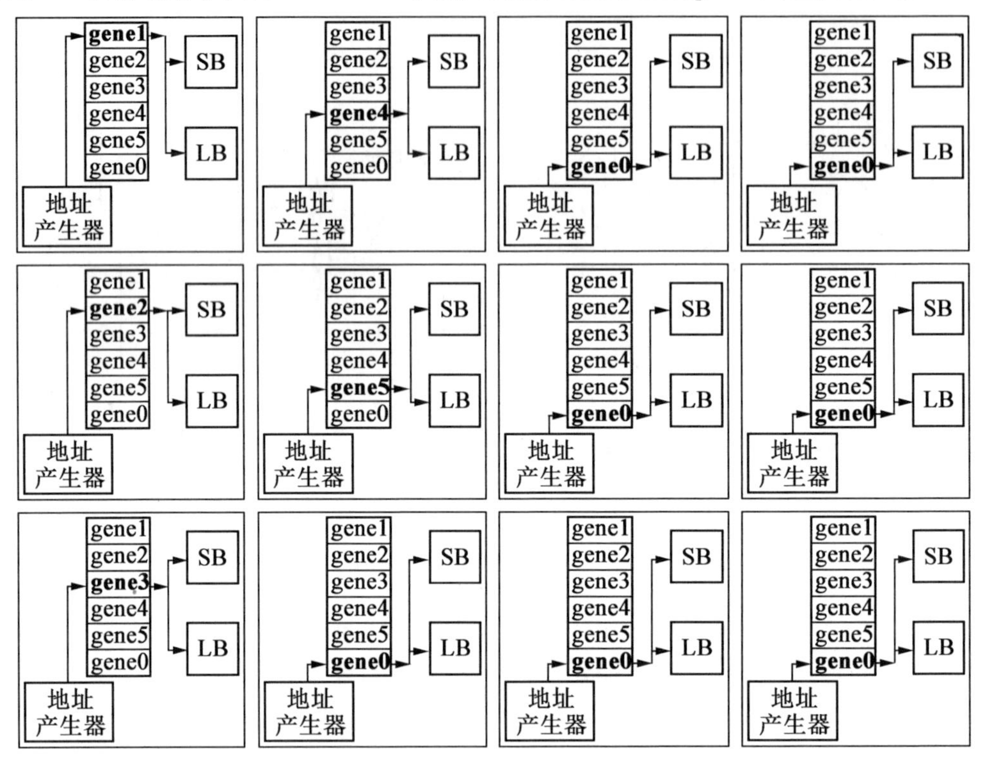

图 2.8　胚胎电子阵列上目标电路的实现

通过设计地址产生器，根据细胞在阵列中的位置产生基因表达指针，使细胞表达基因库中相应基因。记阵列中 m 行 n 列上细胞坐标为 (m,n)，则通过对地址产生器的设计，可得到图 2.8 所示表达结果，即(1, 1)细胞表达 gene1、(2, 1)细胞表达 gene2、(3, 1)细胞表达 gene3、(1, 2)细胞表达 gene4、(2, 2)细胞表达 gene5，其余细胞表达 gene0。阵列中各细胞通过表达相应的基因，配合实现图 2.7 所示目标电路。

2.3.3　胚胎型仿生硬件自修复方法

胚胎型仿生硬件其思想来源于多细胞生物的胚胎发育与自修复过程，但基于硅片实现的胚胎电子阵列与生物体有机组织相比有以下几点不同。

(1)生物体中细胞间的位置是可以移动的，硅片上的胚胎电子阵列中电子细胞间的位置是固定的。

(2)生物体中的凋亡细胞被巨噬细胞吞噬而消失，周围细胞流动填补原细胞位置，而胚胎电子阵列中故障细胞仍处于原处，与周围细胞间的相对位置无法改变。

(3)生物体中细胞间的通信可通过信号分子、相邻细胞间表面分子的黏着或连接及细胞与细胞外基质的黏着等多种方式、途径进行，胚胎电子阵列中细胞间的通信只通过导线进行。

胚胎电子阵列与生物体组织的不同使得其无法像生物体一样进行灵活的自修复，其自修复方式主要为行/列移除自修复和细胞移除自修复，如图2.9所示。

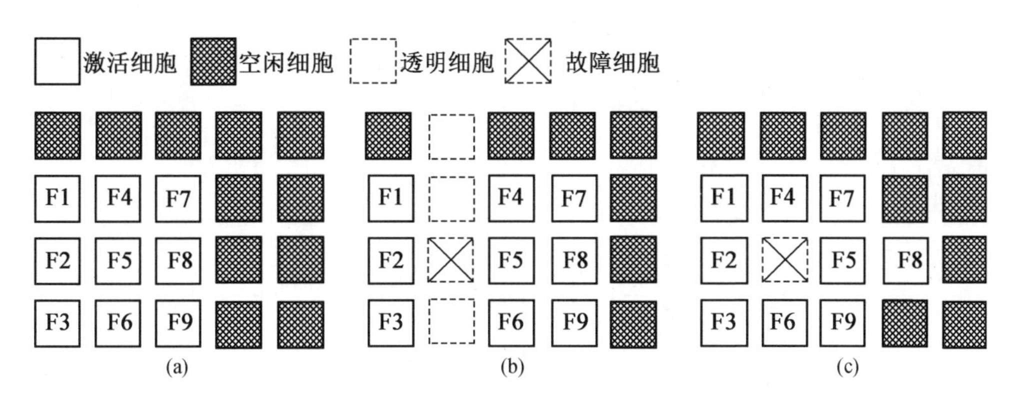

图2.9　行/列移除自修复和细胞移除自修复

行/列移除自修复指当胚胎电子阵列中某个电子细胞发生故障后，移除故障电子细胞所在的整行/列电子细胞，故障细胞所在行/列及其后所有激活行/列的功能向后移一行/列，直至最后使用一个空闲的行/列，如图2.9(b)所示。

细胞移除自修复指当阵列中某个细胞单元故障后，移除该故障细胞，并将该行/列内故障单元细胞及位于故障单元后的细胞单元的功能后移，直至使用该行/列内的空闲细胞，如图2.9(c)所示。

对于图2.8所示目标电路的实现，若采用行/列移除自修复机制。在运行过程中当(1, 2)位置细胞发生故障时，第2列所有细胞变为透明状态，其功能从阵列中移除，第3列细胞直接接收第1列细胞发送的位置信息，地址产生器输出与原第2列细胞相同的基因表达指针，表达第2列细胞的表达基因，即(1, 3)细胞执行(1, 2)细胞功能gene4、(2, 3)细胞执行(2, 2)细胞功能gene5，完成第2列细胞功能，从而保持整个目标电路的完整，完成自修复，如图2.10所示。

行/列移除自修复中，一个电子细胞故障会导致整行/列所有电子细胞的移除，同行/列的其余正常细胞资源未能充分发挥其自修复能力，资源浪费严重；细胞移除自修复过程中，执行不同功能的电子细胞的相对位置发生变化，电子细胞不仅要重新计算所表达的功能，还要根据周围细胞功能重新计算细胞间的连接，即每个电子细胞都要具备较强的逻辑计算功能，增加了电子细胞的复杂度。

2.3.4　胚胎型仿生硬件分析

细胞的实时自检，使胚胎型仿生硬件能够在线实时发现系统中的故障，通过移除故障细胞，消除故障对系统功能的影响，实现电子系统的实时自修复。

(1)细胞实时自检的优点。

①故障实时自检。系统中的每个细胞具有自检测能力,能够实时检测系统中的故障。

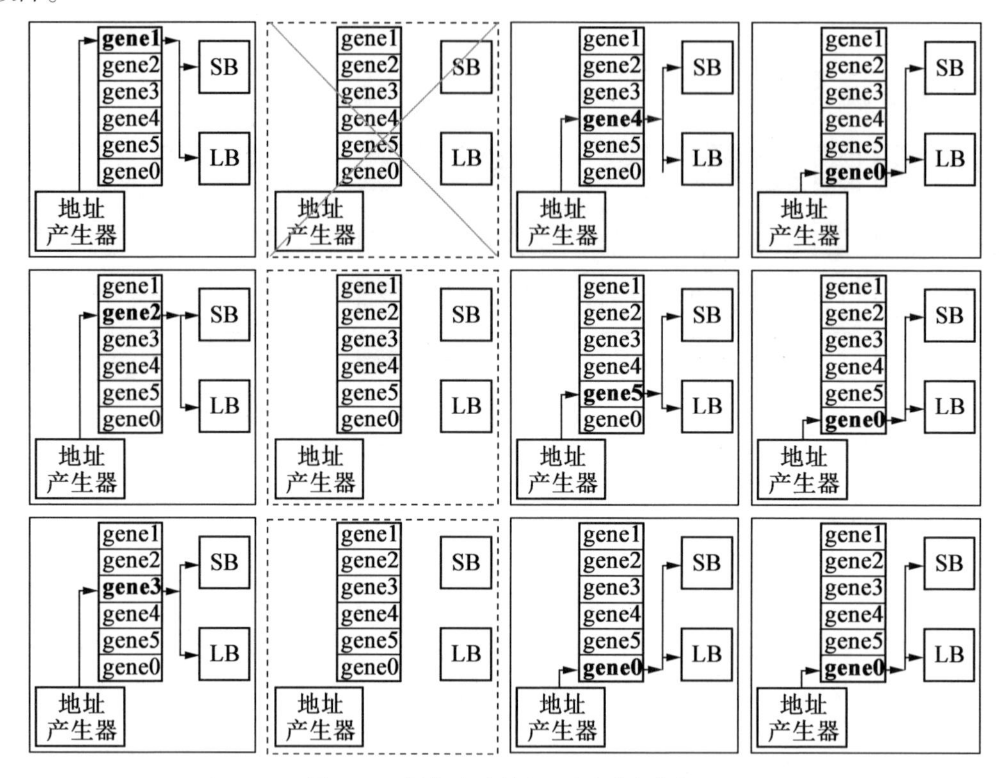

图 2.10 目标电路的行/列移除自修复

②在线实时自修复。整个修复过程由逻辑电路控制实现,运行速度快,能够实现实时在线自修复。

(2)在电子细胞设计、系统运行过程中,细胞实时自检存在的困难。

①故障检测覆盖率低。电子细胞中 BIT 模块进行细胞故障的自检,当前细胞结构中,BIT 模块简单,只针对细胞中的逻辑模块进行检测,对开关盒、基因存储单元、修复控制单元及 BIT 模块本身的故障检测不足,故障检测覆盖率较低。

②硬件消耗大。为了进行电子细胞的自检测及阵列的自修复,在完成逻辑功能必需的逻辑模块、开关盒之外,增加了基因存储单元、修复控制电路及 BIT 模块,电子细胞硬件消耗大。

③修复故障类型有限。自修复过程中,电子细胞处于透明状态,即自修复的前提是电子细胞透明模式的正常,当电子细胞中 BIT 模块、修复控制电路及阵列中细胞间导线发生故障时,阵列无法完成自修复。

④修复方法过于简单。简单的行/列移除或细胞移除修复方法过于简单,没有充分利用生物界中多样的修复方法。

对于生物个体来说,在其生命周期中,通过生命代谢不断地由新生细胞代替组织中的衰亡细胞,从而维持个体的功能完整;在物种进化过程中,随着周围环境的改变,种群在不同的代间不断进化,保留更适合环境、能够更好完成功能的个体形式。细胞移除代替模式出现在生物个体的生命周期中,而组织进化则在生物种群的长期发展中展现作用,两种自修复方法对生物种群的共同作用,使得生物种群既有短期的个体稳定性,又有对环境的长期适应性。

随着电子系统运算速度的增加,在短时间内可以模拟生物种群数千万年间的进化过程,电子系统快速的运算能力,为两种自修复方式的结合提供了可能。二者的结合,既可以使个体不断快速修复自身故障,保持个体的生存,又可以使种群不断进化,提高对内外环境变化的适应能力。受该思想启发,本节提出了一种新型的仿生自修复方法——移除-进化自修复。

2.4 移除-进化自修复

2.4.1 移除-进化自修复模式

以某目标电路的自修复为例,其移除-进化自修复过程如图2.11所示。初始状态下,胚胎电子阵列中所有细胞正常,目标电路的实现如图2.11(a)所示;当激活细胞发生故障时,采用行/列移除方法实时移除故障电路,修复目标电路功能,如图2.11(b)所示;随着自修复次数的增加,阵列中的冗余行/列不断减少,当冗余行/列数目降至零时,如图2.11(c)所示,无法继续采用行/列移除机制进行目标电路的修复,目标电路失去自修复能力;此时利用阵列中的正常电子细胞进化电路结构,得到具有相同功能、较强自修复能力的电路形式,如图2.11(d)所示;进化后电路的自修复能力得到提高,当继续有电子细胞故障时,采用行/列移除进行实时修复,如图2.11(e)所示。

由图2.11所示修复过程可以看出,移除-进化自修复方法中包括两种自修复模式:移除自修复模式和进化自修复模式。移除自修复模式模拟生物体中的细胞替换自修复,实现电路系统的快速修复;进化自修复模式与生物种群进化类似,采用进化方法,基于当前系统状态进行目标电路的再设计,计算出适应当前系统结构、具有较高自修复能力的电路形式。

1. 移除自修复模式

移除自修复模式是在系统中细胞故障信号的驱动下,根据故障细胞的状态、位置及系统的冗余资源信息,通过行/列移除操作,移除电路中的故障细胞所在行/列,保持电路结构完整,修复目标电路的功能。

移除自修复模式流程图如图2.12所示,在收到细胞故障信号后,对故障细胞所在行/列的状态进行确认:如果该行/列处于空闲状态,则不进行修复;如果该行/列处于激活状态,则对故障细胞状态进行确认。如果故障细胞处于空闲状态,则不进行修复;如果故障细胞处于激活状态,则计算系统中是否有可用于修复的冗余资源。如果没有冗余资源,则修复失败;如果系统中有冗余资源,则将故障细胞所在行/列置为透明,故障细胞所在行/列及其后所有行/列功能后移,使目标电路的基本功能单元都由正常细胞执行,完成电路的修复。

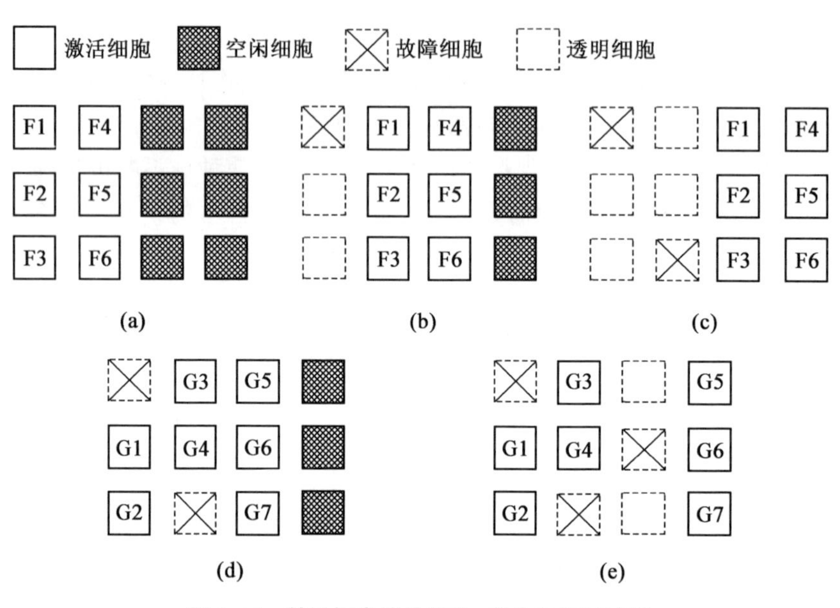

图 2.11　某目标电路的移除-进化自修复过程

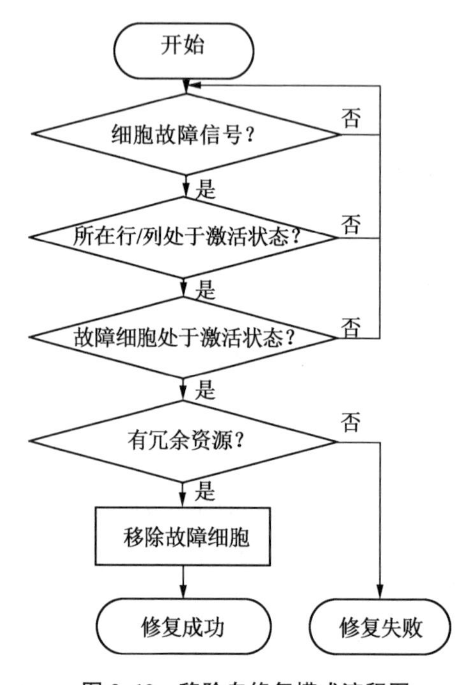

图 2.12　移除自修复模式流程图

移除自修复模式修复逻辑简单,由修复控制逻辑电路执行,计算过程快速,可以实现电路的在线实时自修复。

2. 进化自修复模式

进化自修复模式是在胚胎电子阵列中部分细胞发生故障、移除自修复模式无法完成修复时,利用阵列中的正常电子细胞资源,进化目标电路结构,提高目标电路的自修复能力,为移除自修复提供冗余资源。

进化自修复模式的本质是在部分细胞故障的胚胎电子阵列上,计算能够满足目标功能且具有最大自修复能力的电路形式,其流程图如图 2. 13 所示。

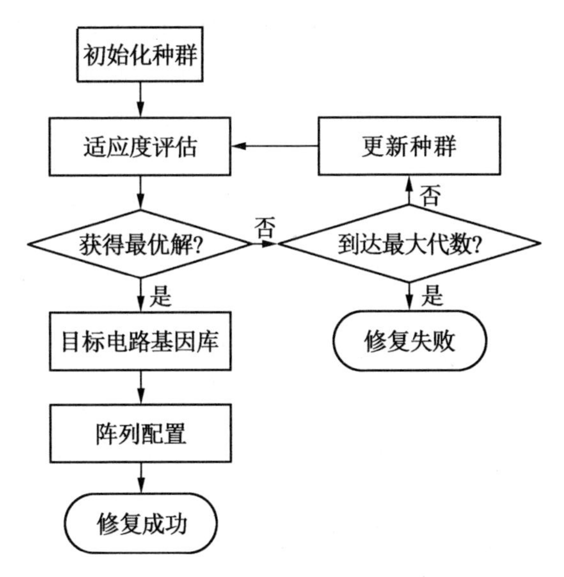

图 2. 13　进化自修复模式流程图

进化自修复模式主要包括 7 个步骤。

(1)将电路空间中的目标电路形式映射到进化算法空间,产生目标电路种群。

(2)根据胚胎电子阵列中电子细胞状态对种群中个体进行适应度评估。

(3)若种群中所有个体均不满足最优解要求,则转至(4),若种群中个体满足最优解要求,则转至(6)。

(4)判断种群是否达到最大进化代数,若已经达到最大进化代数,则进化修复失败,若尚未达到最大进化代数,则转至(5)。

(5)更新种群,获得子代种群,转至(2)继续计算。

(6)将进化计算空间中的最优个体映射到电路空间,计算基因库。

(7)将基因库配置到阵列中,完成进化自修复。

进化自修复模式中的初始化种群和更新种群操作与经典的进化型仿生硬件计算流程类似,为了能够为移除自修复模式提供更多的冗余资源,适应度评估中需要考虑目标电路的自修复能力,这是与经典进化型仿生硬件计算的不同之处。

进化自修复模式能够统筹阵列所有资源进行全局优化,可以提高阵列中的资源利用率,但同时计算量较大,需要处理器完成该计算过程。

2.4.2 移除-进化自修复流程

为了对移除-进化自修复进行说明,首先定义胚胎电子阵列上目标电路的自修复能力(self-repair capacity, SRC),如下。

定义 电路的自修复能力为电路能够从故障状态修复到正常状态的最大次数,其表征了目标电路对潜在故障的修复能力。对于移除自修复模式来说,电路的自修复能力即为胚胎电子阵列中冗余行/列资源的数目。

移除-进化自修复方法以目标电路的自修复为目标,实时监测目标电路的自修复能力,当其自修复能力较大时,目标电路对当前环境具有较大的适应度,通过移除自修复模式修复电路中出现的故障;随着移除修复次数的增加,目标电路的自修复能力下降。当自修复能力降低至零时,目标电路对环境的适应能力已较低,移除自修复模式无法修复潜在故障,通过进化目标电路结构提高目标电路的自修复能力,使电路重新获得修复能力,继续采用移除修复模式进行电路中故障的修复,其流程图如图 2.14 所示。

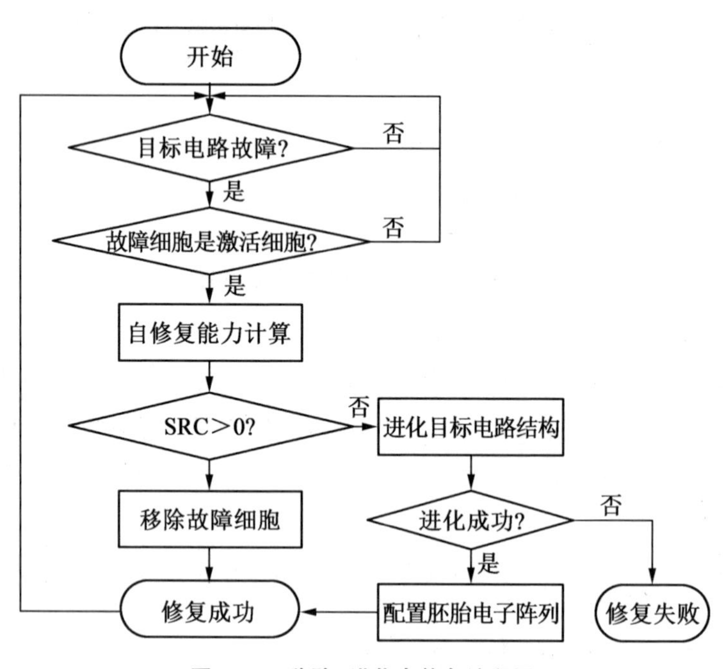

图 2.14 移除-进化自修复流程图

系统运行过程中,胚胎电子阵列中电子细胞进行实时自检测,当检测到故障时,若故障细胞是激活细胞,则根据阵列中细胞状态计算目标电路的 SRC。如果 SRC>0,则移除故障细胞所在行/列,消除故障细胞对目标电路的影响;当目标电路的 SRC 退化至零时,阵列中没有冗余行/列资源,无法继续通过行/列移除方式进行目标电路的自修复,在阵列中剩余正常细胞的基础上,进化目标电路形式,使用异构形式保持电路的正常功能,同时提高目标电路的自修复能力。进化自修复模式完成后,目标电路的SRC得到提高,阵列中重新具有冗余行/列资源,对于后续的故障,继续采用移除自修复模式进行修复。

在系统生命周期中,移除自修复模式和进化自修复模式交替进行。移除自修复模式通过系统中细胞的自主移除,由修复控制电路完成,具有快速自修复能力。进化自修复模式需要集中控制器的计算,自修复速度较慢,但通过对阵列中资源的集中配置,能够优化资源配置,提高资源利用率,增加目标电路的自修复能力。在系统运行过程中,以移除自修复模式为主,当目标电路失去自修复能力时,通过进化修复模式提高系统SRC,为移除自修复提供冗余行/列资源,继续移除自修复模式。

2.4.3　优缺点分析

移除-进化自修复方法利用电子系统的快速计算能力,将生物中两个不同层面上的自修复方法结合在一起,兼顾了进化型仿生硬件和胚胎型仿生硬件在系统自修复方面的优点,克服了两种方法各自的不足,其主要优点如下。

(1)具有在线实时自修复能力。

移除-进化自修复中,以移除自修复模式为主,进化自修复模式辅助提供移除所需冗余行/列资源,故障的自检和修复均由硬件电路实现,能够在线实时修复电路中的故障。

(2)提高了目标电路的自修复能力。

移除-进化自修复通过进化操作,将在移除自修复模式中移除的正常细胞资源充分利用起来,避免了移除自修复导致的资源浪费,提高了系统资源利用率,从而提高了系统的自修复能力。

以图2.11所示修复过程中自修复能力的变化为例,目标电路修复过程中自修复能力的变化如图2.15所示。整个自修复过程中,移除自修复和进化自修复交替进行。移除自修复模式中,随着自修复次数的增加,目标电路的自修复能力线性降低。当降低到零时,通过进化自修复模式提高系统的自修复能力,为后续的移除自修复提供基础。

由图2.15可以看出,移除-进化自修复使得目标电路的自修复能力从2增加至3,提高了目标电路的自修复能力。

(3)增加了修复故障类型。

胚胎电子阵列的移除自修复是建立在细胞间连接和细胞内移除电路正常的情况下,只能对细胞内功能模块、地址产生器、基因库等进行修复。当细胞间连接和细胞内移除电路故障时,无法通过移除自修复进行修复,导致自修复失败。移除-进化自修复中,通过进化自修复模式能够充分利用阵列中的正常资源,针对影响移除自修复模式的模块进行修复。当阵列内细胞间连接和细胞内移除电路出现故障时,移除自修复模式失效,可以通过进化自修复模式进化目标电路结构,“绕开”故障连接和故障细胞,保证电路的正常运行及移除自修复模式的有效。

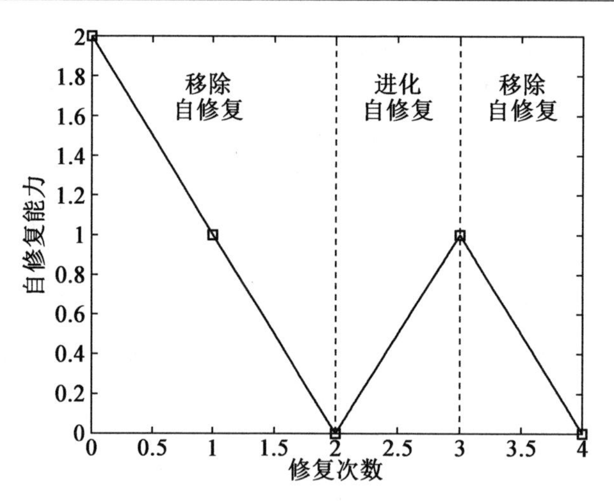

图 2.15 目标电路修复过程中自修复能力的变化

2.5 本章小结

本章在分析已有的进化型仿生硬件和胚胎型仿生硬件及基于此实现的自修复电子系统的基础上，提出了移除-进化自修复方法。该方法利用电子系统的快速计算能力，将个体层面的移除自修复和种群层面的进化自适应地结合在一起，既保证了系统的实时自修复，又提高了系统的资源利用率，增加了修复的故障类型，为仿生电子系统的自修复提供了一种新方法。

第3章 具有进化能力的胚胎电子系统结构

移除-进化自修复方法通过将生物界中不同层面上的修复方法结合在一起,既包括胚胎型仿生电子系统的快速移除修复,又涵盖进化型仿生硬件的进化修复,现有的进化型或胚胎型仿生硬件结构无法满足该自修复方法需求。为了更好地支持移除-进化自修复方法,本章设计了一种具有进化能力的胚胎电子系统。该系统以胚胎型仿生硬件为基础,引入进化思想,既保留了胚胎型仿生硬件实时自修复的优点,又具有针对多种故障模式的全局修复能力,提高了仿生电子系统的资源利用率和自修复能力。

本章重点对具有进化能力的胚胎电子系统进行阐述,设计了系统结构,并重点对系统中的功能层和修复层进行设计、研究。功能层研究了一种局部连接和远程连接相结合的胚胎电子阵列,详细设计了电子细胞结构;修复层根据移除-进化自修复方法中移除自修复模式特点,设计了修复控制电路。最后对所设计功能层及修复层进行了仿真实现,进行了电路的自修复实验,验证了所设计的功能层和修复层结构。

3.1 胚胎电子系统结构设计

本节根据移除-进化自修复方法的特点,对系统结构进行了需求分析,设计了硬件总体结构。

3.1.1 需求分析

仿生电子自修复系统的根本目的是进行目标电路的应用实现,系统运行过程中,通过自修复方法修复电路中的各种故障,保证目标电路高可靠性运行。针对不同的应用,系统上运行的目标电路不同,因此系统需要具有可重配置能力,通过不同的配置实现各种目标电路功能。

基于移除-进化自修复方法的仿生自修复电子系统在运行过程中,移除自修复模式和进化自修复模式交替出现。移除自修复模式中,修复方法较为简单,其修复策略可由硬件电路控制完成。但控制过程中与胚胎型仿生硬件的行/列移除自修复有以下几点不同。

(1)胚胎型仿生硬件中,故障细胞所在行/列被移除后不再使用,移除-进化自修复方法中被移除行/列内的正常细胞通过进化自修复模式又被重新使用。

(2)胚胎型仿生硬件中,行/列内一旦出现故障细胞,则该行/列被移除,移除-进化自修复方法中具有故障细胞的行/列能够正常工作。

(3)胚胎型仿生硬件中,冗余行/列中所有细胞正常,移除-进化自修复方法中冗余行/列中可能存在故障细胞。

以上几点不同,使得移除-进化自修复方法需要更复杂的控制电路进行移除自修复模式的修复控制。

进化自修复模式中,需要进行目标电路的进化计算,计算量大,需要处理器完成,同时为了保证处理器的正常工作,需要相关辅助电路支持。根据进化结果进行功能层的重配置,以完成对目标电路的进化自修复,因此需要功能层能够方便地进行重配置。

移除-进化自修复方法中,目标电路的实现、移除自修复模式和进化自修复模式是相互关联的统一体:目标电路状态触发移除自修复,修复控制电路修正目标电路状态,同时处理器对目标电路和修复控制电路进行统一管理配置,完成进化自修复。三者之间通过信息交互彼此影响,需要接口电路实现三者间的信息传输。

综上,为了能够实现各种目标电路,且通过移除-进化自修复方法对目标电路中的故障进行修复,系统中需要具备以下要素:

①可重配置的胚胎电子阵列;

②修复控制电路;

③执行进化算法的微处理器及其辅助电路;

④接口电路。

3.1.2 结构设计

基于以上分析,在胚胎型仿生硬件的基础上,设计了具有进化能力的胚胎电子系统,该系统除了具备快速自修复功能外,还能够根据系统状态进行进化和快速配置,实现了系统的移除-进化自修复。

本章所提出的具有进化能力的胚胎电子系统由功能层、修复层和进化层 3 层结构组成,其硬件结构层次图如图 3.1 所示。功能层实现电路基本功能及故障自检;修复层根据功能层故障自检结果,进行功能层的移除修复控制,完成移除自修复模式;进化层根据功能层目标电路状态和修复层修复结果,进化功能层目标电路结构,完成进化自修复模式。

1. 功能层

功能层由结构相同的胚胎电子阵列构成,主要用来实现目标电路功能,并与修复层配合完成目标电路的移除自修复。电子细胞的功能及连接可在表达基因的控制下改变,在不同的基因库配置下,功能层可以实现不同的电路功能。

功能层在进化层的控制下进行基因配置,对于进化自修复模式下所得的各种目标电路基因库,通过对功能层的配置实现目标电路功能。

功能层中的电子细胞具有自检功能,在运行过程中可以实时检测电子细胞的状态,并产生电子细胞故障信号,触发修复层和进化层的修复机制。

2. 修复层

修复层主要完成移除-进化自修复方法中的移除自修复模式,根据功能层电子细胞状态和进化层的配置,进行功能层目标电路的移除修复控制,主要由修复控制电路和接口电路组成。接口电路进行修复层与功能层和进化层的数据交互,接收功能层电子细胞状态信号,并向功能层发送修复控制信号,向进化层发送胚胎电子阵列状态信号,并接收进化层的配置信息。

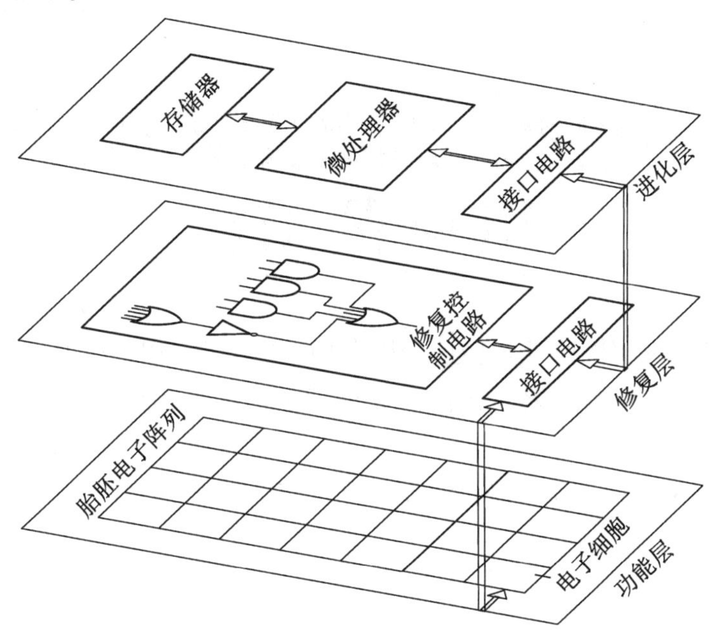

图 3.1 具有进化能力的胚胎电子系统硬件结构层次图

3. 进化层

进化层完成移除-进化自修复方法中的进化自修复模式,由微处理器、存储器和接口电路组成。微处理器监控功能层目标电路状态,当目标电路的自修复能力退化至零时,根据功能层中电子细胞状态执行电路的进化计算,并将计算结果配置到功能层和修复层;存储器存储功能层和修复层的配置信息及微处理器的进化结果;接口电路进行进化层与功能层和修复层的数据传递。

3.2 功能层的胚胎电子阵列设计

功能层的胚胎电子阵列是本章所设计仿生电子系统的主要部分,本节在分析已有胚胎电子阵列结构的基础上,提出了一种局部连接和远程连接相结合的胚胎电子阵列结构,并对其性能进行了分析。实验表明,本章所设计胚胎电子阵列结构能够降低开关盒宽度,从而降低系统硬件消耗。

3.2.1 已有的胚胎电子阵列结构

胚胎电子阵列主要由电子细胞和细胞间的连接组成。经典的胚胎电子阵列中,细胞间的连接通过细胞间的连线和开关盒(switch box, SB)实现,开关盒包含在细胞内部,其结构如图 3.2(a)所示;Y. Thoma 等将开关盒与电子细胞分离,开关盒在胚胎电子阵列之外形成布线层结构,如图 3.2(b)所示,该结构增加了细胞间布线的灵活性,但修复控制复杂,不利于阵列的实时自修复;A. M. Tyrrell 等提出了蜂窝结构的胚胎电子阵列,每个细胞呈六边形的蜂窝结构,能够与周围 6 个细胞相邻,如图 3.2(c)所示,该结构丰富了细胞间的连接,但电子细胞呈蜂窝状排列,不利于行/列移除等自修复机制的实施。

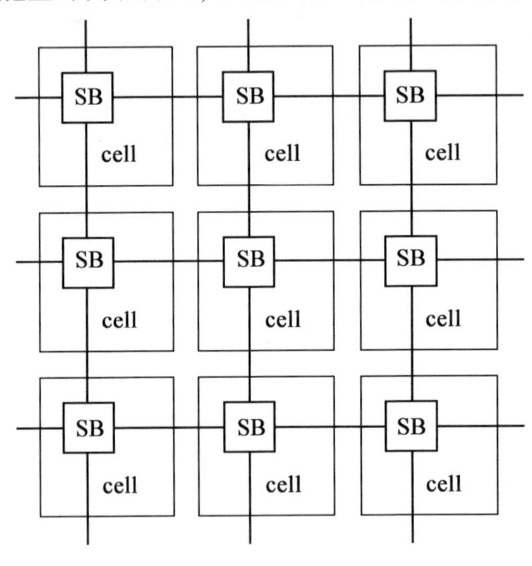

(a)开关盒结构

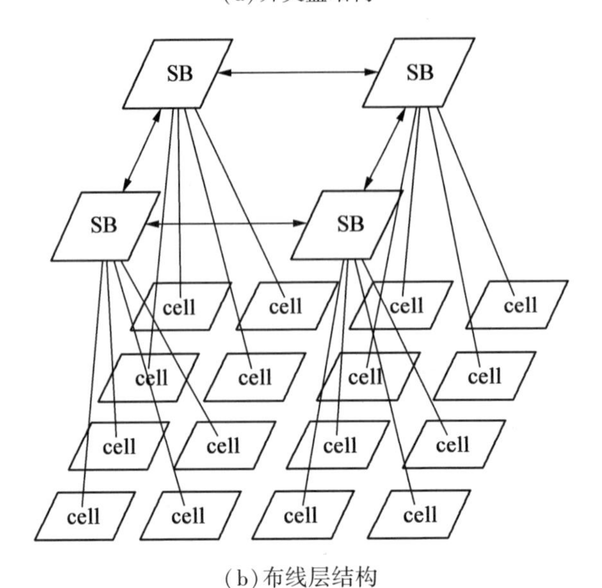

(b)布线层结构

图 3.2 已有胚胎电子阵列结构

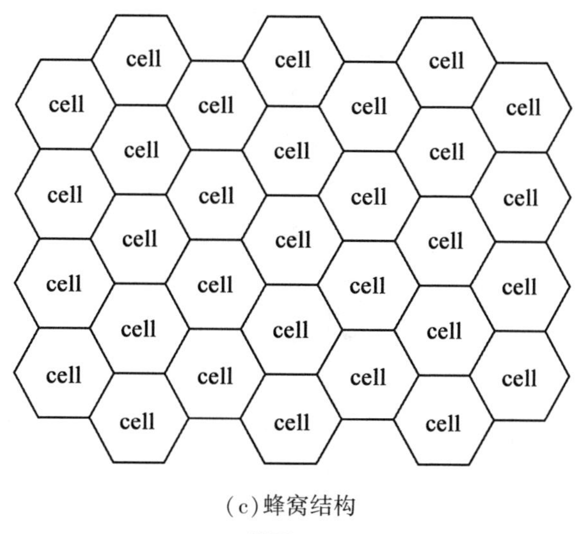

(c)蜂窝结构

续图 3.2

本节采用与经典阵列类似的胚胎电子阵列结构,开关单元包含在细胞内部,整个阵列由电子细胞和细胞间的连线组成。

3.2.2　局部连接和远程连接相结合的胚胎电子阵列

胚胎电子阵列实现具体应用于目标电路时,目标电路节点功能由电子细胞执行,节点间的连接通过电子细胞的开关盒和细胞间的连接线组合实现,具体为源细胞开关盒→细胞间连接线→中间细胞 1 开关盒→细胞间连接线→中间细胞 2 开关盒→细胞间连接线→…→细胞间连接线→目标细胞开关盒。即便是相邻细胞,其连接实现为源细胞开关盒→细胞间连接线→目标细胞开关盒,即实现一条连接,至少要使用两个开关盒。

由上述分析可以看出,在实际电路实现中,细胞间的连接可分为两种:相邻细胞间的连接和非相邻细胞间的连接。而对于同一目标电路,在阵列分化过程中,往往以总连接最短为目标,其结果为具有连接关系的电路节点大多由相邻的细胞实现。若相邻细胞间的连接不通过开关盒而直接相连,则可以大大减少所需开关数目,降低开关盒宽度,从而降低阵列的硬件消耗。基于该思想,本节根据细胞间的位置关系,将细胞间的连接分为局部连接和远程连接两种方式。局部连接进行相邻细胞间的连接,通过局部连接,相邻细胞间的信号直接相连。远程连接进行不相邻细胞的连接,通过每个细胞内的开关盒及细胞间的连线进行信号的传输。具有局部连接和远程连接的胚胎电子阵列如图 3.3 所示。

图 3.3 中,粗线为远程连接线,细线为局部连接线;与 cell 细胞相邻的细胞根据其位置分别命名为 S、SE、E、EN、N、NW、W、WS。cell 细胞可以通过直连线与周围的 8 个邻居进行直接信号传输,无须经过开关盒;而不相邻细胞间的信号传输,如 NW 和 EN 间的连接需要经过 NW、N、EN 细胞内的开关盒及细胞间连线配合完成。

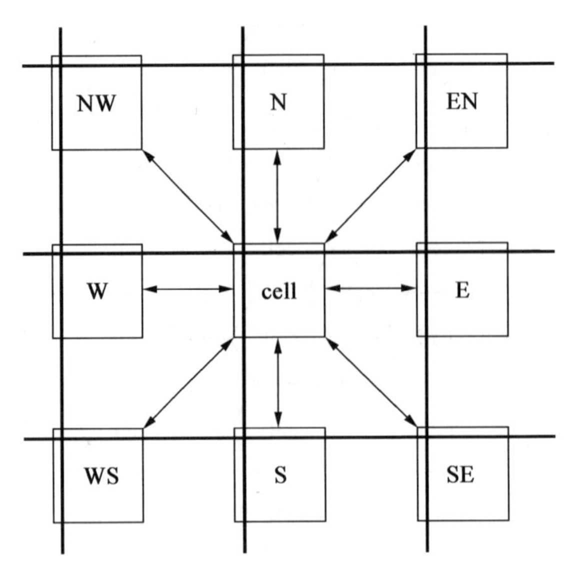

图 3.3 具有局部连接和远程连接的胚胎电子阵列

1. 局部连接方式

局部连接示意如图 3.3 中细线所示。细胞与其相邻的 8 个细胞进行直接连接,细胞的输出作为相邻细胞的输入,相邻细胞的输出作为该细胞的输入。

图 3.3 所示的对角细胞自修复连接方式可以保证细胞与相邻 8 个细胞的连接关系,能够完成细胞与周围细胞的信号传递,但在自修复过程中,细胞与其 SE、EN、NW、WS 方向邻居细胞间的连接存在无法修复的问题。如图 3.4(a)所示,胚胎电子阵列实现某功能时,相邻细胞(1, 1)、(2, 2)直接相连。当(2, 2)细胞出现故障时,通过列移除修复机制从电路中移除胚胎电子阵列中的第 2 列,由(2, 3)细胞代替(2, 2)实现其功能 F2,如图 3.3(b)所示。自修复过程中(1, 1)和(2, 2)细胞间的连接必须转变为(1, 1)和(2, 3)细胞间的连接,连接转换过程中必须重新计算连接关系,根据计算结果改变与该连接相关的细胞的配置,完成(1, 1)和(2, 3)细胞间的连接。该自修复过程中,需要额外的硬件电路进行连接的重新计算,增加了细胞的复杂度。

图 3.4(a)(b)所示的对角连接在自修复过程中不易修复,修复过程中需要对对角细胞间的连接进行重新计算。为了降低细胞的复杂度,使局部连接更适合于移除自修复模式,对对角连接进行优化设计,将对角连接转换为同行、同列细胞间的连接,如图 3.4(c)所示。当(2, 2)细胞出现故障时,通过列移除模式将第 2 列细胞从电路中移除,第 2 列细胞变为透明,第 3 列细胞表达第 2 列对应细胞的基因,(1, 3)细胞和(2, 3)细胞分别执行(1, 2)细胞和(2, 2)细胞的功能 F2、F4,并保持(1, 2)细胞和(2, 2)细胞的连接方式,从而维持了 F1、F4 间的连接,如图 3.4(d)所示。该连接方式在行/列移除自修复中不需要重新计算细胞间的连接方式,降低了细胞的复杂度,适合于移除自修复模式。优化设计后的电子细胞的局部连接方式如图 3.5 所示。

通过图 3.5 所示电子细胞的局部连接方式,细胞可以实现与周围 8 个邻居细胞的输入、输出直接连接,且在自修复过程中,行/列移除修复后,细胞间的局部连接关系保持不变。

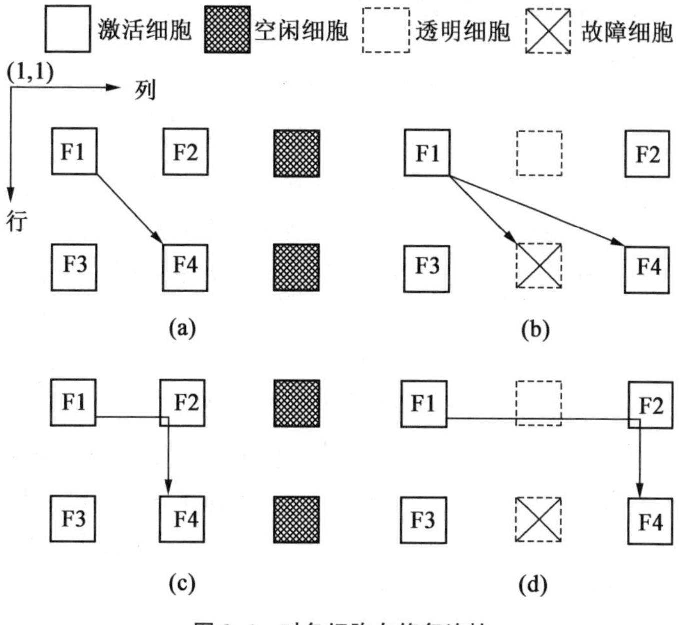

图 3.4　对角细胞自修复连接

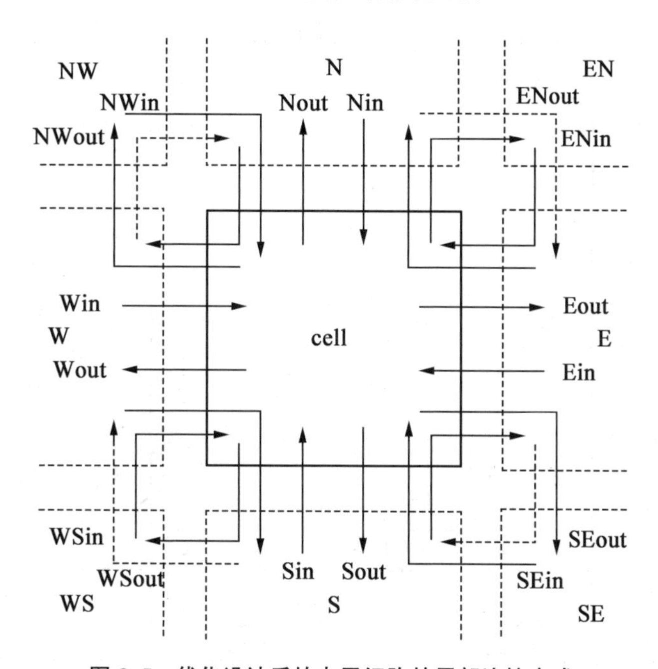

图 3.5　优化设计后的电子细胞的局部连接方式

2. 远程连接方式

远程连接进行不相邻细胞间的信息交互,与经典胚胎电子阵列类似,通过多个细胞内的开关盒和细胞间的连接线完成,电子细胞的远程连接方式如图 3.6 所示。

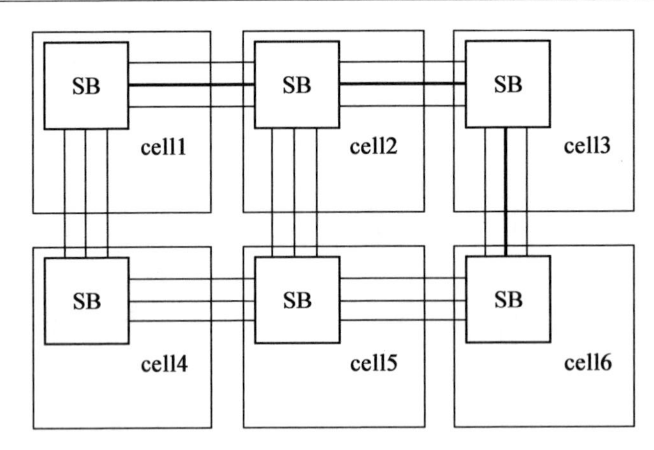

图 3.6 电子细胞的远程连接方式

图 3.6 中,细胞间的连接线将阵列中所有细胞连接起来,细胞内开关盒进行连接的连通控制,通过开关盒和连接线组成的连接网络,可实现阵列中任意两个细胞间的连接。如细胞 cell1 和 cell6 间的连接,可通过 cell1、cell2、cell3 和 cell6 的开关盒及细胞间连接线配合完成,信息传输通道如图 3.6 中粗线所示。

3. 阵列结构

在局部连接方式、远程连接方式设计基础上,所设计的局部连接和远程连接相结合的胚胎电子阵列结构如图 3.7 所示。

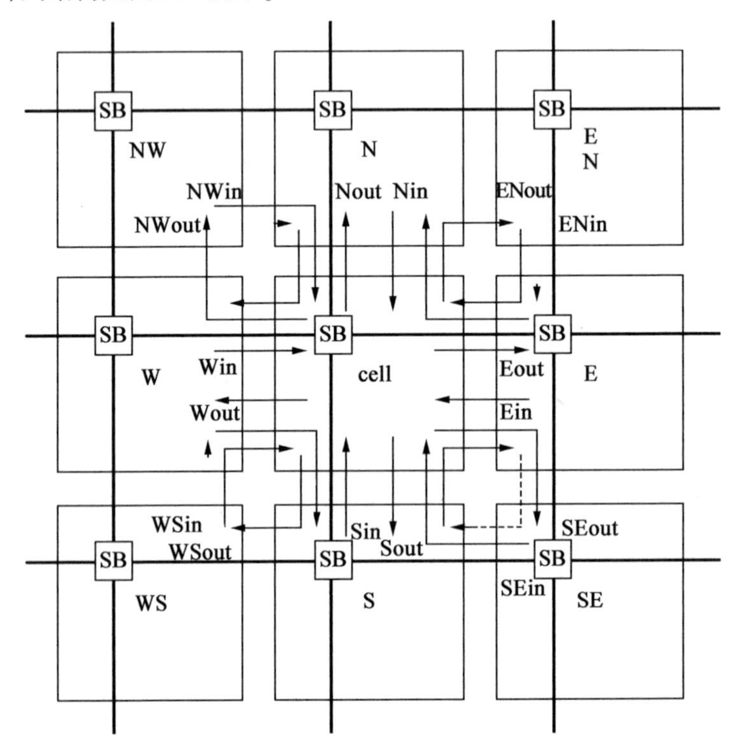

图 3.7 局部连接和远程连接相结合的胚胎电子阵列结构

图 3.7 中,细胞间的细线为局部连接的直连线,粗线为细胞间连接线,连接线交汇处为细胞内的开关盒,开关盒用来调节信号在细胞间连接线上的走向。对于相邻的细胞如 W、cell,可以直接通过 Win 或 Wout 直连线进行信息交互;对于不相邻的细胞,如 NW、E,则通过远程连接在 NW、N、EN、E 细胞内的开关盒及细胞间的连接线配合下进行信号传递。

3.2.3　性能分析

为了分析本章所设计局部连接和远程连接相结合的胚胎电子阵列结构的性能,采用 LGSynth91 中的多个标准电路分别在经典阵列和本章所设计阵列上进行了实现,定义开关盒每边端点数目为开关盒宽度,若开关盒宽度为 n,即开关盒每边有 n 个端点。首先在规模和开关盒宽度固定的两种阵列上进行多个标准电路的实现,分别记录电路实现过程中开关使用数目;然后只固定阵列规模,变化开关盒宽度进行标准电路的实现,记录电路成功实现所需最小开关盒宽度。

1. 固定开关盒宽度

对 LGSynth91 中的标准电路 Cm82a、Z4m1、S27、s208.1、Cm138a 分别在经典阵列和所提阵列上进行实现,计算电路实现中使用开关盒中开关的数目。阵列规模设置为 8×8,开关盒宽度设置为 4,不同阵列结构中开关使用数量见表 3.1。

表 3.1　不同阵列结构中开关使用数量

电路	电路规模			使用开关数目			开关数目降低量
	输入	输出	延时	门数目	经典结构	本章结构	
Cm82a	5	3	0	27	16	10	37.5%
Z4m1	7	4	0	20	81	53	31.8%
S27	4	1	3	10	10	8	20%
s208.1	10	1	8	104	183	137	25.1%
Cm138a	6	8	0	17	84	51	39.3%
平均							30.7%

通过表 3.1 所示计算结果可以看出,与图 3.2(a)所示经典胚胎电子阵列相比,本章所设计胚胎电子阵列进行电路实现时使用开关数目明显降低,降低量均在 20%以上,所有实验电路的开关使用数目平均降低了 30.7%。

2. 开关盒宽度变化

为了进一步验证所提阵列结构实现目标电路时开关盒宽度的降低,将 LGSynth91 中的标准电路 C1355、C1908、C3540 等分别在经典阵列和本章所设计提阵列上进行实现。实现过程中阵列的规模相同,开关盒的宽度变化,分别记录目标电路在两种阵列结构上成功实现时所需最小开关盒宽度,结果见表 3.2。

表 3.2 不同阵列上实现所需开关盒宽度

序号	电路	输入	输出	触发器	门数目	阵列规模	经典结构	本章结构	降低
1	C1355	41	32	0	546	9×9	24	18	25.0%
2	C1908	33	25	0	880	11×11	30	12	60.0%
3	C3540	50	22	0	1 669	19×19	50	24	52.0%
4	C6288	32	32	0	2 406	23×23	50	30	40.0%
5	C880	60	26	0	383	11×11	24	12	50.0%
6	alu4	14	8	0	681	17×17	50	20	60.0%
7	apex6	135	99	0	452	16×16	30	30	0.0%
8	dalu	75	16	0	1 697	21×21	50	20	60.0%
9	i8	133	81	0	1 831	21×21	50	24	52.0%
10	i9	88	63	0	522	15×15	30	18	40.0%
11	t481	16	1	0	2 072	22×22	50	50	0.0%
12	term1	34	10	0	358	8×8	12	10	16.7%
13	mm9a	12	9	27	492	11×11	24	14	41.7%
14	mult16a	17	1	16	208	6×6	6	6	0.0%
15	s382	3	6	21	158	7×7	8	6	25.0%
16	s386	7	7	6	159	8×8	12	6	50.0%
17	s526	3	6	21	193	8×8	12	4	66.7%
平均									37.6%

通过表 3.2 可以看出,采用经典阵列结构和本章所提阵列结构进行目标电路实现时,由于细胞间连接方式不同,其所需最小开关盒宽度不同。对于大部分实现电路来说,在所提阵列结构上进行实现时,所需开关盒宽度小于经典阵列结构,其中 C1908、C3540、C6288、C880、alu4、dalu、i8、i9、mm9a、s386、s526 等 11 个电路的开关盒宽度降低了 40%以上,占实验电路数目的 64.7%,3 个电路的开关盒宽度没有发生变化,所有实验电路开关盒宽度平均降低 37.6%。

通过以上实验分析可以看出,本章所设计阵列结构由于增加了相邻细胞间的局部连接,减少了远程连接所需开关数目,降低了阵列中开关盒宽度,进而降低了开关盒所需控制基因长度及硬件消耗。

3.3　电子细胞结构设计

电子细胞是胚胎电子阵列的基本单元,是具有自检测能力的功能单元。本节在经典电子细胞结构基础上,结合所设计的胚胎电子阵列结构及自修复机制的需要,设计了电子细胞结构,并对其中各模块进行了具体设计实现。所设计的电子细胞结构框图如图 3.8 所示。

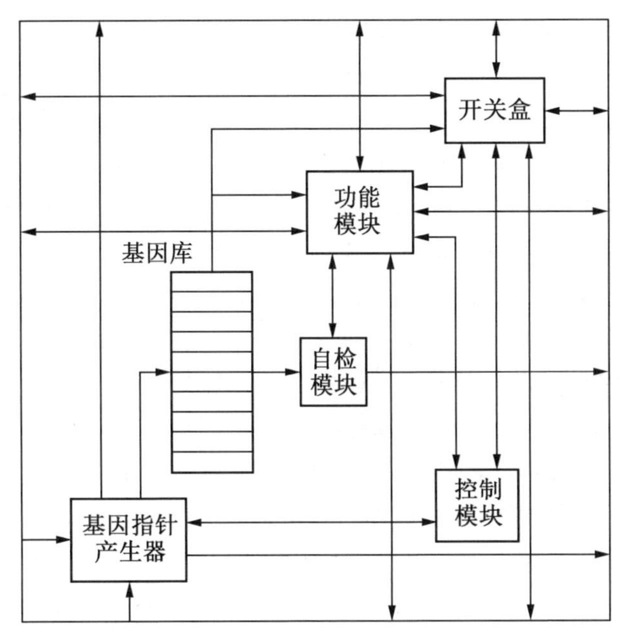

图 3.8　电子细胞结构框图

图 3.8 所示电子细胞结构中包含基因指针产生器(gene pointer generator)、基因库(genes)、自检模块(BIT)、功能模块(function module)、开关盒(switch box)和控制模块(transparent control module,TCM)。

功能模块在基因配置下,完成电子细胞的逻辑功能;开关盒在基因配置下,进行细胞的远程连接;控制模块在自修复中,使细胞相对于阵列处于透明状态,消除故障细胞对阵列的影响。

基因库模拟生物细胞的 DNA 双链,存储细胞表达和修复所需基因。每一条基因代表一种功能和连接配置,可用来配置功能模块功能和开关盒连接方式;基因指针产生器根据周围信息计算细胞表达基因位置,并以此为标识从基因库中选择对应基因,将其所代表的功能和连接配置到功能模块和开关盒。基因库及基因指针产生器在第 5 章进行详细设计,在此不再赘述。

自检模块在系统运行过程中实时检测细胞状态,当检测到细胞发生故障时,对外发送细胞故障信号,触发自修复机制进行阵列的自修复。细胞的自检是系统自修复的基础,本章采用经典的双模冗余进行电子细胞的自检,在此不再介绍其技术细节。

3.3.1 功能模块设计

功能模块是电子细胞的主要部分,用来执行电子细胞的逻辑功能。功能模块具有可重配置能力,通过配置不同的基因可以实现各种一定粒度的功能。早期的电子细胞结构中,采用多路选择器设计实现功能模块,所执行的逻辑功能粒度较小;随着电子细胞结构研究的不断深入,越来越多的研究者使用查找表进行功能模块的设计。本设计中,采用4输入查找表(4-LUT)作为功能模块的主要部分,通过配置可以实现任意输入不大于4的逻辑功能。

本章设计的功能模块实现框图如图3.9所示。Input为功能模块输入,O为功能模块输出,I1、I2、I3、I4为4-LUT的输入,O0为4-LUT的输出及触发器的输入,O1为触发器的输出;C1、C2、C3、C4为输入控制信号,FC0为LUT的配置控制信号,FC1为是否延时控制信号,clk为时钟信号。

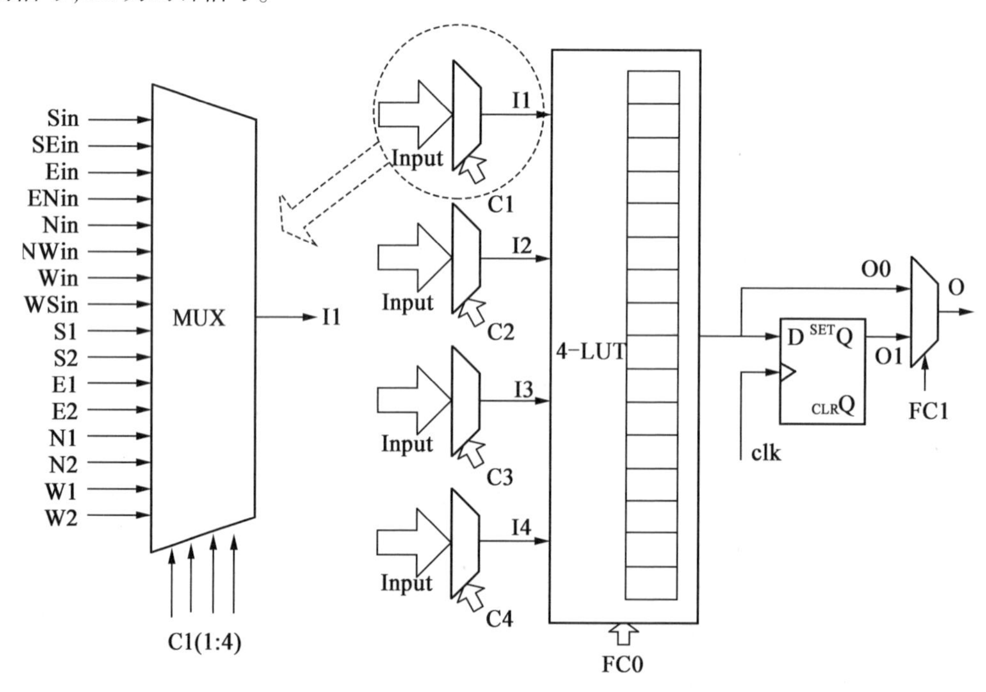

图3.9 本章设计中功能模块实现框图

功能模块的输入Input包括细胞局部连接的相邻细胞输入信号及远程连接的不相邻细胞输入信号,输入信号在选通信号控制下通过16-1多路选择器(multiplexer,MUX)选择作为LUT输入信号。

FC0为LUT的功能配置信息,决定了LUT的逻辑功能;根据LUT的输入及功能配置,可得到LUT的输入O0,输入O0经触发器延时后,在FC1信号控制下通过2-1多路选择器选择功能模块的输出是否延时,为逻辑电路、时序电路的实现准备硬件基础。

3.3.2　开关盒设计

开关盒基于 Universal 结构进行设计，在 Universal 结构的基础上，增加了电子细胞功能输出端 FuncOut，对于宽度为 n 的开关盒，S、E、N、W 4 个方向上各有 n 个端点，每个端点既可以作为输入端点又可以作为输出端点，通过基因表达和另外 3 个边上的一个端点及电子细胞的功能模块输出端 FuncOut 相连。宽度为 n 的开关盒结构如图 3.10 所示。

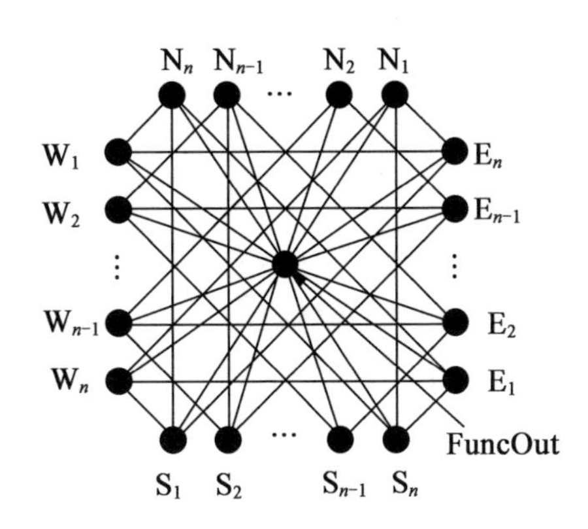

图 3.10　宽度为 n 的开关盒结构

开关盒中每一个端口均与其他 3 个方向的端口及电子细胞输入端相连，即开关盒每一边的每一个端点均与 4 个端点相连，每个端点使用一个 8-1 多路选择器进行连接控制，8-1 多路选择器的选通需要 3 位控制位，即每个端点需要 3 位控制信号，则图 3.10 所示宽度为 n 的开关盒所需控制信号位数为 $12n$。

3.3.3　细胞基因配置

与生物体相同，基因是胚胎电子阵列实现目标电路功能的基础。阵列中细胞在基因的配置下执行不同的连接方式和功能，阵列中所有细胞配合共同完成基因所确定的目标电路功能。

结合所设计的电子细胞结构，本设计中电子细胞基因包括 LUT 功能配置、延时选择、LUT 输入选择、开关盒配置 4 部分，其中开关盒配置所需基因长度根据开关盒宽度确定。对于开关盒宽度为 2 的电子细胞，其基因配置中各部分功能及长度见表 3.3。

表 3.3　基因配置中各部分功能及长度

基因位	33~56	17~32	16	0~15
功能	开关盒控制信息	LUT 输入连接选择	功能选择(延时与否)	LUT 功能配置信息
说明	24 bit	16 bit	1 bit	16 bit

由表 3.3 可以看出，对于开关盒为 2 的电子细胞，其基因长度为 57，其中 0~15 位为 LUT 功能配置信息；16 位为是否延时功能选择配置；17~32 位为 LUT 输入连接选择配置，其中 17~20 为 I1 输入选择、21~24 为 I2 输入选择、25~28 为 I3 输入选择、29~32 为 I4 输入选择；33~56 位为开关盒控制信息，其中 33~35 为 S_0 方向配置、36~38 为 S_1 方向配置、39~41 为 E_0 方向配置、42~44 为 E_1 方向配置、45~47 为 N_0 方向配置、48~50 为 N_1 方向配置、51~53 为 W_0 方向配置、54~56 为 W_1 方向配置。

3.3.4 控制模块

控制模块主要用来进行电子细胞的透明模式控制，以完成自修复。电子细胞的透明模式是指对于故障细胞，在外部信号的控制下，将其功能从阵列中移除，电子细胞相对于其周围环境变为只有连接作用的透明状态。电子细胞的透明模式是阵列自修复的基础。

电子细胞的透明模式是指在透明模式控制信号的控制下，直接将电子细胞的输入与对应输出相连，输入信号不经过电子细胞的功能模块直接连接到电子细胞的输出，从而将该电子细胞功能从应用中移除。具有透明模式的电子细胞框图如图 3.11 所示。

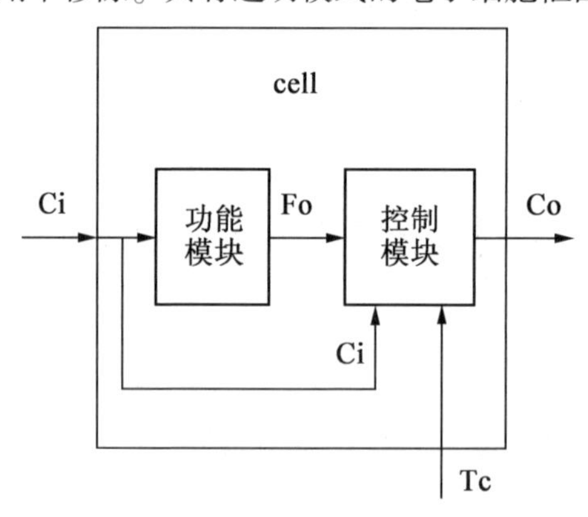

图 3.11 具有透明模式的电子细胞框图

图 3.11 中，Ci 为电子细胞输入，Tc 为电子细胞透明模式控制信号，Co 为电子细胞输出，Fo 为电子细胞功能模块输出。电子细胞功能模块输出与电子细胞输入全部送入控制模块，经调整后输出。

控制模块的功能伪代码如下：

```
if (Tc = FALSE) Co=Fo;
   else       Co=Ci;
```

在正常模式下，电子细胞的透明模式控制信号 Tc 为 FALSE，电子细胞的输出为其功能模块的输出；当电子细胞故障时，Tc 信号为 TRUE，电子细胞的输入信号不经功能模块直接传递到电子细胞的输出，电子细胞功能模块变为透明。

透明模式的电子细胞对于周围环境来说其功能单元及开关盒不存在,只存在直连的连接线。

3.4 修复层结构设计

移除-进化自修复中,移除自修复模式是系统的主要修复方式。移除-进化自修复中的移除自修复模式与胚胎型仿生硬件中行/列移除自修复方法不同:胚胎型仿生硬件的行/列移除自修复中,故障电子细胞所在行/列所有电子细胞被移除,该行/列内所有电子细胞无论正常还是故障在胚胎型仿生硬件整个生命周期中不再使用,每行/列是一个整体,在修复控制过程中,对行/列整体进行控制;与行/列移除自修复相同,在移除-进化自修复中的移除自修复模式中,故障电子细胞所在行/列所有电子细胞均被移除,但通过进化自修复模式,故障电子细胞所在行/列内的正常电子细胞被重新使用,使得行/列中故障电子细胞与激活电子细胞同时存在。因此,在移除自修复模式中,每个电子细胞需要进行单独控制。为了实现移除-进化自修复中电子细胞的修复控制,本节对修复层的修复控制电路进行了详细设计。

3.4.1 修复控制策略

功能层的电子细胞在执行电路逻辑功能的同时,具有自检测功能,运行过程中实时检测自身状态。当检测到电子细胞故障时,对外发出电子细胞故障信号,修复层在电子细胞故障信号驱动下,根据故障电子细胞的使用状态,执行修复操作。

系统初始化或进化自修复后目标电路正常运行时,阵列中的电子细胞根据使用状态可分为激活电子细胞、空闲电子细胞和透明电子细胞。激活电子细胞执行电路功能,若其故障则会导致目标电路故障,因此激活电子细胞的故障会触发修复机制,进行目标电路的修复;空闲电子细胞不执行电路功能,其故障与否不影响目标电路状态,因此对于空闲电子细胞的故障,无须进行修复操作;透明电子细胞是进化自修复前已经故障的电子细胞,处于透明状态,在进化自修复过程中该细胞作为直连导线使用,透明电子细胞的故障信号只将自身置为透明状态,不影响所在列其他电子细胞的状态。

移除-进化自修复的进化自修复模式中,故障电子细胞不再被使用,默认为空闲状态,为了简化修复策略,将空闲电子细胞和透明电子细胞统一考虑。

基于以上分析,修复策略为:处于激活状态的电子细胞发生故障时,会影响目标电路的功能,移除其所在列的所有电子细胞,即将所在列的电子细胞全部置为透明状态;空闲电子细胞发生故障时,对目标电路的功能没有影响,只将其自身置为透明状态,不影响所在列其他电子细胞的状态。

3.4.2 修复控制电路

修复控制电路是修复策略的具体电路实现,为了实现3.4.1节所述修复策略,首先定义以下信号。

①电子细胞使用状态信号 U_{cellij},代表功能层中(i, j)位置上电子细胞的使用状态,当 $U_{cellij}=0$ 时,表示电子细胞处于空闲状态,当 $U_{cellij}=1$ 时,表示电子细胞处于激活状态。

②电子细胞故障信号 F_{cellij},当 $F_{cellij}=0$ 时,表明(i, j)位置上电子细胞正常;当 $F_{cellij}=1$ 时,表明(i, j)位置上的电子细胞故障。

③列透明控制信号 T_{colj},当 $T_{colj}=1$ 时,将第 j 列电子细胞置为透明状态。

电子细胞故障信号和列透明控制信号共同产生电子细胞透明控制信号 T_{cellij},当 $T_{cellij}=1$ 时,将(i, j)位置的电子细胞置为透明状态,从阵列中移除。

列透明控制信号 T_{colj} 由电子细胞故障信号 F_{cellij} 和电子细胞使用状态信号 U_{cellij} 产生,其逻辑关系为

$$T_{colj}=\overline{\sum_{i=1}^{M}U_{cellij}}+\sum_{i=1}^{M}F_{cellij}U_{cellij} \tag{3.1}$$

系统中使用图 3.12 所示列透明控制信号产生电路实现式(3.1)所示修复逻辑。

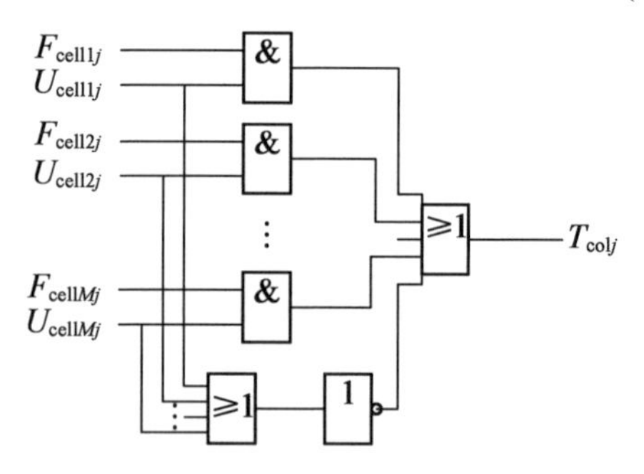

图 3.12　列透明控制信号产生电路

电子细胞透明控制信号 T_{cellij} 与故障信号 F_{cellij} 和列透明控制信号 T_{colj} 间的关系为

$$T_{cellij}=F_{cellij}+T_{colj} \tag{3.2}$$

电子细胞设计中,采用一个加法器进行式(3.2)的计算,如图 3.13 所示。

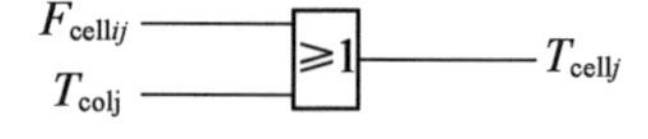

图 3.13　电子细胞透明信号产生电路

基于以上设计,修复层的修复控制电路如图.314 所示。

图 3.14 所示修复控制电路中,$U_{cell1j}\sim U_{cellMj}$ 为第 j 列电子细胞的使用状态信号,该信号在系统初始化和进化自修复时配置,存储在修复层对应的存储器中。在行/列移除自修复中,使用状态与对应行/列一起相应移位。

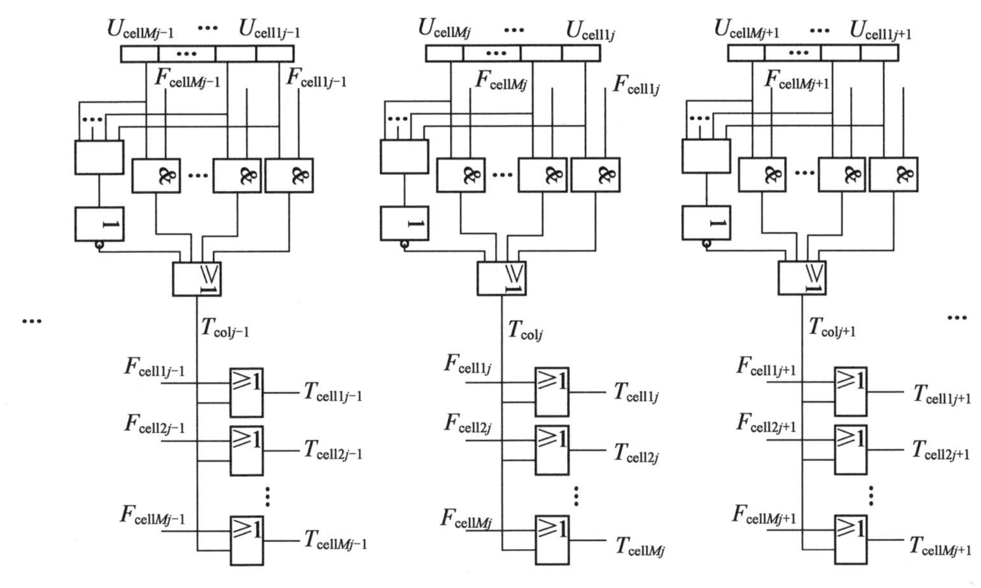

图 3.14　修复层的修复控制电路

3.5　仿真实现与验证

为了对本章所设计的功能层、修复层进行验证,在 Xilinx ISE Design Suite 12.2 环境中对 3.2 节、3.3 节、3.4 节的设计进行实现,并在此基础上,进行电路自修复实验。

首先,对 3.3 节电子细胞进行仿真实现,并将其封装为电子细胞模块,封装后的电子细胞模块可排列为二维的胚胎电子阵列;其次,在正常的胚胎电子阵列上进行电路自修复实验;最后,在具有故障电子细胞的胚胎电子阵列上进行电路自修复实验。

3.5.1　仿真实现

根据所设计的电子细胞结构,在 Xilinx ISE Design Suite 12.2 中对电子细胞进行设计仿真。利用 Verilog 语言对电子细胞中各部分进行描述实现,并封装为开关盒、基因存储、功能单元等基本功能模块。在 Xilinx ISE 中的原理图输入工具 ECS 中,使用基本功能模块按照 3.3 节电子细胞结构进行电子细胞的实现,最后利用 ISE 提供的"Create Schematic Symbol"功能封装电子细胞模块。封装的电子细胞模块如图 3.15 所示。

电子细胞模块中,S0、S1、E0、E1、N0、N1、W0、W1 为电子细胞远程连接端口;WSout、W2S_S、Sin、Sout、SEin、S2E_S、S2E_E、SEout、Ein、Eout、E2N_E、ENin、ENout、E2N_N、Nin、Nout、NWin、N2W_N、N2W_W、NWout、Win、Wout、W2S_W、WSin 为电子细胞局部连接端口;x_in、y_in 为电子细胞的地址输入端;x_out、y_out 为电子细胞的地址输出端;CellFault 为电子细胞故障信号输出端,负责向外传递电子细胞故障信号;clk 为电子细胞时钟信号;TC 为电子细胞透明模式控制信号。

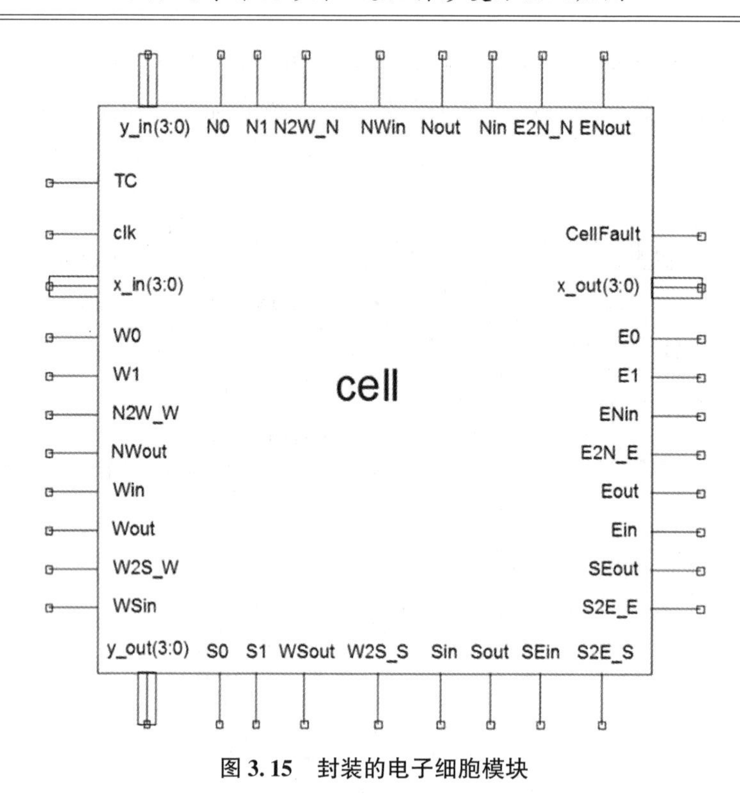

图 3.15 封装的电子细胞模块

本章所设计的电子细胞模块彼此间可以直接连接，多个电子细胞彼此连接可排列组成胚胎电子阵列，由图 3.15 所示电子细胞模块构成的 2×3 胚胎电子阵列如图 3.16 所示。

图 3.16 所示的电子细胞阵列中，(1, 1)电子细胞的 SEout 经(1, 2)电子细胞 W2S_W 和 W2S_S 端连接到(2, 2)电子细胞的 NWin，实现了(1, 1)电子细胞的输出到(2, 2)电子细胞的信号传递；(2, 2)电子细胞的 NWout 经(2, 1)电子细胞 E2N_E 和 E2N_N 端连接到(1, 1)电子细胞的 SEin，实现了(2, 2)电子细胞的输出到(1, 1)电子细胞的信号传递。(1, 1)电子细胞到(2, 3)电子细胞则可以通过(1, 2)、(1, 3)电子细胞的远程连接端实现。

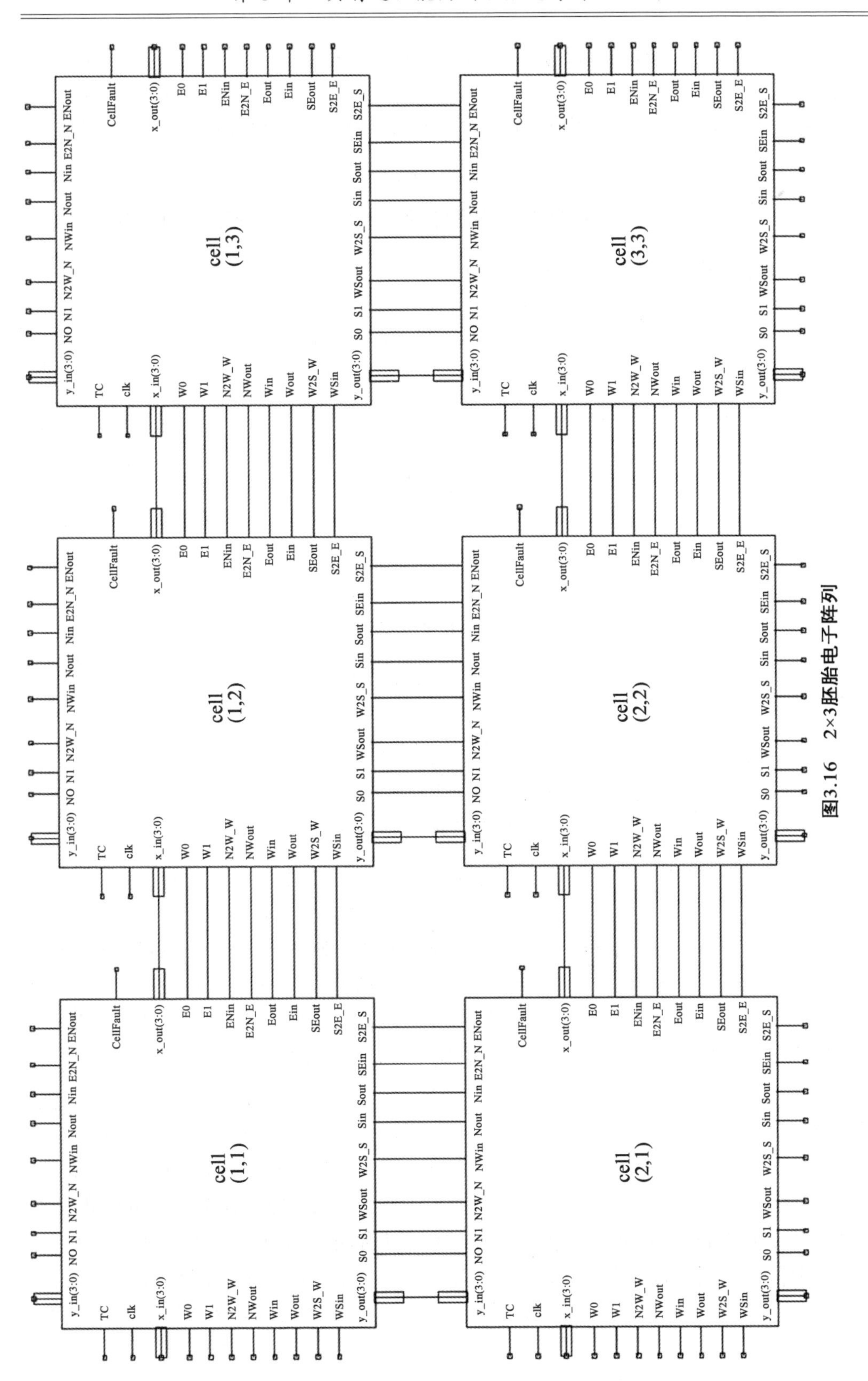

图3.16　2×3胚胎电子阵列

3.5.2 正常阵列上的电路自修复实验

为了验证所设计的功能层和修复层的移除自修复能力,进行两个电路的自修复实验,其中一个为7输入1输出的组合电路,另一个为4输入1输出的时序电路。

1. 某7输入1输出组合电路的自修复

首先进行了某7输入1输出组合电路的自修复实现,该组合电路的部分真值表见表3.4。

表3.4 某7输入1输出组合电路的部分真值表

输入							输出
A	B	C	D	E	F	G	FuncOut
1	1	1	0	1	0	0	0
0	0	0	1	1	0	0	1
1	0	0	1	1	0	0	0
0	1	0	1	1	0	0	1
1	1	0	1	1	0	0	0
0	0	1	1	1	0	0	1
1	0	1	1	1	0	0	1

表3.4中,A、B、C、D、E、F、G为电路输入,FuncOut为电路输出。功能层使用12个电子细胞组成3×4的胚胎电子阵列,各电子细胞表达基因见表3.5,采用十六进制表示基因。在该电路的实现过程中,只使用到了局部连接,所以每个电子细胞的基因只列出了低32位的配置,其余配置位全部为0。

表3.5 各电子细胞表达基因

基因	C1	C2	C3	C4
R1	00EC2D2D	00000000	00000000	00000000
R2	EECA7C7C	EECAC5C5	CCCC8080	CCCC8080
R3	CCA88787	00000000	00000000	00000000

在表3.5所示配置下,使用Xilinx提供的ISim (M.63c)仿真软件对电路进行仿真,并对该电路的部分输入进行测试。仿真过程中,对电路的输入、输出、阵列中各列电子细胞的透明模式控制信号及阵列中可用电子细胞列数进行监测,仿真结果如图3.17所示。

图3.17中,C1_TC、C2_TC、C3_TC、C4_TC分别为阵列中各列电子细胞的列透明控制信号,endX为阵列中正常电子细胞列数(由0开始计数)。由仿真结果可以看出,在30 ns时,阵列中第2列电子细胞出现故障,第2列的透明模式控制信号C2_TC激活,阵列中第

2 列电子细胞被移除,阵列中有效列数为 3,电路功能保持不变;在 55 ns,第 3 列电子细胞出现故障,C3_TC 信号激活,第 3 列电子细胞被移除,阵列中正常列数为 2,电路输出 FuncOut 正常;在 80 ns,第 4 列电子细胞出现故障,C4_TC 信号激活,第 4 列电子细胞被移除,阵列中正常列数为 1,此时阵列中正常列数不足以完成电路功能,电路自修复失败,电路输出 FuncOut 异常。

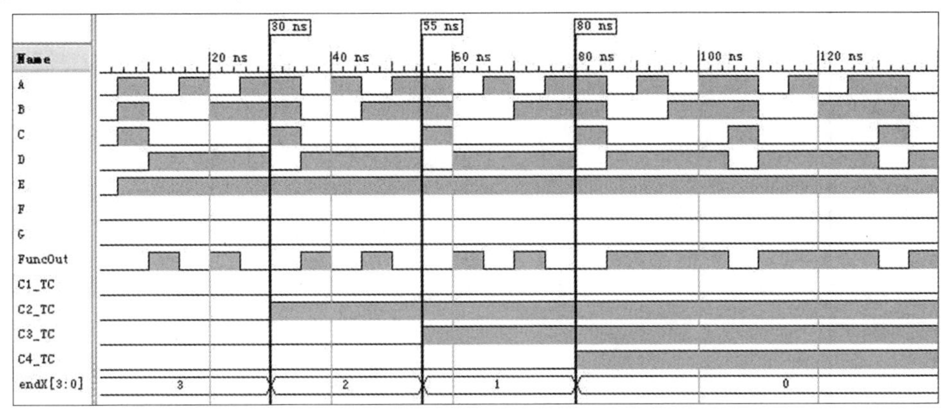

图 3.17　某 7 输入 1 输出组合电路的自修复实现仿真结果

2. 某 4 输入 1 输出时序电路的自修复

雷达装备中某 4 输入 1 输出时序电路图如图 3.18 所示,该电路是具有 1 个时钟控制端、4 个信号输入端、1 个信号输出端的时序电路,由 3 个 D 触发器、2 个反相器和 13 个门电路组成。其中 in0、in1、in2、in3 为输入;clk 为时钟输入;out 为输出;FD 为 D 触发器;AND2、OR2、XNOR2、XOR2 分别为 2 输入与、或、同或、异或门;INV 为非门。

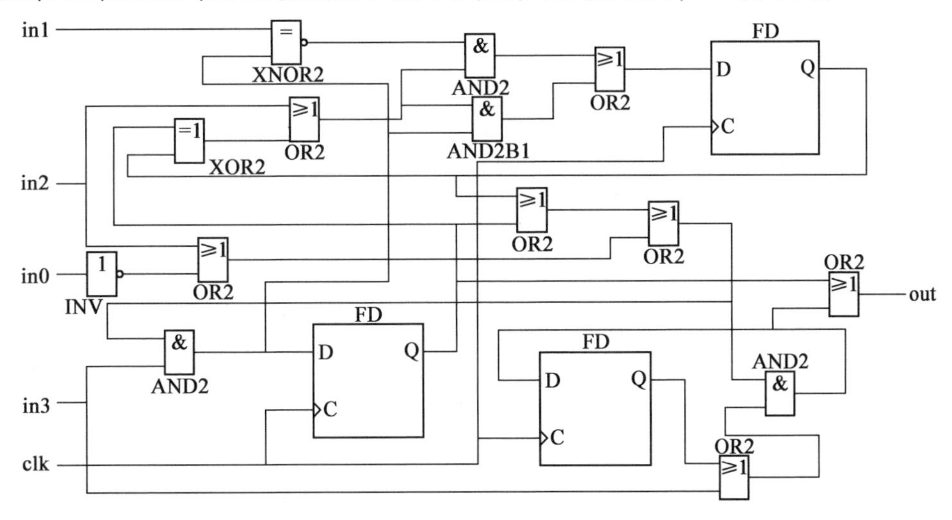

图 3.18　某 4 输入 1 输出时序电路图

功能层使用 3×4 的胚胎电子阵列对该电路进行自修复实现,在 Xilinx ISE Design Suite 12.2 中使用 3.5.1 节所封装的电子细胞模块构成 3 行 4 列的胚胎电子阵列,该电路在正常阵列上的实现及信息传输如图 3.19 所示。

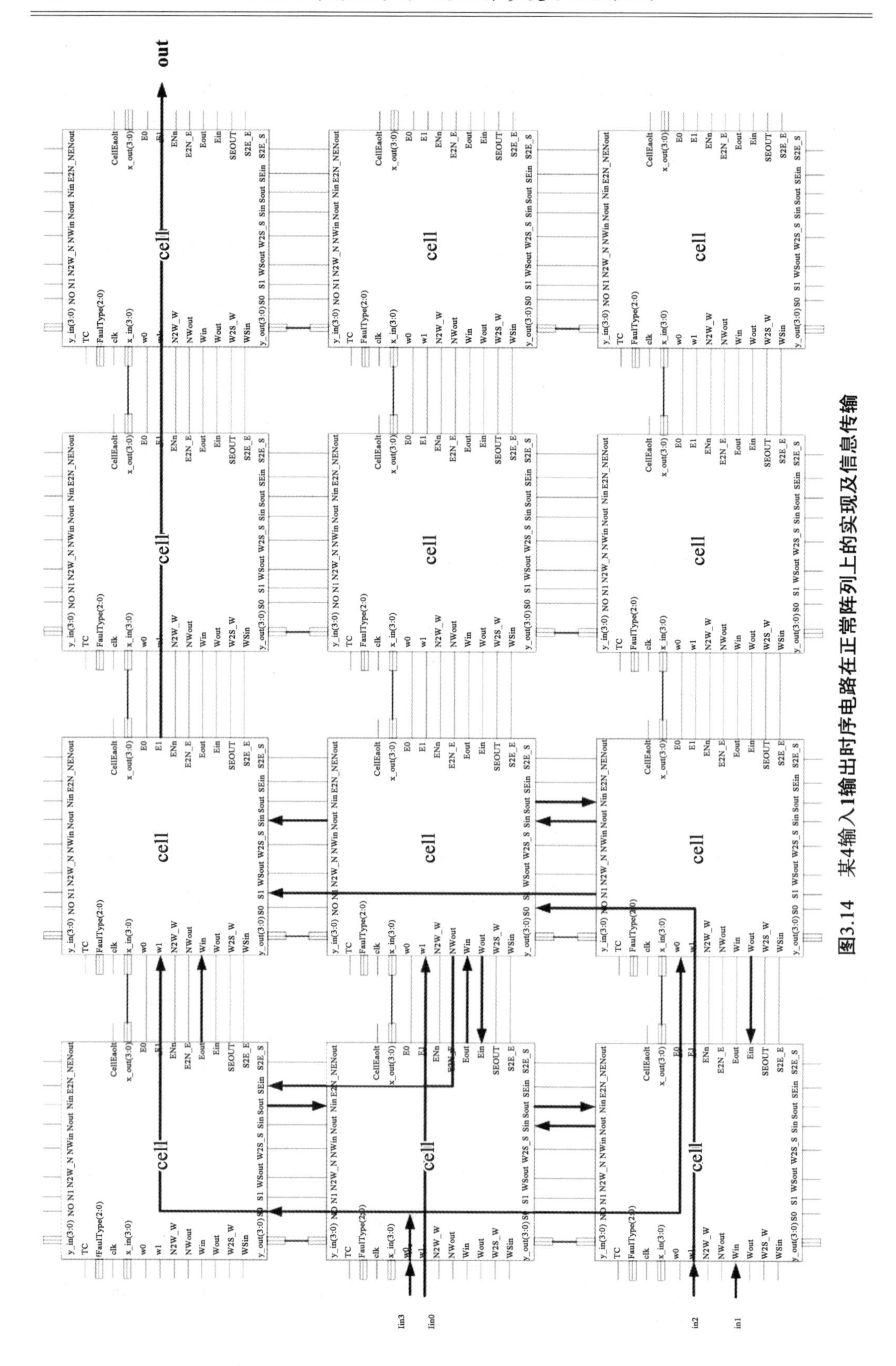

图3.14　某4输入1输出时序电路在正常阵列上的实现及信息传输

使用 Xilinx ISE 中自带的仿真软件 ISim（M.63c）对图 3.19 所示胚胎电子阵列进行仿真，并在仿真过程中分别对(1，1)、(3，2)位置电子细胞注入故障，监测阵列输入、输出、电子细胞故障信号及透明信号等关键信号，该电路自修复过程如图 3.20 所示。

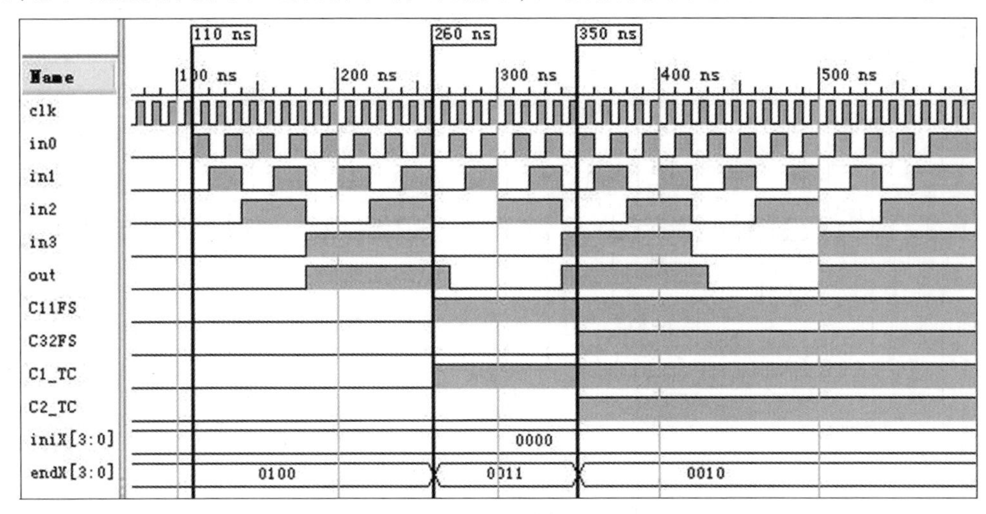

图 3.20　某 4 输入 1 输出时序电路自修复过程

图 3.20 中，C11FS、C32FS 为(1，1)、(3，2)位置电子细胞故障信号，C1_TC、C2_TC 为第 1、2 列电子细胞透明信号，endX 为阵列中正常列数。初始状态下，电路正常运行，阵列中正常电子细胞列数为 4，如 110~260 ns 所示；260 ns，(1，1)电子细胞故障，其故障信号 C11FS 被置为高电平，根据列移除自修复机制，第 1 列的列透明信号 C1_TC 被置为高电平，第 1 列被移除，阵列中剩余 3 列正常电子细胞，endX 值为 3；(3，2)电子细胞在 350 ns 故障，其故障信号 C32FS 被置为高，受此驱动，C2_TC 被置为高，第 2 列电子细胞被移除，此时阵列中正常电子细胞列数 endX 为 2。从(1，1)电子细胞故障的 260 ns 起，随着阵列中移除列数的增加，剩余正常列数不断减少，但由于列移除机制消除了故障电子细胞对电路的影响，电路一直处于正常工作状态，如 260 ns 后所示。

通过对某 7 输入 1 输出组合电路和某 4 输入 1 输出时序电路的仿真结果可以看出，本章所设计仿生电子系统在基因库配置下，具有执行任意电路功能的能力。在电路运行过程中，能够实时修复电路中的故障，具有在线实时自修复能力。

3.5.3　具有故障电子细胞的阵列上电路自修复实验

对于图 3.19 所示目标电路的自修复实现，当(1，1)、(3，2)位置电子细胞分别发生故障时，阵列能够通过列移除机制移除故障电子细胞所在列，消除故障电子细胞对目标电路的影响，同时采用阵列中的冗余正常电子细胞列代替故障电子细胞所在列功能，从而修复电路中的故障。但图 3.20 中 350 ns 后，阵列中剩余正常列数为 2，仅能维持电路的正常运行，阵列中已经没有冗余正常电子细胞列，电路失去自修复能力，对于后续的故障，无法继续通过列移除机制进行修复。

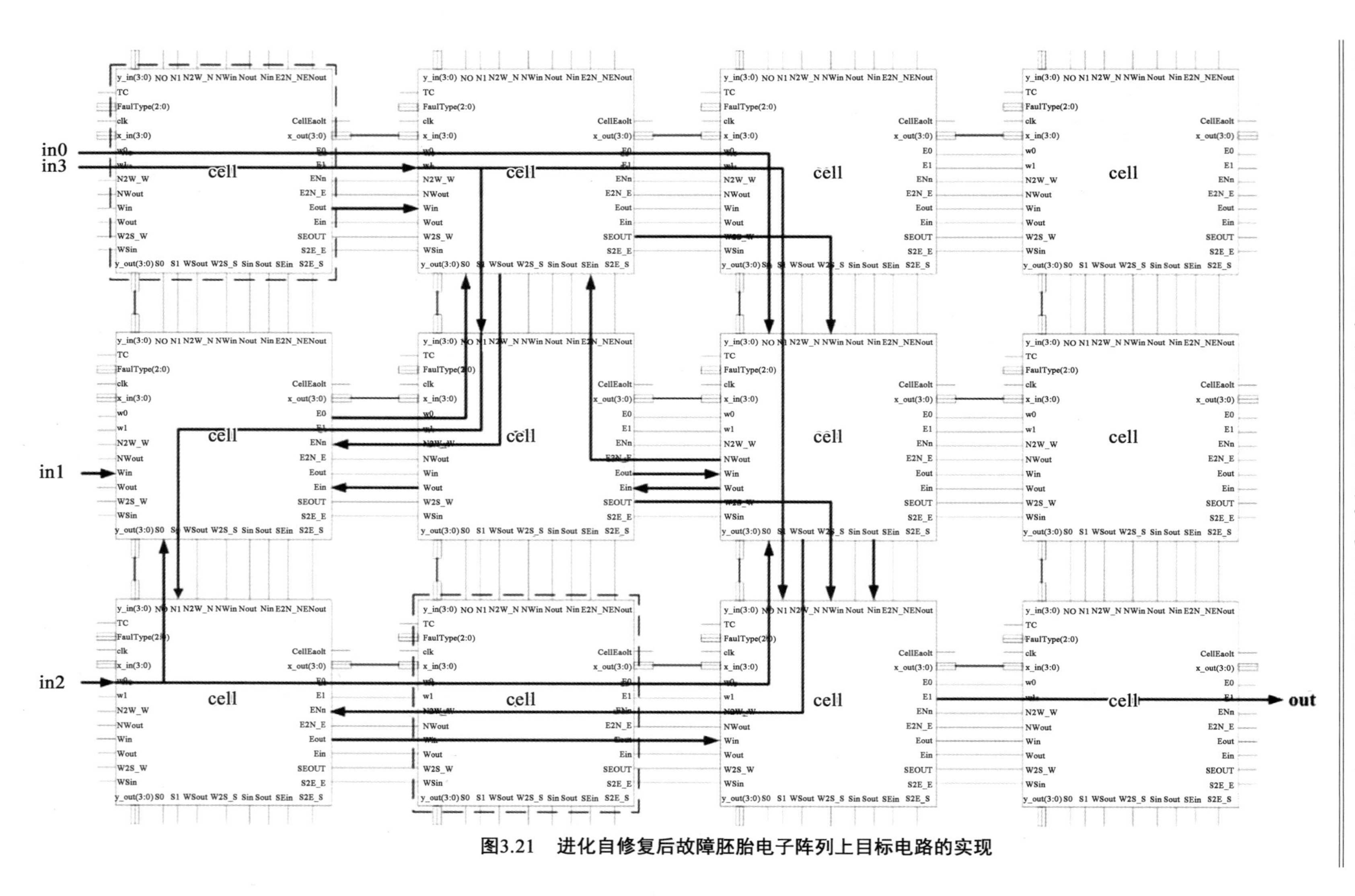

图3.21 进化自修复后故障胚胎电子阵列上目标电路的实现

此时通过进化自修复模式,可以在具有故障电子细胞的阵列进化目标电路结构,提高目标电路自修复能力。进化自修复后故障胚胎电子阵列上目标电路的实现如图3.21所示,其中虚框中的(1, 1)、(3, 2)为故障电子细胞。进化自修复后,阵列重新具有冗余电子细胞阵列,目标电路的自修复能力得到提升。

使用ISim (M.63c)软件对图3.21所示目标电路实现进行仿真,并对(1, 2)电子细胞注入故障,观察目标电路的自修复过程。进化自修复后目标电路移除自修复如图3.22所示。

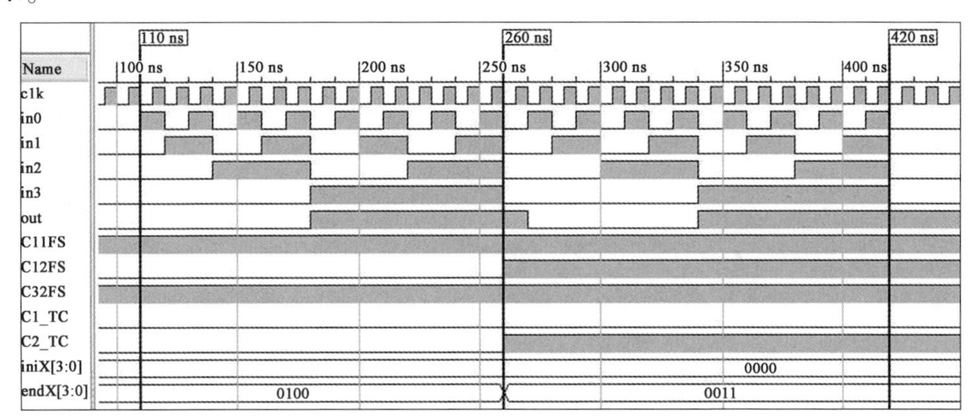

图3.22 进化自修复后目标电路移除自修复

由图3.22所示仿真过程可以看出,虽然阵列中存在(1, 1)、(3, 2)两个故障电子细胞,进化自修复后的目标电路能够正常执行功能,如110~260 ns所示。此时(1, 1)、(3, 2)故障电子细胞并不会引起第1、2列电子细胞的移除,C1_TC、C2_TC为低电平,故障电子细胞所在列的正常电子细胞被充分利用;当(1, 2)电子细胞发生故障时,C12FS置为高电平,使用列移除机制进行自修复,C2_TC被置为高电平,第2列被移除,目标电路得到修复,能够正常运行,如260~420 ns所示。

通过某4输入1输出时序电路的仿真实验可以看出,本章所设计的功能层能够执行目标电路功能,修复层除了能够进行经典的列移除自修复外,还能够针对进化自修复后的目标电路进行列移除自修复操作,能够满足移除-进化自修复方法中移除自修复模式的运行需求,通过硬件电路实现了移除自修复模式。

3.6 本章小结

本章根据移除-进化自修复方法特点,设计了一种具有进化能力的胚胎电子系统。该系统既能在线实时自修复,又能够进化目标电路结构,还能够对其上运行的目标电路进行移除-进化自修复。

设计了所提仿生自修复电子系统总体结构,并对系统中的功能层和修复层进行了详细设计。功能层上,提出了一种局部连接和远程连接相结合的胚胎电子阵列结构,实验表明,所设计阵列结构能够降低阵列中开关盒宽度,进而降低系统硬件消耗。对阵列中的电子细胞进行了具体设计,详细设计了功能模块、开关盒和控制模块。

研究了修复层的修复策略,设计了修复控制电路,完成了移除-进化自修复方法中移除自修复模式的硬件实现。

对所设计的功能层、修复层进行了仿真实现,并进行了电路的自修复实验。实验表明,本章所设计功能层能够在基因配置下执行目标功能,修复层能够完成移除自修复模式的修复控制。

第4章　目标电路快速进化自修复方法

移除-进化自修复方法中，进化自修复模式能够充分利用阵列中细胞资源，提高电路自修复能力。现有的进化自修复通过进化算法实现。将现场可重构器件的结构位串作为进化算法中的染色体，通过进化操作逐步选择出具有较大适应度的电路结构。该方法搜索空间大，进化过程中需要评估个体的电路功能，对于大规模电路，特别是时序电路，计算量巨大，进化过程耗时严重，无法满足电路自修复的时间要求。

基于电路综合的可编程逻辑器件上电路设计方法已得到广泛应用，对于大规模电路及可编程逻辑器件，电路设计速度快，能够满足实际应用需求。本章在研究经典电路综合方法的基础上，结合进化型仿生硬件思想，提出了一种用于移除-进化自修复的目标电路快速进化自修复方法。该方法通过前端综合、逻辑优化、物理映射等步骤，缩小了进化搜索空间，且进化过程中无须进行电路功能评估，降低了进化过程的计算量，提高了进化速度，为目标电路的进化自修复模式提供了计算方法。

本章研究基于功能重分化的目标电路快速进化自修复方法，并对其中的胚胎电子阵列的数学描述、功能分化及进化过程中目标电路的评估进行研究。

4.1　基于电路综合思想的进化自修复

4.1.1　经典电路综合方法

基于 FPGA 的电路综合流程包括逻辑综合、技术映射、布局布线、时序分析、功耗分析等操作，其设计方法如图 4.1 所示。通过逻辑综合、技术映射，将 RTL 级描述（VHDL、Verilog 等）的目标电路解析为由可编程逻辑器件中基本单元为节点的电路形式；布局布线将由基本单元组成的电路网表映射到可编程逻辑器件上，确定节点及其连接在逻辑器件上的具体实现。该过程计算迅速，理论成熟，得到了广泛应用。

图 4.1 中，首先逻辑综合将由硬件描述语言描述的目标电路转换到布尔描述，所得布尔描述通过技术映射编译成由与、或、非等基本逻辑门，以及 RAM、触发器等基本逻辑单元组成的逻辑网表，并根据面积最小、延时最小等指标进行优化，得到最优的门级网络，并用 LUT 覆盖所生成的门级网络，得到由 LUT 和 FF 为基本单元的电路网表。

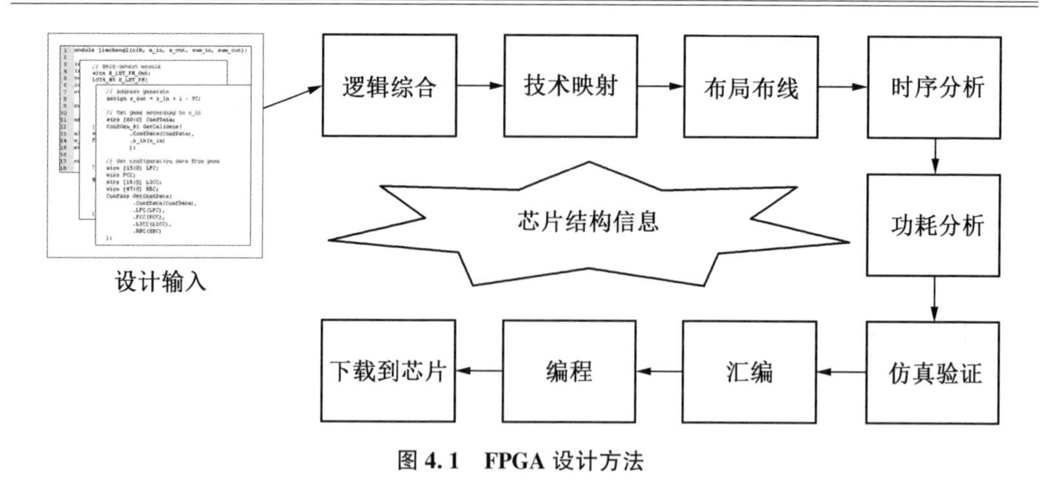

图 4.1　FPGA 设计方法

布局布线将综合生成的布尔网络映射到具体的 FPGA 芯片上:布局将布尔网络中的功能节点合理地配置到芯片内部的逻辑单元上,并根据速度和面积等指标进行优化;布线在布局结果的基础上,利用芯片内部的各种连线资源,实现功能节点间的连接。

通过对目标电路的解析、分解、优化、打包、布局、布线等操作,将电路功能分解到 FPGA 的基本单元上,通过 FPGA 中多个基本单元的相互配合,完成目标电路功能。

4.1.2　功能重分化实现的快速进化自修复

对于给定功能的目标电路,采用移除-进化自修复方法进行自修复实现时,其具体实现过程如图 4.2 所示。首先利用功能层的胚胎电子阵列进行目标电路的功能实现,保证目标电路功能的正常运行,运行过程中电子细胞进行自检;电路运行中出现故障时,通过移除自修复模式移除故障电子细胞,使用正常细胞代替故障细胞执行目标电路功能,完成目标电路的自修复;当移除自修复失败时,通过进化目标电路结构进行电路的进化自修复。

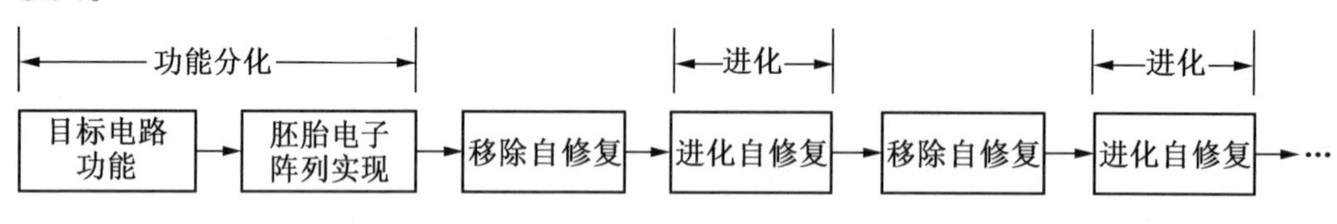

图 4.2　目标电路的移除-进化自修复具体实现过程

目标电路的胚胎电子阵列实现也即胚胎电子阵列的功能分化过程,阵列中每个电子细胞实现目标电路的部分功能,多个电子细胞相互连接、配合最终完成目标电路功能。该过程确定胚胎电子阵列的基因库和电子细胞的表达基因及阵列功能。可以看出,阵列的功能分化过程与经典电路综合的根本任务是相似的,这种相似性为利用电路综合思想进行胚胎电子阵列上目标电路的快速进化提供了可能。

借鉴电路综合思想,胚胎电子阵列功能分化时,首先将 Verilog 等硬件语言描述的目标电路解析为电子细胞为基本节点的电路网表,然后通过布局、布线操作,将目标电路映射到胚胎电子阵列上,获得目标电路在胚胎电子阵列上的具体实现形式,最终得到目标电路的基因库。

进化自修复在具有故障电子细胞的胚胎电子阵列上进化目标电路结构,与功能分化过程相同,通过阵列上多个电子细胞的配合完成目标电路功能。因此对于具有故障细胞的阵列,可通过胚胎电子阵列的功能分化,实现目标电路的进化自修复。电路综合思想的进化自修复具体过程如图 4.3 所示。

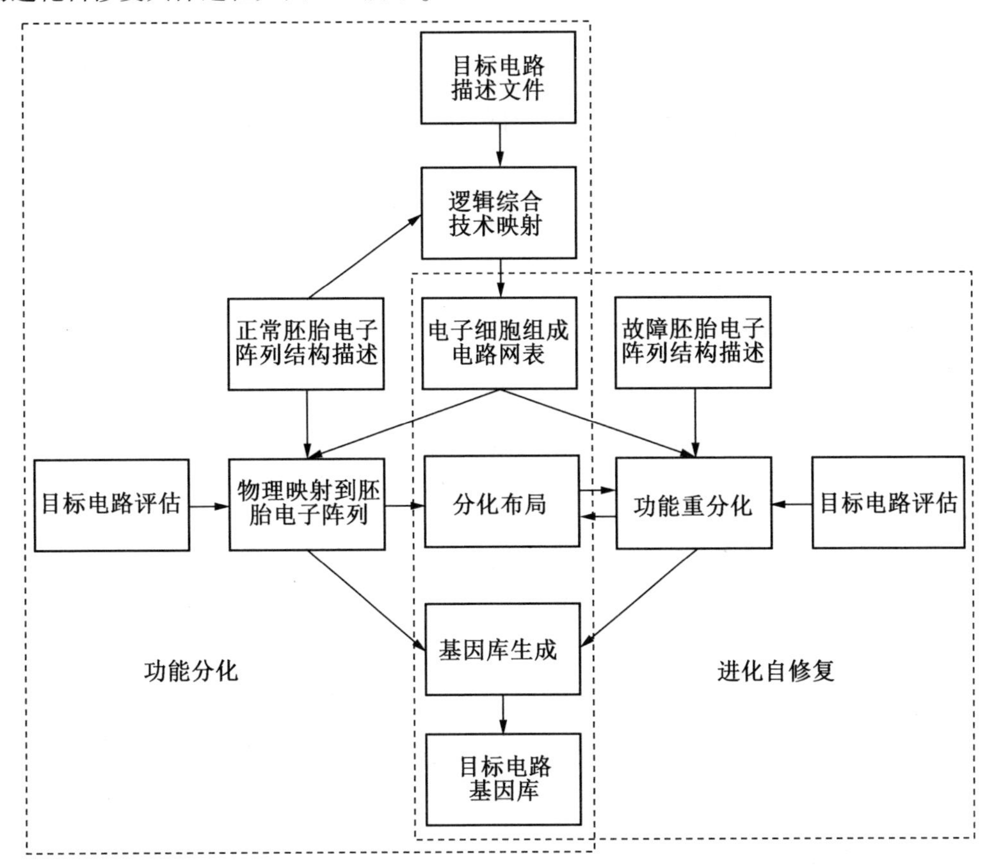

图 4.3　电路综合思想的进化自修复具体过程

图 4.3 中,逻辑综合、技术映射、正常阵列上的物理映射(包括正常胚胎电子阵列结构描述和物理映射到胚胎电子阵列)、基因库生成等完成胚胎电子阵列的功能分化,是本章所提仿生自修复电子系统进行实际目标电路应用的基础;在故障胚胎电子阵列上的功能重分化、基因库生成等完成目标电路的进化自修复,是移除-进化自修复的关键环节。两种计算的基础均是逻辑综合、技术映射等生成的以电子细胞为基本节点的电路网表,且功能重分化是进化自修复的前提和基础。

胚胎电子阵列的功能分化和目标电路的进化自修复均是为了提高目标电路的自修复能力,因此在功能分化和进化自修复过程中,均应以目标电路的自修复能力为优化目标。胚胎电子阵列的功能分化过程中,阵列中所有细胞正常,为了获得具有最大自修复能力的目标电路形式,可以在物理综合的布局、布线过程中,以2.4.2节定义的电路自修复能力为优化目标进行目标电路优选。在进化自修复过程中,胚胎电子阵列上具有故障细胞,此时单纯的自修复能力不再适用,需要选择合适的评价指标,对局部更新过程中的目标电路形式进行评估。

在电路综合思想下,本章重点对胚胎电子阵列的数学描述、功能分化方法,以及具有故障细胞的胚胎电子阵列上目标电路的评估和基于功能重分化的电路快捷进化自修复进行研究。

4.2 胚胎电子阵列的数学描述

胚胎电子阵列的结构是功能分化和进化自修复的基础,首先对胚胎电子阵列内可控连接进行抽象建模,在此基础上进行数学描述。

4.2.1 胚胎电子阵列的开关网络图

胚胎电子阵列中所有电子细胞的开关盒及细胞间的远程连接线组成一个开关盒网络,将胚胎电子阵列上所有电子细胞的输入、输出连接到一起,通过开关盒网络中不同的开关通断方式,可实现电子细胞间的各种连接。以宽度为2的开关盒为例,规模为3×4的胚胎电子阵列的开关盒网络,如图4.4所示。

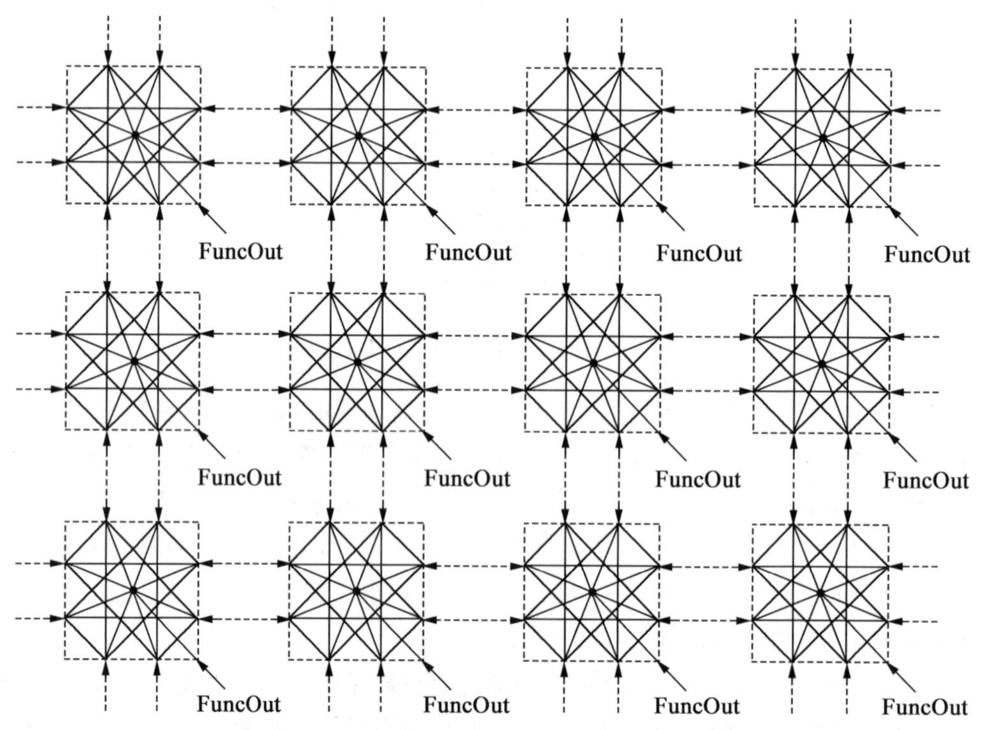

图4.4 宽度为2的开关盒网络(规模为3×4的胚胎电子阵列的开关盒网络)

开关盒网络中,开关盒内部的开关是可配置的,可根据电子细胞表达基因的不同而执行各种连接,开关盒间的连接线是固定的,无法配置。将开关盒网络中固定连接的连接线及其两端的开关盒端点等效为一个端点,只保留开关盒内部可配置的开关,则开关盒网络可等效为图 4.5 所示的开关网络。

图 4.5 所示宽度为 2 的开关网络中,黑点即为网络中的节点,为电子细胞的功能输出、阵列中的固定连线、阵列的输入端口及输出端口;黑点间的实线为网络中的边,即阵列中开关盒中的可控连线(可控开关),开关网络图中,所有的边是相同的,都为可控连线。图 4.5 中的虚线为电子细胞边界,细胞间的直连线是共用的,所以代表直连线的节点也为两个相邻细胞所共用。

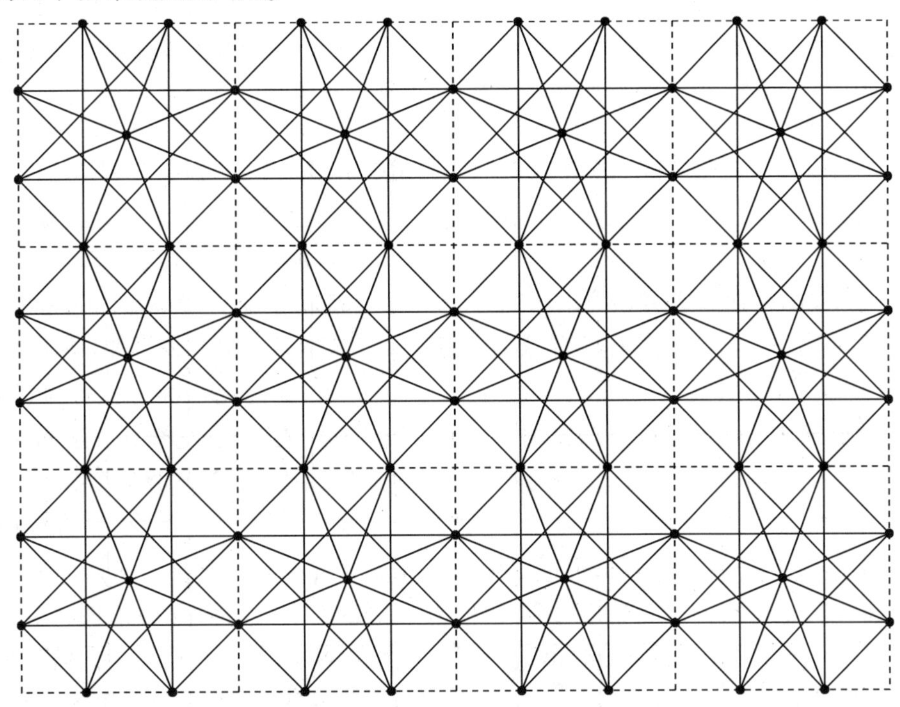

图 4.5　宽度为 2 的开关网络

对于细胞的输出连接,必须连接到细胞的输出节点上,即电子细胞中间的节点上;对于细胞的输入连接,连接到细胞的任意一个输入节点即可,即电子细胞周边的节点(电子细胞虚线边沿上的节点)。

节点根据其所代表的实际功能可以分为以下几种。

①输入/输出节点。输入/输出节点代表胚胎电子阵列的输入/输出端口,阵列中左右两侧的两列节点为输入/输出节点。

②电子细胞输出节点。电子细胞输出节点代表电子细胞的功能输出,位于阵列中每个细胞中间的节点为电子细胞输出节点。

③连接节点。连接节点代表阵列中相邻细胞间的直连线,电子细胞边沿虚线上的节点为连接节点,每个连接节点为两个相邻细胞所共用。

4.2.2 开关网络的数学描述

利用图理论中的邻接矩阵对图 4.5 所示开关网络进行数学描述。对于图 $G=(V, E)$,其中顶点集 $V=\{v_1, v_2, \cdots, v_n\}$,边集 $E=\{e_1, e_2, \cdots, e_\varepsilon\}$。用 a_{ij} 表示顶点 v_i 与顶点 v_j 之间的边,$a_{ij}\in\{0, 1\}$,若 $a_{ij}=1$,则 v_i 与 v_j 间存在连接;否则 v_i 与 v_j 间不存在连接,则矩阵 $\boldsymbol{A}=\boldsymbol{A}(G)=(a_{ij})_{n\times n}$ 为图 G 的邻接矩阵。

建立开关网络的邻接矩阵时,首先进行图中节点的标记,每个节点分配一个唯一的序号,作为计算过程中该节点的标记。为了便于计算节点序号,首先对网络中所有节点进行分组,如图 4.6 所示。将每个细胞的输出节点和 N、W 方向节点作为一组进行计数,最左边一列节点和最下边一行单独计数。整个阵列内节点按照组、最左边一列、最下边一行的顺序进行编号,所有组按照从左到右、从上到下的顺序进行计数。

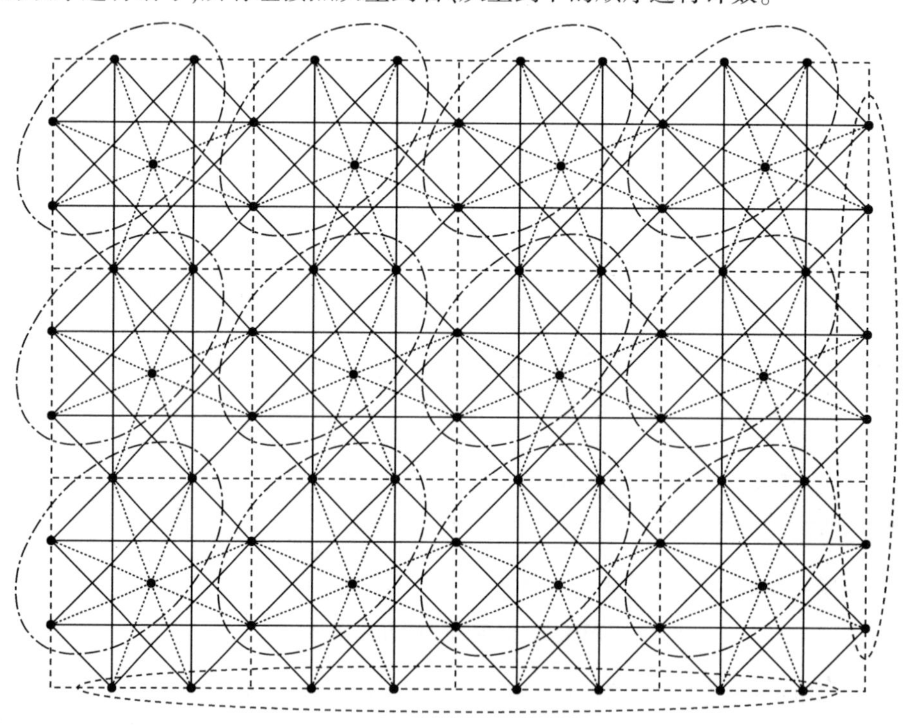

图 4.6 节点的分组

对于规模为 $M\times N$,开关宽度为 w 的胚胎电子阵列,其开关网络中包含 MN 个组,每组内包含 $2w+1$ 个节点,阵列中组序号可根据所处细胞位置求出,设 (i, j) 位置细胞上组的序号为 x,则 $x=(i-1)N+j$,该组内节点序号分别为 $(2w+1)x-2w$, $(2w+1)x-(2w-1)$, $(2w+1)x-(2w-2)$, $\cdots$, $(2w+1)x$。

最左边一列包含 Mw 个节点,从上到下其节点序号分别为 $MN(2w+1)+1$, $MN(2w+1)+2$, $\cdots$, $MN(2w+1)+mw$。

最下边一行节点数目为 Nw,从左到右其节点序号分别为 $MN(2w+1)+Mw+1$,

$MN(2w+1)+Mw+2,\cdots,MN(2w+1)+Mw+Nw$。

在以上标记基础上，可建立开关网络的邻接矩阵，用 **EMG** = (e_{ij}) 表示，其规模为 $[MN(2w+1)+Mw+Nw]\times[MN(2w+1)+Mw+Nw]$，其中 e_{ij} 表示开关网络中序号为 i 的节点与序号为 j 的节点间的连接关系。若 $e_{ij}=1$，则节点 i、j 间存在可控开关，能够互连；若 $e_{ij}=0$，则节点 i、j 间不存在可控开关，无法直接进行信息传输。

开关网络的邻接矩阵生成伪代码如图 4.7 所示，其中 graph 为初始化邻接矩阵命令，resize 为 **EMG** 申请存储空间，getNodeSN 函数获得网络中指定节点序号，add 函数增加邻接矩阵中节点间连接值。

```
EMG = graph;
nodeNumOfGroup = w*2+1; % 将节点分组,W、N 边加细胞输出节点
resize(EMG, M*N*nodeNumOfGroup + w*M + w*N);
for i = 1: M
    for j = 1: N
        cx = (i-1)*N+j; % 当前(i, j)位置细胞的序号
        % 当前节点组的中心节点序号,即细胞输出节点的序号
        CenterNode = nodeNumOfGroup*cx;
        cellx = i;
        celly = j;
        [S, E, N, W] = getNodeSN(M, N, cellx, celly, w);
        for k = 1: w
            % 中心节点与开关盒各节点的连接
            add(EMG, CenterNode, S(k));
            add(EMG, CenterNode, E(k));
            add(EMG, CenterNode, N(k));
            add(EMG, CenterNode, W(k));
            % 开关盒 4 个方向节点的矩形连接
            add(EMG, S(k), E(k));
            add(EMG, E(k), N(k));
            add(EMG, N(k), W(k));
            add(EMG, W(k), S(k));
            % 开关盒对边的直线连接
            add(EMG, S(k), N(w+1-k));
            add(EMG, E(k), W(w+1-k));
        end
    end
end
```

图 4.7　开关网络的邻接矩阵生成伪代码

4.3 胚胎电子阵列的功能分化方法

由4.1节可以看出,胚胎电子阵列的功能分化是本章所提进化自修复方法的基础,本节在经典电路综合思想的基础上,提出功能分化方法流程,并对其中与胚胎电子阵列结构相关的物理综合过程进行分析、建模,通过模型求解及基因库生成完成胚胎电子阵列的功能分化,为基于功能重分化的快速进化自修复提供了基础。

4.3.1 功能分化流程

以目标电路的功能描述及胚胎电子阵列结构描述为出发点,以胚胎电子阵列上目标电路的自修复实现为目标,通过功能分化过程,可以获得胚胎电子阵列上对应目标电路的基因库,并确定阵列中每个细胞的表达基因。

受经典电路综合方法启发,本章所提功能分化过程分为前端综合、逻辑优化映射、打包、物理映射和基因库生成5个步骤,如图4.8所示。

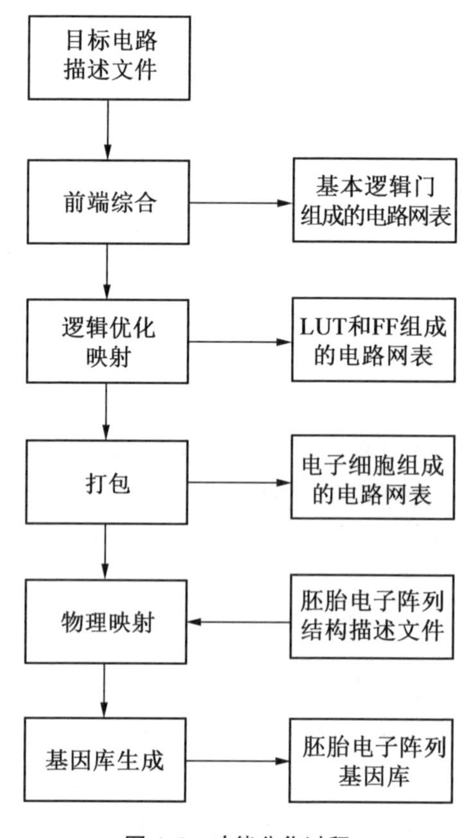

图4.8 功能分化过程

(1)前端综合解析目标电路描述文件,将Verilog等描述语言描述的目标电路解析为由基本逻辑门组成的电路网表。

(2)逻辑优化映射完成由基本逻辑门组成的电路网表的优化,并将优化后的电路网表映射为由 LUT 和 FF 为基本组成单元的电路网表。

(3)打包将电路网表中的 LUT 和 FF 打包为胚胎电子阵列中的电子细胞,将电子细胞作为电路网表的基本组成单元,生成以胚胎电子阵列中电子细胞为基本节点的电路形式。

(4)物理映射将由电子细胞组成的电路网表映射到胚胎电子阵列,形成胚胎电子阵列结构描述文件,确定电路中的各节点在胚胎电子阵列中的位置及节点间连接的具体实现路径。

(5)基因库生成在物理映射的基础上,结合胚胎电子阵列基因功能配置,生成胚胎电阵列基因库,并确定阵列中每个电子细胞的表达基因。

通过前端综合、逻辑优化映射、打包、物理映射、基因库生成等操作,以完成目标电路预定功能为目标,在胚胎电子阵列结构描述文件的基础上,确定胚胎电子阵列基因库及每个细胞的表达基因,完成胚胎电子阵列的功能分化。

该功能分化过程中的前端综合、逻辑优化映射、打包可以采用已有工具完成,在此不再赘述,本节重点对物理映射过程进行研究。

4.3.2　物理映射过程分析与建模

物理映射完成由以电子细胞为基本单元的电路网表到胚胎电子阵列具体实现的映射,即确定电路中各个节点及节点间的连接在胚胎电子阵列上的具体实现,最终确定胚胎电子阵列中每个电子细胞的功能及连接,是胚胎电子阵列基因库生成的基础。

1. 物理映射问题分析

物理映射是功能分化过程中的关键环节,主要完成以下 3 个任务。

①目标电路功能节点到阵列细胞的映射。

②目标电路输入到阵列输入端口的映射。

③节点间的连接在阵列上的实现。

胚胎电子阵列功能分化的目的是电路的自修复,对于同一目标电路,在物理映射过程中,存在多种实现形式,不同的实现形式具有不同的自修复能力,为了目标电路的自修复,最终映射结果应选择具有最大自修复能力的电路形式。

物理映射的本质是,在胚胎电子阵列上,利用阵列内的电子细胞及细胞间的连线资源,实现电路的节点及节点间的连接,并使电路的自修复能力最大。

物理映射过程中,3 个任务依次进行:首先,确定电路节点在胚胎电子阵列上的放置;其次,确定电路输入端口在胚胎电子阵列上的具体实现;最后,进行节点间的布线。

2. 电路节点放置

胚胎电子阵列中的每个电子细胞都具有执行电路任何节点功能的能力,即可以选择胚胎电子阵列中的任意电子细胞放置目标电路的节点。在电路节点放置过程中,应该尽量将具有连接关系的电路节点选择为相邻细胞,通过局部连接降低开关盒中开关的使用量,使得阵列中布线资源得到充分利用。

在以上分析的基础上,对胚胎电子阵列及以电子细胞为基本节点的目标电路网表进行数学描述,并建立节点连接代价。

对于由 m 个细胞组成的胚胎电子阵列,细胞间的连接代价矩阵记为 $\mathbf{EM}=[e_{ij}]_{m\times n}$,其中 $e_{ij}\in\{0, 1, 2, \cdots\}$ 代表胚胎电子阵列中第 i 个细胞与第 j 个细胞的连接代价,用电子细胞在阵列中的距离表示,设两个电子细胞在阵列中的坐标分别为 (x_1, y_1)、(x_2, y_2),则其连接代价为 $e=|x_1-x_2|+|y_1-y_2|$。相邻细胞通过局部连接直接相连,其连接代价为 0。

对于具有 n 个节点的电路,其电路连接图的矩阵表示为 $\mathbf{CM}=[c_{ij}]_{n\times n}$,其中 $c_{ij}\in\{0, 1\}$,当 $c_{ij}=1$ 时,表示电路中第 i 个节点与第 j 个节点存在连接,且第 j 个节点的输出为第 i 个节点的输入;当 $c_{ij}=0$ 时,表示电路中第 i 个节点与第 j 个节点不存在连接。

定义二值选择矩阵 $\boldsymbol{X}=[x_{ij}]_{m\times n}$,其中 $1\leqslant i\leqslant m$,$1\leqslant j\leqslant n$,$x_{ij}\in\{0, 1\}$,且

$$\sum_{i=1}^{m} x_{ij} = 1$$

即 $\boldsymbol{X}$ 中每列有且只有一个元素的值为 1,其余全部为 0。x_{ij} 表示电路中节点在胚胎电子阵列中的位置选择:当 $x_{ij}=1$ 时,表示电路中的第 j 个节点由胚胎电子阵列中的第 i 个细胞实现;当 $x_{ij}=0$ 时,表示电路中的第 j 个节点与胚胎电子阵列中的第 i 个细胞无关。

在胚胎电子阵列上实现目标电路时,胚胎电子阵列的连接代价矩阵 $\mathbf{EM}$、电路连接矩阵 $\mathbf{CM}$ 是已知的,对于给定的选择矩阵 $\boldsymbol{X}$,由电路节点在阵列上的实现位置确定,节点间距离也随之确定,使用所有节点间连接代价之和作为电路在选择矩阵 $\boldsymbol{X}$ 实现形式下的连接代价。电路的节点连接代价矩阵为

$$\boldsymbol{D}_{\boldsymbol{X}}=((\mathbf{EM}\boldsymbol{X})^{\mathrm{T}}\boldsymbol{X})^{\mathrm{T}}\mathbf{CM} \tag{4.1}$$

节点连接代价矩阵可记为 $\boldsymbol{D}_{\boldsymbol{X}}=[d_{ij}]_{n\times n}$,则选择 $\boldsymbol{X}$ 下的节点连接代价为

$$J_X = \sum_{i=1}^{n}\sum_{j=1}^{n} d_{ij} \tag{4.2}$$

3. 电路输入端口放置

功能分化过程中,除了电路节点位置影响连接代价外,输入端口的位置对整个电路的实现也有很大影响。胚胎电子阵列具有多个输入端口,选择不同的端口作为电路的输入端口,直接影响电路的布线复杂度和整个电路的自修复能力。为了对输入端进行优选,首先对该问题进行分析建模。

首先对胚胎电子阵列的输入端口和细胞间的连接进行描述,定义连接代价矩阵 $\boldsymbol{R}=[r_{ij}]_{m\times p}$,其中 m 为胚胎电子阵列中细胞数目,p 为胚胎电子阵列中输入端口数目。$r_{ij}\in\{0, 1, 2, \cdots\}$,代表第 j 个输入端口到第 i 个细胞的连接代价,其计算与细胞间连接代价相同。

定义电路的输入信息描述矩阵 $\boldsymbol{S}=[s_{ij}]_{n\times q}$,其中 n 为电路节点数目,q 为电路输入数目,$s_{ij}\in\{0, 1\}$,表示电路中第 i 个节点与第 j 个输入的连接关系。当 $s_{ij}=1$ 时,电路中第 j 个输入

是第 i 个节点的输入；当 $s_{ij}=0$ 时，电路中第 j 个输入与第 i 个节点不存在连接关系。

定义二值选择矩阵 $\boldsymbol{Y}=[y_{ij}]_{p\times q}$，其中 p 为胚胎电子阵列输入端口数目，q 为电路输入数目，$y_{ij}\in\{0,\ 1\}$，表示是否选择胚胎电子阵列中的第 i 个输入端口作为电路的第 j 个输入，且

$$\sum_{i=1}^{p} y_{ij}=1,\quad \sum_{j=1}^{q} y_{ij}\leqslant 1$$

即每列中有且只有一个元素为1，每行中最多只有一个元素为1，在所有的输入端口中，能且只能选择一个输入端口作为电路的第 i 个输入，且每个输入端口只能被选择一次。$y_{ij}=1$ 表示选择胚胎电子阵列中的第 i 个输入端口作为电路中第 j 个输入；$y_{ij}=0$ 表示不选择第 i 个输入端口作为电路的第 j 个输入。

胚胎电子阵列的输入端连接矩阵 $\boldsymbol{R}$、电路输入信息描述矩阵 $\boldsymbol{S}$ 已知，在胚胎电子阵列中节点选择矩阵 $\boldsymbol{X}$ 下，对于输入端口选择矩阵 $\boldsymbol{Y}$，电路在阵列中节点、输入位置确定，电路中输入与节点间距离确定，将电路中所有输入与节点间距离之和作为连接代价，对应的输入连接代价矩阵为

$$\boldsymbol{D}_{\boldsymbol{Y}}=(\boldsymbol{R}^{\mathrm{T}}\boldsymbol{X})^{\mathrm{T}}\boldsymbol{Y}\boldsymbol{S} \tag{4.3}$$

输入连接代价矩阵可记为 $\boldsymbol{D}_{\boldsymbol{Y}}=[d_{ij}]_{n\times q}$，则在电子细胞选择矩阵 $\boldsymbol{X}$、输入端口选择矩阵 $\boldsymbol{Y}$ 下的输入连接代价为

$$J_{\boldsymbol{Y}}=\sum_{i=1}^{n}\sum_{j=1}^{q} d_{ij} \tag{4.4}$$

4. 电路的自修复能力

胚胎电子阵列进行电路实现时，最根本的目的是电路自修复能力的最大化。对于具有 c 行 l 列电子细胞的胚胎电子阵列，设电子细胞状态矩阵为 $\mathbf{ES}=[\mathbf{es}_{ij}]_{c\times l}$，其中 $s_{ij}=0$ 表示电子细胞不执行目标电路中的功能（处于空闲状态或输出传递状态），$s_{ij}=1$ 表示电子细胞为电路功能节点或节点间的连线，则电路的自修复能力为

$$\mathrm{SRC}=l-\mathbf{sum}((\mathbf{ES}^{\mathrm{T}}\boldsymbol{I}_{c\times 1})\&\boldsymbol{I}_{l\times 1}) \tag{4.5}$$

式中，$\boldsymbol{I}_{c\times 1}$ 为 c 行 l 列的全1矩阵；$\boldsymbol{I}_{l\times 1}$ 为 l 行1列的全1矩阵；& 为逻辑乘，对于两元素 x、y，有

$$x\&y=\begin{cases}0, & x=0 \text{ 或 } y=0\\ 1, & \text{其他}\end{cases}$$

sum(·)为行向量元素求和函数，对于行向量 $\boldsymbol{X}=[x_1,x_2,\cdots,x_n]$，有

$$\mathrm{sum}(\boldsymbol{X})=\sum_{i=1}^{n} x_i$$

5. 物理映射过程的数学描述

在电路节点、电路输入端口、电路自修复能力等描述的基础上，胚胎电路的物理映射过程即为在细胞连接代价矩阵 **EM**、输入矩阵 $\boldsymbol{R}$、目标电路连接矩阵 **CM**、目标电路输入矩阵 $\boldsymbol{S}$ 下，确定细胞选择矩阵 $\boldsymbol{X}$、输入端口选择矩阵 $\boldsymbol{Y}$，在满足布线要求的情况下，使电路

连接代价 $\boldsymbol{D}_X$、$\boldsymbol{D}_Y$ 较小，电路的自修复能力 SRC 最大。

4.3.3 模型的求解

物理映射过程是一个多目标优化过程，可以采用多种优化方法求解，本节使用较为成熟的遗传算法进行模型的求解。

1. 遗传算法

遗传算法模仿自然界生物进化机制，是一种并行高效的全局随机搜索和优化方法，能在搜索过程中自动获取和积累有关搜索空间的知识，并自适应地控制搜索过程以求得最优解。

遗传算法有选择、交叉和变异 3 种基本操作。选择操作根据个体适应度从当前种群中选择优良个体，使它们有较大机会作为父代繁殖下一代，使种群中的优秀基因得到保存；交叉是遗传算法中最重要的操作，模拟有性繁殖过程，由父代基因组合得到新一代个体，通过优秀基因的组合，为更优个体的产生提供了基础，促进了种群的进化；变异模拟物种变异过程，在种群内随机选择个体，并随机改变所选个体的基因，为新个体的产生提供了机会。

通过选择、交叉、变异操作，搜索空间内的较优解被逐渐积累起来，并能够同时探索搜索空间内的未知位置，增加了最优解求解的可能。

2. 模型求解过程

以电子细胞选择矩阵 $\boldsymbol{X}$、输入端口选择矩阵 $\boldsymbol{Y}$ 为求解目标，以节点连接代价 $\boldsymbol{D}_X$、输入连接代价 $\boldsymbol{D}_Y$ 和电路自修复能力 SRC 为适应度值，使用遗传算法的模型求解过程如图 4.9 所示。

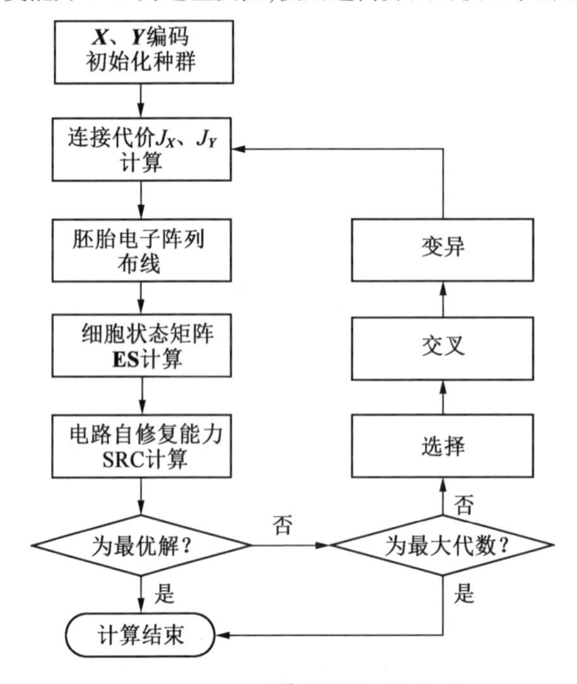

图 4.9 使用遗传算法的模型求解过程

选择矩阵 $\boldsymbol{X}$、$\boldsymbol{Y}$ 使用二进制编码进行编码，对于每一代种群内的每个个体，通过式(4.1)、式(4.2)计算电子细胞连接代价 J_X，通过式(4.3)、式(4.4)计算输入端点连接代价 J_Y，并根据所选择的电子细胞及输入端口进行胚胎电子阵列 **EMG** 上目标电路的布线，由布线后电子细胞使用情况计算电子细胞状态矩阵 **ES**，并由式(4.5)计算当前电路自修复能力 SRC。如果群体中所有个体均不满足最优解条件，则通过选择、交叉、变异操作生成下一代群体，重新进行计算。

求解过程中，个体适应度 Fitness 通过电子细胞连接代价、输入端口连接代价和自修复能力共同确定：

$$\text{Fitness}=\frac{J_X+J_Y}{\text{SRC}+1} \tag{4.6}$$

实际计算过程中，由于自修复能力的计算需要进行胚胎电子阵列的布线，该过程较为耗时，因此只对种群中连接代价较小的个体进行自修复能力的计算，其他个体的自修复能力默认为 0。

求解中的胚胎电子阵列布线过程使用基于协商的性能驱动布线算法 PathFinder 进行电子细胞间的布线，在此不再赘述。

4.3.4　实例验证与分析

为了验证所提出的功能分化方法，首先以雷达中的某电路为例，对功能分化过程进行详细说明；然后以 LGSynth91 中的多个基准电路为目标电路，对该方法的分化速度进行验证、分析。实验过程中，采用具有多种连接方式的胚胎电子阵列为硬件平台。

1. 功能分化算例

以图 3.18 所示某 4 输入 1 输出时序电路的功能分化为例，对所提出的功能分化方法的具体应用过程进行阐述，实验中胚胎电子阵列规模设置为 3 行 4 列。

首先对实验电路进行前端综合、逻辑优化映射，将电路转化为由 LUT 和 FF 为基本节点的电路网表，然后使用 VTR 中的 ODIN_Ⅱ、ABC 工具进行解析、逻辑优化映射。LUT 和 FF 为节点的电路结构如图 4.10 所示。

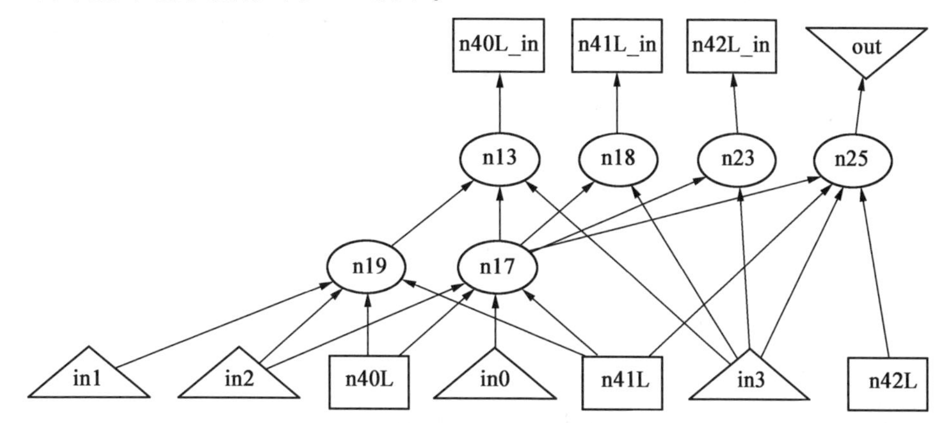

图 4.10　LUT 和 FF 为节点的电路结构

图 4.10 中,节点 n19、n17、n13、n18、n23、n25 为 LUT;节点 n40L、n41L、n42L 为 FF。各 LUT 节点的功能分别为

$$
\begin{cases}
n19=(in2 * \overline{in1})+(\overline{in1} * \overline{n40L} * n41L)+(\overline{in1} * n40L * \overline{n41L}) \\
n17=\overline{in2} * in0 * \overline{n40L} * \overline{n41L} \\
n13=(\overline{in3} * n19)+(in3 * \overline{n17} * \overline{n19})+(n17 * n19) \\
n18=in3 * \overline{n17} \\
n23=(\overline{in3} * n42L)+n17 \\
\overline{out}=(\overline{in3} * \overline{n41L} * n42L)+(\overline{n41L} * n17)
\end{cases}
$$

式中,n19、n17、n13、n18、n23 为对应节点的输出;n40L、n41L、n42L 为 3 个 FF 的输出;out 为 n25 节点的输出,即电路的输出; * 表示逻辑与运算;+表示逻辑或运算。

经过打包,n19、n17、n25 分别由单独的一个细胞实现,n13 和 n40L 由一个细胞实现;n18 和 n41L 由一个细胞实现;n23 和 n42L 由一个细胞实现。在电路节点间关系描述时,不再单独对 n40L、n41L、n42L 节点进行描述。

按照 4.3.2 节所述对胚胎电子阵列和实验电路进行数学描述,3.2.2 节所述胚胎电子阵列的相邻细胞间可以通过局部连接直接进行信息交互,其连接代价为 0,则其细胞间连接矩阵为

$$
\mathbf{EM}=
\begin{array}{c}
(0,0): \\ (0,1): \\ (0,2): \\ (0,3): \\ (1,0): \\ (1,1): \\ (1,2): \\ (1,3): \\ (2,0): \\ (2,1): \\ (2,2): \\ (2,3):
\end{array}
\overset{\begin{array}{cccccccccccc}(0,0)&(0,1)&(0,2)&(0,3)&(1,0)&(1,1)&(1,2)&(1,3)&(2,0)&(2,1)&(2,2)&(2,3)\end{array}}{
\begin{bmatrix}
0&0&2&3&0&0&3&4&2&3&4&5\\
0&0&0&2&0&0&0&3&3&2&3&4\\
2&0&0&0&3&0&0&0&4&3&2&3\\
3&2&0&0&4&3&0&0&5&4&3&2\\
0&0&3&4&0&0&2&3&0&0&3&4\\
0&0&0&3&0&0&0&2&0&0&0&3\\
3&0&0&0&2&0&0&0&3&0&0&0\\
4&3&0&0&3&2&0&0&4&3&0&0\\
2&3&4&5&0&0&3&4&0&0&2&3\\
3&2&3&4&0&0&0&3&0&0&0&2\\
4&3&2&3&3&0&0&0&2&0&0&0\\
5&4&3&2&4&3&0&0&3&2&0&0
\end{bmatrix}}
$$

式中,(0,0),(0,1),…,(2,3)表示胚胎电子阵列中相应位置上的电子细胞。

实验电路的节点间连接矩阵为

$$
\mathbf{CM}=
\begin{array}{c}
n17: \\ n25: \\ n13: \\ n18: \\ n23: \\ n19:
\end{array}
\overset{\begin{array}{cccccc}n17&n25&n13&n18&n23&n19\end{array}}{
\begin{bmatrix}
0&0&1&1&0&0\\
1&0&0&1&1&0\\
1&0&0&0&0&1\\
1&0&0&0&0&0\\
1&0&0&0&0&0\\
0&0&1&1&0&0
\end{bmatrix}}
$$

式中,n17、n25、n19 为实验电路中的电路节点,n13、n18、n23 为电路中的 n13、n18、n23 分别与 n40L、n41L、n42L 节点相结合后的电路节点,具有延时功能。

胚胎电子阵列的输入端与细胞间连接矩阵为

$$
\boldsymbol{R}=\begin{array}{c}
\\
(0,0): \\ (0,1): \\ (0,2): \\ (0,3): \\ (1,0): \\ (1,1): \\ (1,2): \\ (1,3): \\ (2,0): \\ (2,1): \\ (2,2): \\ (2,3):
\end{array}
\begin{array}{c}
\begin{array}{ccccccccccccccc}
\scriptstyle 0\_1 & \scriptstyle 0\_2 & \scriptstyle 0\_3 & \scriptstyle 0\_4 & \scriptstyle 0\_5 & \scriptstyle 1\_1 & \scriptstyle 1\_2 & \scriptstyle 1\_3 & \scriptstyle 1\_4 & \scriptstyle 1\_5 & \scriptstyle 2\_1 & \scriptstyle 2\_2 & \scriptstyle 2\_3 & \scriptstyle 2\_4 & \scriptstyle 2\_5
\end{array} \\
\left[\begin{array}{ccccccccccccccc}
0 & 0 & 0 & \infty & 0 & 1 & 1 & \infty & \infty & \infty & 2 & 2 & \infty & \infty & \infty \\
1 & 1 & \infty & \infty & \infty & 2 & 2 & \infty & \infty & \infty & 3 & 3 & \infty & \infty & \infty \\
2 & 2 & \infty & \infty & \infty & 3 & 3 & \infty & \infty & \infty & 4 & 4 & \infty & \infty & \infty \\
3 & 3 & \infty & \infty & \infty & 4 & 4 & \infty & \infty & \infty & 5 & 5 & \infty & \infty & \infty \\
1 & 1 & \infty & 0 & \infty & 0 & 0 & 0 & \infty & 0 & 1 & 1 & \infty & \infty & \infty \\
2 & 2 & \infty & \infty & \infty & 1 & 1 & \infty & \infty & \infty & 2 & 2 & \infty & \infty & \infty \\
3 & 3 & \infty & \infty & \infty & 2 & 2 & \infty & \infty & \infty & 3 & 3 & \infty & \infty & \infty \\
4 & 4 & \infty & \infty & \infty & 3 & 3 & \infty & \infty & \infty & 4 & 4 & \infty & \infty & \infty \\
2 & 2 & \infty & \infty & \infty & 1 & 1 & \infty & 0 & \infty & 0 & 0 & 0 & \infty & 0 \\
3 & 3 & \infty & \infty & \infty & 2 & 2 & \infty & \infty & \infty & 1 & 1 & \infty & \infty & \infty \\
4 & 4 & \infty & \infty & \infty & 3 & 3 & \infty & \infty & \infty & 2 & 2 & \infty & \infty & \infty \\
5 & 5 & \infty & \infty & \infty & 4 & 4 & \infty & \infty & \infty & 3 & 3 & \infty & \infty & \infty
\end{array}\right]
\end{array}
$$

式中,(0,0),(0,1),…,(2,3)为胚胎电子阵列中相应位置上的电子细胞;0_1,0_2,…,2_5 为胚胎电子阵列的输入端。

阵列中的每行电子细胞有 5 个输入端,分别由 * _1 ~ * _5 表示,其中 * 代表输入端所在行数, * _1、* _2 接至远程连接的开关盒, * _3、* _4、* _5 直接连接电子细胞,为细胞的 Win、W2S_W(下方电子细胞的 NWin 端)、WSin 输入端。远程连接输入端可连接到胚胎电子阵列中的任一细胞,局部连接输入端只能连接到其相邻的特定电子细胞,与不相邻的电子细胞间的连接代价为∞ 。

实验电路的输入与节点连接矩阵为

$$
\boldsymbol{S}=\begin{array}{c}
\\
\mathrm{n17}: \\ \mathrm{n25}: \\ \mathrm{n13}: \\ \mathrm{n18}: \\ \mathrm{n23}: \\ \mathrm{n19}:
\end{array}
\begin{array}{c}
\begin{array}{cccc}
\scriptstyle \mathrm{in0} & \scriptstyle \mathrm{in1} & \scriptstyle \mathrm{in2} & \scriptstyle \mathrm{in3}
\end{array} \\
\left[\begin{array}{cccc}
1 & 0 & 1 & 0 \\
0 & 0 & 0 & 1 \\
0 & 0 & 0 & 1 \\
0 & 0 & 0 & 1 \\
0 & 0 & 0 & 1 \\
0 & 1 & 1 & 0
\end{array}\right]
\end{array}
$$

式中,in0、in1、in2、in3 为实验电路的输入端。

在以上描述的基础上,使用 4. 3. 3 节所述求解方法进行求解。求解过程中,使用 44 位编码,其中电子细胞选择矩阵 $\boldsymbol{X}$ 编码长度为 24 位,输入端口选择矩阵 $\boldsymbol{Y}$ 编码长度为 20 位。求解过程中,种群规模设置为 100,最大遗传代数为 500,代沟为 0. 9,重组概率为 0. 8,变异概率为 0. 1。在该设置下,求解过程中节点连接代价、输入连接代价及电路的自修复能力变化如图 4. 11 所示。

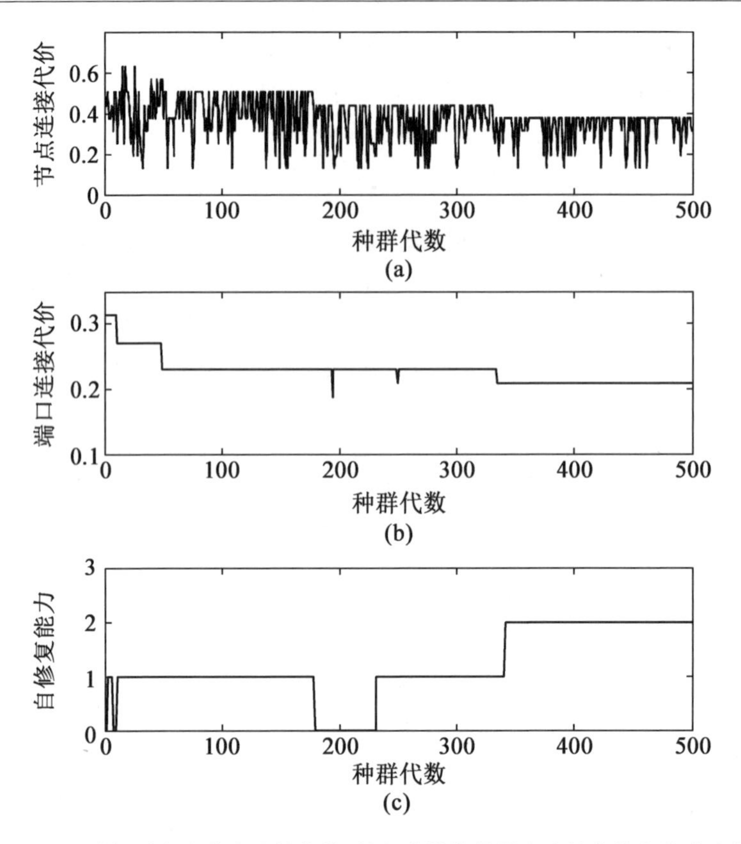

图 4.11　求解过程中节点连接代价、输入连接代价及电路的自修复能力变化

求解所得的电子细胞选择矩阵为

$$
\boldsymbol{X}=\begin{array}{c} (0,0): \\ (0,1): \\ (0,2): \\ (0,3): \\ (1,0): \\ (1,1): \\ (1,2): \\ (1,3): \\ (2,0): \\ (2,1): \\ (2,2): \\ (2,3): \end{array}
\overset{\begin{array}{cccccc} \scriptstyle n17 & \scriptstyle n25 & \scriptstyle n13 & \scriptstyle n18 & \scriptstyle n23 & \scriptstyle n19 \end{array}}{\begin{bmatrix} 0 & 0 & 0 & 0 & 1 & 0 \\ 0 & 1 & 0 & 0 & 0 & 0 \\ 0 & 0 & 0 & 0 & 0 & 0 \\ 0 & 0 & 0 & 0 & 0 & 0 \\ 0 & 0 & 1 & 0 & 0 & 0 \\ 1 & 0 & 0 & 0 & 0 & 0 \\ 0 & 0 & 0 & 0 & 0 & 0 \\ 0 & 0 & 0 & 0 & 0 & 0 \\ 0 & 0 & 0 & 0 & 0 & 1 \\ 0 & 0 & 0 & 1 & 0 & 0 \\ 0 & 0 & 0 & 0 & 0 & 0 \\ 0 & 0 & 0 & 0 & 0 & 0 \end{bmatrix}}
$$

即电路中的 n17、n25、n13、n18、n23 和 n19 节点分别由胚胎电子阵列中(1,1)、(0,1)、(1,0)、(2,1)、(0,0)和(2,0)位置的电子细胞实现。

输入端点选择矩阵为

$$
\begin{array}{r}
\\
1\_1: \\ 1\_2: \\ 1\_3: \\ 1\_4: \\ 1\_5: \\ 2\_1: \\ 2\_2: \\ \boldsymbol{Y}=2\_3: \\ 2\_4: \\ 2\_5: \\ 3\_1: \\ 3\_2: \\ 3\_3: \\ 3\_4: \\ 3\_5:
\end{array}
\begin{array}{cccc}
\scriptstyle in0 & \scriptstyle in1 & \scriptstyle in2 & \scriptstyle in3
\end{array}
\begin{bmatrix}
0 & 0 & 0 & 0 \\
0 & 0 & 0 & 0 \\
0 & 0 & 0 & 0 \\
0 & 0 & 0 & 0 \\
0 & 0 & 0 & 0 \\
0 & 0 & 0 & 1 \\
1 & 0 & 0 & 0 \\
0 & 0 & 0 & 0 \\
0 & 0 & 0 & 0 \\
0 & 0 & 0 & 0 \\
0 & 0 & 0 & 0 \\
0 & 0 & 1 & 0 \\
0 & 1 & 0 & 0 \\
0 & 0 & 0 & 0 \\
0 & 0 & 0 & 0
\end{bmatrix}
$$

即电路的输入 in0、in1、in2、in3 分别由胚胎电子阵列中的 2_2、3_3、3_2、2_1 输入端口实现。

映射到胚胎电子阵列上的实验电路如图 3.19 所示，其中黑线为电路中信号传输路径，细胞上标识为细胞所实现的功能。可以看出，阵列中具有两列冗余电子细胞，当电路节点故障时，可以通过列移除操作完成电路的自修复，两列冗余电子细胞支持两次自修复，电路的自修复能力 SRC 为 2。

物理映射完成后，可以确定胚胎电子阵列中每个电子细胞的功能及连接，根据所示电子细胞基因功能配置，可以确定每个细胞的表达基因，见表 4.1，所有表达基因的集合即为胚胎电子阵列的基因库，胚胎电子阵列的功能分化完成。

表 4.1　功能分化后各细胞表达基因

细胞位置	细胞功能	细胞表达基因
(0, 0)	n23	110111111111100111111111 1000100011110001 1 1010111010101110
(1, 0)	n13	111111111000011111111100 1110111000100000 1 1001101010011010
(2, 0)	n19	111111111111011000111111 1111011001000010 0 0000111100000110
(0, 1)	n25	111111111111110111111111 1111100101100000 0 0000101000001110
(1, 1)	n17	111110111111111111111111 1000111101100000 0 0000000000010000
(2, 1)	n18	111111110001111111111111 1110111011100100 1 0100010001000100
(0, 2)	直连	111111111111011111111111 0000000000000000 0 0000000000000000
(0, 3)	直连	111111111111011111111111 0000000000000000 0 0000000000000000

2. 功能分化时间分析

在 Microsoft Visual Studio 2010 环境下使用 C++语言对所提功能分化方法进行实现，对图 3.18 所示实验电路（记为 radcir）和 LGSynth91 中多个标准电路进行功能分化实验。实验在配置 2G 主频 Intel(R) Xeon(R) E5-2650 处理器、32G 内存的工作站上进行。

对每个电路进行 50 次功能分化，记录功能分化时间，并统计最小、最大和平均分化时间。实验电路参数、阵列规模及分化时间统计结果见表 4.2。

表 4.2　实验电路参数、阵列规模及分化时间统计结果

电路	电路参数				阵列规模	分化时间/s		
	输入	输出	触发器	门数目		最小	最大	平均
radarCir	4	1	3	13	3×4	0.82	0.98	0.84
mm9a	12	9	27	492	11×11	4.41	7.12	4.79
mult16a	17	1	16	208	6×6	1.62	2.17	1.73
s382	3	6	21	158	7×7	2.06	2.84	2.22
s386	7	7	6	159	8×8	2.62	3.82	2.91
s526	3	6	21	193	8×8	2.24	3.23	2.34
C1908	33	25	0	880	11×11	6.96	13.05	7.67
C3540	50	22	0	1 669	19×19	26.80	44.32	30.09
C6288	32	32	0	2 406	23×23	32.52	50.79	38.05
C880	60	26	0	383	11×11	4.04	6.09	4.31
dalu	75	16	0	1 697	21×21	34.78	54.59	36.96
i8	133	81	0	1 831	21×21	52.50	81.67	63.20
i9	88	63	0	522	15×15	13.83	21.65	14.98
t481	16	1	0	2 072	22×22	72.87	114.12	75.82
term1	34	10	0	358	8×8	3.00	4.38	3.09

由表 4.2 所示分化结果可以看出，本节方法对组合电路（如 C1908、C3540、C6288、C880、dalu、i8、i9、t481 和 term1 等）和时序电路（如 radarCir、mm9a、mult16a、s382、s386、s526 等）均能快速分化。分化时间与是否为时序电路无关，只与电路门数目和电路形式相关。对于包含 1 000 门以下的电路，其平均分化时间为 15 s，对包含 1 000~2 500 门的电路，其平均分化时间为 100 s。

可以看出，该功能分化方法对于小规模电路分化速度快，对于中规模电路，其分化时间也能够满足实际需求。

4.4　具有故障细胞的胚胎电子阵列上目标电路的评估

移除-进化自修复过程中,目标电路具有多种电路实现形式。在功能分化过程中,阵列中所有细胞正常,只需选择使阵列中冗余列数最大的电路形式,使电路的自修复能力最大,如图 4.12(a)所示;在进化自修复过程中,存在多种电路实现形式如图 4.12(e)(f)所示。由于故障电子细胞的存在,因此冗余列对不同电子细胞的修复能力不同,如何择优选择电路实现形式,需要有效的评估方法。

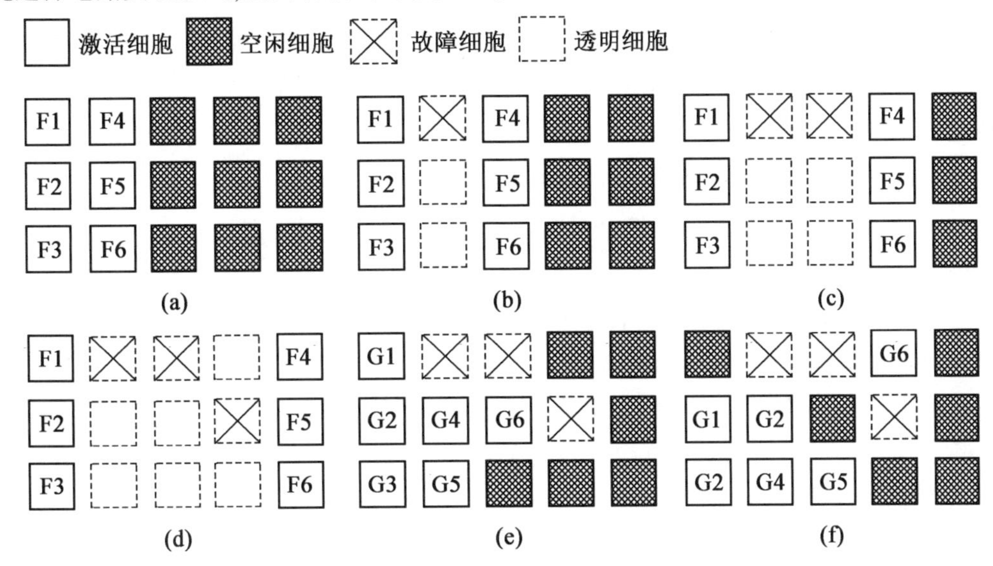

图 4.12　移除-进化自修复中电路形式

可靠性是分析胚胎电子阵列及其修复策略的常用指标,研究者结合胚胎电子阵列自修复特征,提出了各种可靠性计算模型,但已有模型没有考虑故障电子细胞对目标电路的影响,不适用于进化过程中、具有故障细胞的阵列上目标电路的可靠性评估。

本节利用马尔可夫不可修系统理论,研究了进化过程中目标电路的评估方法。该方法在考虑胚胎电子阵列状态和目标电路实现的基础上,自动划分电路状态,求解状态间转移率,并计算目标电路的可靠度及失效前平均时间(mean time to failure, MTTF)。使用 MTTF 指标对进化过程中的不同电路形式进行评估,为目标电路的优选提供了理论依据,且由目标电路形式到目标电路可靠性的自动计算适用于进化自修复模式。

4.4.1　马尔可夫不可修系统及其可靠性

1. 马尔可夫不可修系统

假设一个不可修系统有 $N+1$ 个状态,记为 $E=\{0, 1, \cdots, N\}$,其中状态 $0,1,\cdots,K$ 是系统的工作状态,记为 $W=\{0, 1, \cdots, K\}$,$N+1,N+2,\cdots,N$ 是故障状态,记为 $F=\{K+1, K+2, \cdots, N\}$。令 $X(t)$ 表示时刻 t 该系统所处状态,若 $\{X(t), t \geq 0\}$ 是时齐马尔可夫过

程,即对任意自然数 n 及任意 n 个时刻点 $0 \leqslant t_1 \leqslant t_2 \leqslant \cdots \leqslant t_n$,均有

$$p\{X(t_n)=i_n \mid X(t_1)=i_1, X(t_2)=i_2, \cdots, X(t_{n-1})=i_{n-1}\} \\ =p\{X(t_n)=i_n \mid X(t_{n-1})=i_{n-1}\}, \quad i_1, i_2, \cdots, i_n \in E \tag{4.7}$$

且对任意 $t,\ u \geqslant 0$,均有

$$p\{X(t+u)=j \mid X(u)=i\}=p_{ij}(t), \quad i,j \in E \tag{4.8}$$

与 u 无关,则该系统为马尔可夫不可修系统,可用马尔可夫系统理论求解其可靠性指标。

对固定的 $i,\ j \in E$,函数 $p_{ij}(t)$ 称为状态 i 到状态 j 的转移概率函数,$\boldsymbol{p}(t)=(p_{ij}(t))$ 称为转移概率矩阵。

对于上述马尔可夫不可修系统,一旦出现故障状态,则系统故障,即故障状态 F 中所有状态为系统的吸收态,一旦进入吸收态,系统就永远停留在该状态,即吸收态到其他状态的转移概率为 0。

2. 马尔可夫不可修系统的可靠性求解

对于具体的应用系统,若其符合马尔可夫不可修系统特征,则可通过以下步骤分析其可靠性。

(1)定义系统状态,确定系统状态 E、正常状态 W 及故障状态 F。

(2)定义随机过程 $\{X(t),\ t \geqslant 0\}$。

(3)求状态转移概率矩阵 $\boldsymbol{A}$,对于已定义的随机过程,首先求出

$$p_{ij}(\Delta t)=a_{ij}\Delta t+o(\Delta t), \quad i \neq j, \quad i,j \in E \tag{4.9}$$

然后确定转移概率矩阵:

$$\boldsymbol{A}=(a_{ij}) \tag{4.10}$$

其中

$$a_{ii}=-\sum_{i \neq j} a_{ij} \tag{4.11}$$

(4)求时刻 t 各状态概率 $p_j(t)=p\{X(t)=j\}, j \in E$。

在状态初始分布 $(p_0(0), p_1(0), \cdots, p_N(0))$ 已知的情况下,解微分方程组:

$$\left(\frac{\mathrm{d}p_0(t)}{\mathrm{d}t}, \frac{\mathrm{d}p_1(t)}{\mathrm{d}t}, \cdots, \frac{\mathrm{d}p_N(t)}{\mathrm{d}t}\right)=(p_0(t), p_1(t), \cdots, p_N(t))A \tag{4.12}$$

其中故障状态 F 为吸收态,其转移到其他状态的概率为 0,则式(4.12)可写为

$$\left(\frac{\mathrm{d}P_W(t)}{\mathrm{d}t}, \frac{\mathrm{d}P_F(t)}{\mathrm{d}t}\right)=(P_W(t), P_F(t))\begin{pmatrix} \boldsymbol{B} & \boldsymbol{C} \\ 0 & 0 \end{pmatrix} \tag{4.13}$$

式中,$P_W(t)$ 为正常状态概率,$P_W(t)=(p_0(t), p_1(t), \cdots, p_K(t))$;$P_F(t)$ 为故障状态概率,$P_F(t)=(p_{K+1}(t), p_{K+2}(t), \cdots, p_N(t)$;$\boldsymbol{B}$ 是 $\boldsymbol{A}$ 左上角 $K+1$ 行、$K+1$ 列子矩阵,是 $K+1$ 个工作状态间的转移概率矩阵。

则只需求

$$\frac{\mathrm{d}P_W(t)}{\mathrm{d}t}=P_W(t)\boldsymbol{B} \tag{4.14}$$

(5)求系统可靠度函数和失效前平均时间,为

$$R(t)=\sum_{j\in W}p_j(t) \tag{4.15}$$

$$\mathrm{MTTF}=\int_0^\infty R(t)\,\mathrm{d}t \tag{4.16}$$

4.4.2　目标电路的可靠性分析

进化自修复模式所得目标电路在运行过程中,通过移除自修复模式进行修复。在修复过程中,电路状态的变化是随机的,且下一状态只与当前状态有关,与其他时刻状态无关,如图 4.12(a)~(d)所示,符合马尔可夫不可修系统特征,可用 4.4.1 节理论进行其可靠性评估。

首先对胚胎电子阵列和目标电路进行数学描述,在其数学描述的基础上分析目标电路状态,并计算其状态间转移率,求解各工作状态概率分布,从而计算出目标电路可靠性及故障前平均时间。

1. 胚胎电子阵列的描述

为了进行目标电路的可靠性分析,首先确定阵列中故障细胞情况及目标电路的具体实现。对于规模为 $M\times N$,即由 M 行、N 列电子细胞组成的胚胎电子阵列,定义状态矩阵和细胞使用矩阵进行胚胎电子阵列的描述,具体如下。

(1)胚胎电子阵列的故障状态矩阵 $\boldsymbol{S}=[s_{ij}]_{M\times N}$,$s_{ij}$ 表示阵列中$(i,\ j)$位置细胞的状态,$s_{ij}\in\{0,\ 1\}$,$s_{ij}=1$ 表示阵列中$(i,\ j)$位置的细胞故障;$s_{ij}=0$ 表示$(i,\ j)$位置的细胞正常。

(2)电子细胞工作状态矩阵 $\boldsymbol{Z}=[z_{ij}]_{M\times N}$,$z_{ij}$ 表示$(i,\ j)$位置上电子细胞的工作状态,$z_{ij}\in\{0,\ 1\}$,$z_{ij}=1$ 表示$(i,\ j)$位置上电子细胞处于激活状态,执行目标电路功能,$z_{ij}=0$ 表示$(i,\ j)$位置上电子细胞处于空闲状态,$\boldsymbol{Z}$ 代表了目标电路在胚胎电子阵列上的具体实现形式。

移除-进化自修复中,进化后的电路在运行过程中采用行/列移除机制进行自修复,胚胎电子阵列和目标电路均为一列作为一个整体,因此下文中用 $\boldsymbol{S}(i)$ 表示矩阵 $\boldsymbol{S}$ 的第 i 列,用 $\boldsymbol{Z}(j)$ 表示矩阵 $\boldsymbol{Z}$ 的第 j 列。

胚胎电子阵列可记为 $\mathbf{EA}=\{1,\ 2,\cdots,\ i,\cdots,\ N\}$,其中 $1\leqslant i\leqslant N$,代表阵列中的第 i 列。

2. 目标电路运行状态

目标电路状态包括正常工作状态和故障状态。正常工作状态下,目标电路所有的列均由胚胎电子阵列上的列执行,电路能够完成正常功能,当胚胎电子阵列中剩余列不足以完成目标电路功能时,电路发生故障。

设目标电路规模为 $m\times n$,记目标电路每列功能在胚胎电子阵列上的位置为 θ_1,$\theta_2,\cdots,\theta_n$,其状态 i 记为 $\Theta_i=(\theta_{1,i},\ \theta_{2,i},\ \cdots,\ \theta_{j,i},\ \cdots,\ \theta_{n,i})$,其中 $\theta_{j,i}\in\mathbf{EA}$ 为胚胎电子阵列中执行目标电路第 j 列功能的列序号,且 $\theta_{1,i}<\theta_{2,i}<\cdots<\theta_{j,i}<\cdots<\theta_{n,i}$,目标电路的初

始状态记为 $\Theta_0=(\theta_{1,0},\ \theta_{2,0},\ \cdots,\ \theta_{n,0})$，$\mathrm{sum}(\boldsymbol{Z}(\theta_{1,0}))>0$，即目标电路第 i 列功能所需电子细胞数目大于0。若 Θ_i 为工作状态，则有 $\theta_{n,i}\leqslant N$，即目标电路所有列功能均能够由胚胎电子阵列实现；若 $\theta_{n,i}>N$，则目标电路中至少有一列功能无法由胚胎电子阵列完成，Θ_i 为故障状态。

为了完全分析目标电路的不同故障状态，在胚胎电子阵列的 N 列后增加 n 列虚拟正常列，每一列均能够执行电路中任意一列的功能。

由于阵列中存在故障细胞，因此阵列中的列与目标电路中的各列存在可实现问题，即阵列中的某列只能执行目标电路中某些列的功能，而对于其他列，由于存在故障细胞而无法实现。对于目标电路中的第 i 列和胚胎电子阵列中的第 j 列，若 $\boldsymbol{Z}^{\mathrm{T}}(\theta_i)\boldsymbol{S}(j)=0$，则胚胎电子阵列的第 j 列能够执行目标电路的第 i 列功能；若 $\boldsymbol{Z}^{\mathrm{T}}(\theta_i)\boldsymbol{S}(j)>0$，则胚胎电子阵列的第 j 列不能执行目标电路的第 i 列功能。

定义可行性矩阵 $\boldsymbol{D}=[d_{ij}]_{n\times(N+n)}$，$d_{ij}\in\{0,1\}$ 表示阵列中的第 j 列能够执行目标电路第 i 列功能，$d_{ij}=1$ 时阵列中的第 j 列能执行目标电路第 i 列功能；否则，不能执行其功能。可行性矩阵 $\boldsymbol{D}$ 可由 $\boldsymbol{S}$、$\boldsymbol{Z}$ 计算获得，其第 i 行中所有的1项即为 θ_i 的可选列范围，且 $D(i,1:\theta_{i,0}-1)=0$，$D(i,N+1:N+n)=1$，则使 $D(1,\theta_1)=1$，$D(2,\theta_2)=1$，$\cdots$，$D(n,\theta_n)=1$，且 $1\leqslant\theta_1<\theta_2<\cdots<\theta_n\leqslant N+n$ 的 $(\theta_1,\theta_2,\cdots,\theta_n)$ 组合即为目标电路的状态，其中满足 $\theta_n\leqslant N$ 的为工作状态，满足 $\theta_n>N$ 的为故障状态。

目标电路的工作状态集合为 $W=\{\Theta_i\mid\theta_{n,i}\leqslant N\}$，其中 Θ_0 为目标电路初始状态，其故障状态集合为 $F=\{\Theta_i\mid\theta_{n,i}>N\}$，目标电路所有状态集 $E=\{W,F\}$。

3. 状态转移率计算

状态转移过程中，在 $(t,t+\Delta t]$ 中发生2次或2次以上转移的概率为 $o(\Delta t)$，即在 Δt 中，多列可能同时发生故障，1列最多只能发生1次故障。在胚胎电子阵列中，3列以上同时发生故障的概率非常小，因此只考虑1列故障或2列同时故障，对于多于2列同时故障的情况，其转移率记为0。

对于两状态 Θ_i，$\Theta_j\in E$，$\Theta_i=(\theta_{1,i},\theta_{2,i},\cdots,\theta_{n,i})$、$\Theta_j=(\theta_{1,j},\ \theta_{2,j},\ \cdots,\ \theta_{n,j})$，定义 Θ_i 到 Θ_j 的距离为 $\Theta_{i\to j}=(\theta_{1,i\to j},\ \theta_{2,i\to j},\ \cdots,\ \theta_{n,i\to j})$，其中

$$\theta_{x,i\to j}=\begin{cases}\theta_{x,j}-\theta_{x,i}, & x=1\\ \theta_{x,j}-\max(\theta_{x,i},\theta_{x-1,j}+1), & x>1\end{cases}\tag{4.17}$$

对于 $\theta_{x,i}$、$\theta_{x,j}$，式(4.17)中其减运算为

$$\theta_{x,j}-\theta_{x,i}=\begin{cases}0, & j<i\\ \mathrm{sum}(D(x,i:j))-1, & j\geqslant i\end{cases}\tag{4.18}$$

基于以上状态间距离定义，可进行状态间可转移判断：对于两状态 Θ_i、Θ_j，若 Θ_i 到 Θ_j 的距离 $\Theta_{i\to j}$ 中只包含0、1元素，则状态 Θ_i 可转移到 Θ_j；否则，Θ_i 不可转移到 Θ_j。

胚胎电子阵列中，每个电子细胞的可靠度符合指数分布，即 $r(t)=\mathrm{e}^{-\lambda t}$。目标电路第 i 列使用的电子细胞数目为 $\mathrm{sum}(\boldsymbol{Z}(\theta_{i,0}))$，则其可靠度函数为 $r_i(t)=\mathrm{e}^{-\mathrm{sum}(\boldsymbol{Z}(\theta_{i,0}))\lambda t}$，其故障

率为 $\lambda_i=\mathrm{sum}(\boldsymbol{Z}(\theta_{i,0}))\lambda$。目标电路中第 i、j 列同时故障的故障率记为 $\lambda_{i,j}(t)$，有

$$\lambda_{i,j}(t)=\frac{\lambda_1 e^{-\lambda_1 t}+\lambda_2 e^{-\lambda_2 t}-(\lambda_1+\lambda_2)e^{-(\lambda_1+\lambda_2)t}}{e^{-\lambda_1 t}+e^{-\lambda_2 t}-e^{-(\lambda_1+\lambda_2)t}} \tag{4.19}$$

若状态 Θ_i 可转移到 Θ_j，则状态转移率为

$$a_{ij}(t)=\begin{cases}(\theta_{1,i\to j},\theta_{2,i\to j},\cdots,\theta_{n,i\to j})\begin{bmatrix}\lambda_1\\ \lambda_2\\ \vdots\\ \lambda_n\end{bmatrix}, & \mathrm{sum}(\Theta_{i\to j})=1\\ \lambda_{pq}(t), & \mathrm{sum}(\Theta_{i\to j})=2,\theta_{p,i\to j}=1,\theta_{q,i\to j}=1\\ 0, & \text{其他}\end{cases} \tag{4-20}$$

若状态 Θ_i 不可转移到 Θ_{jj}，则其转移率为 $a_{ij}(t)=0$。

故障状态为吸收态，其转移到任意状态的概率为0，则可求出状态转移率矩阵 $\boldsymbol{A}$ 及其左上角 $K+1$ 行、$K+1$ 列的子矩阵为

$$\boldsymbol{B}=\begin{bmatrix}a_{00} & a_{01} & \cdots & a_{0K}\\ a_{10} & a_{11} & \cdots & a_{1K}\\ \vdots & \vdots & & \vdots\\ a_{K0} & a_{K1} & \cdots & a_{KK}\end{bmatrix} \tag{4.21}$$

4. 可靠性及MTTF计算

设目标电路在 t 时刻处于工作状态 $C_i(0\leqslant i\leqslant K+1)$ 的概率为 $p_i(t)$，则有

$$\frac{\mathrm{d}\boldsymbol{p}(t)}{\mathrm{d}t}=\boldsymbol{p}(t)\boldsymbol{B} \tag{4.22}$$

式中，$\boldsymbol{p}(t)=(p_0(t),p_1(t),\cdots,p_K(t))$，且 $\boldsymbol{p}(0)=(1,0,\cdots,0)$。

对式(4.22)做拉普拉斯变换可得

$$s\tilde{\boldsymbol{p}}(s)-\tilde{\boldsymbol{p}}(0)=\tilde{\boldsymbol{p}}(s)\boldsymbol{B} \tag{4.23}$$

对式(4.23)求解并通过拉普拉斯逆变换可得 t 时刻各状态概率 $\boldsymbol{p}(t)$，则目标电路的可靠性函数为

$$R(t)=\boldsymbol{p}(t)\boldsymbol{e}_{K+1} \tag{4.24}$$

根据式(4.16)可计算目标电路的MTTF。

4.4.3 算例分析

为了详细阐述本节评估方法的具体应用，首先以具有故障胚胎电子阵列上的某目标电路形式的可靠性分析为例，详细阐述计算过程；其次以胚胎电子阵列状态为基础，对其上多种可能的电路形式进行评估。

1. 算例

以胚胎电子阵列上目标电路的可靠性分析为例，以本节理论进行可靠性及 MTTF 计算。胚胎电子阵列规模为 4 行 5 列，其中有 3 个故障细胞，目标电路由 5 个细胞实现，其功能分别为 F1～F5，胚胎电子阵列及目标电路形式如图 4.13 所示。

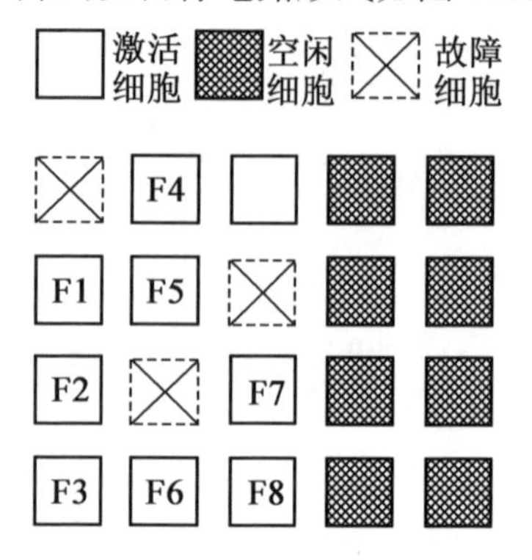

图 4.13　胚胎电子阵列及目标电路形式

由图 4.13 可以看出，胚胎电子阵列的状态矩阵为

$$S=\begin{bmatrix}1&0&0&0&0\\0&0&1&0&0\\0&1&0&0&0\\0&0&0&0&0\end{bmatrix}$$

细胞使用矩阵为

$$Z=\begin{bmatrix}0&1&0&0&0\\1&1&0&0&0\\1&0&1&0&0\\1&1&1&0&0\end{bmatrix}$$

胚胎电子阵列列数 $N=5$，每列分别用 1、2、3、4、5 表示，目标电路列数 $n=3$，每列分别用 θ_1、θ_2、θ_3 表示，其中 $\boldsymbol{Z}^{\mathrm{T}}(1)\boldsymbol{S}(2)=1$，$\boldsymbol{Z}^{\mathrm{T}}(1)\boldsymbol{S}(3)=1$，即目标电路的第 1 列不能由胚胎电子阵列的第 2、3 列实现，$\boldsymbol{Z}^{\mathrm{T}}(2)\boldsymbol{S}(3)=1$，即目标电路的第 2 列不能由胚胎电子阵列的第 3 列实现，则其可行性矩阵为

$$\boldsymbol{D}=\begin{matrix}\mathrm{c1}\\\mathrm{c2}\\\mathrm{c3}\end{matrix}\begin{bmatrix}\overset{1}{1}&\overset{2}{0}&\overset{3}{0}&\overset{4}{1}&\overset{5}{1}&\overset{6}{1}&\overset{7}{1}&\overset{8}{1}\\0&1&0&1&1&1&1&1\\0&0&1&1&1&1&1&1\end{bmatrix}$$

通过 $\boldsymbol{D}$ 上目标电路各列的组合，可以得到目标电路运行状态，具体见表 4.3。

表 4.3　目标电路运行状态

状态	0	1	2	3	4	5
$(\theta_1,\theta_2,\theta_3)$	(1, 2, 3)	(1, 2, 4)	(1, 2, 5)	(1, 4, 5)	(1, 2, 6)	(1, 4, 6)
状态	6	7	8	9	10	11
$(\theta_1,\theta_2,\theta_3)$	(1, 5, 6)	(4, 5, 6)	(1, 6, 7)	(4, 6, 7)	(5, 6, 7)	(6, 7, 8)

表 4.3 中，$W=\{0,1,2,3\}$ 为工作状态，且状态 0 为初始状态，$F=\{4,5,6,7,8,9,10,11\}$ 为故障状态。

设阵列中每个细胞可靠度函数符合指数分布，即对每个细胞有 $r(t)=\mathrm{e}^{-\lambda t}$，则目标电路中 θ_1、θ_2、θ_3 的可靠度分别为 $r_1(t)=\mathrm{e}^{-3\lambda t}$，$r_2(t)=\mathrm{e}^{-3\lambda t}$，$r_3(t)=\mathrm{e}^{-2\lambda t}$；目标电路中各列的失效率分别为 $\lambda_1=3\lambda$，$\lambda_2=3\lambda$，$\lambda_3=2\lambda$。

θ_1、θ_2 两列同时失效的失效率记为 $\lambda_{1,2}(t)$，θ_1、θ_3 同时失效的失效率记为 $\lambda_{1,3}(t)$，θ_2、θ_3 同时失效的失效率记为 $\lambda_{2,3}(t)$，则根据式(4.19)可得

$$\begin{cases}\lambda_{1,2}(t)=\dfrac{6\lambda\mathrm{e}^{-3\lambda t}-6\lambda\mathrm{e}^{-6\lambda t}}{2\mathrm{e}^{-3\lambda t}-\mathrm{e}^{-6\lambda t}}\\[2ex]\lambda_{1,3}(t)=\dfrac{3\lambda\mathrm{e}^{-3\lambda t}+2\lambda\mathrm{e}^{-2\lambda t}-5\lambda\mathrm{e}^{-5\lambda t}}{\mathrm{e}^{-3\lambda t}+\mathrm{e}^{-2\lambda t}-\mathrm{e}^{-5\lambda t}}\\[2ex]\lambda_{2,3}(t)=\dfrac{3\lambda\mathrm{e}^{-3\lambda t}+2\lambda\mathrm{e}^{-2\lambda t}-5\lambda\mathrm{e}^{-5\lambda t}}{\mathrm{e}^{-3\lambda t}+\mathrm{e}^{-2\lambda t}-\mathrm{e}^{-5\lambda t}}\end{cases}$$

记 θ_1、θ_2、θ_3 3 列同时失效的失效率为 $\lambda_{1,2,3}(t)$，由于 3 列同时失效的概率较小，本节不再考虑，则 $\lambda_{1,2,3}(t)=0$。

目标电路的状态转移图如图 4.14 所示。

图 4.14 中状态 4~11 为故障状态，当目标电路运行到故障状态时，电路故障，不再转移到其他状态，即故障状态为吸收态。

工作状态间的转移率矩阵为

$$\boldsymbol{B}=\begin{bmatrix}-8\lambda & 2\lambda & 0 & 3\lambda\\ 0 & -(8\lambda+\lambda_{\mathrm{c2,c3}}(t)) & 2\lambda & 3\lambda\\ 0 & 0 & -(8\lambda+\lambda_{\mathrm{c2,c3}}(t)+\lambda_{\mathrm{c1,c3}}(t)) & 3\lambda\\ 0 & 0 & 0 & -(8\lambda+\lambda_{\mathrm{c2,c3}}(t)+\lambda_{\mathrm{c1,c3}}(t)+\lambda_{\mathrm{c1,c2}}(t))\end{bmatrix}$$

初始状态下，有 $p_0(0)=1$，$p_1(0)=0$，$p_2(0)=0$，$p_3(0)=0$，目标电路的可靠度函数为

$$R(t)=p_0(t)+p_1(t)+p_2(t)+p_3(t) \tag{4.25}$$

经求解，各状态的概率及目标电路的可靠性变化如图 4.15 所示。

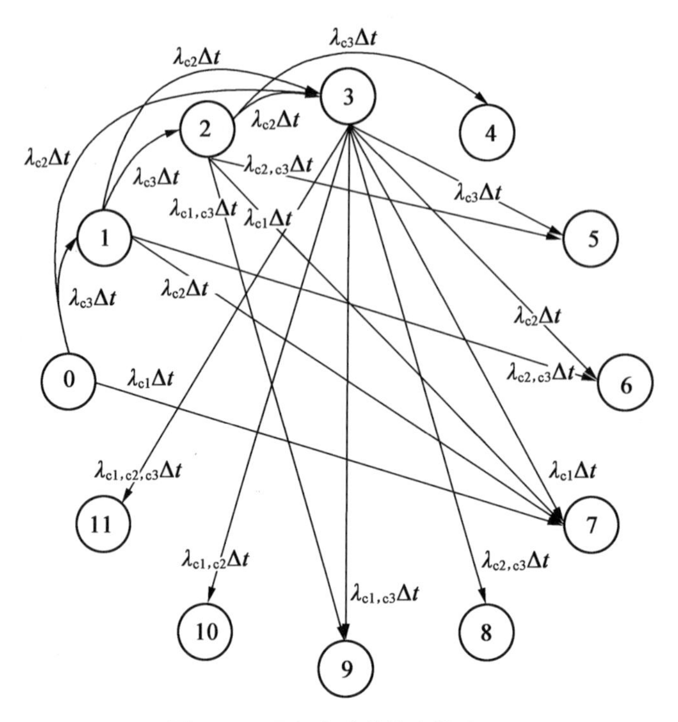

图 4.14　目标电路的状态转移图

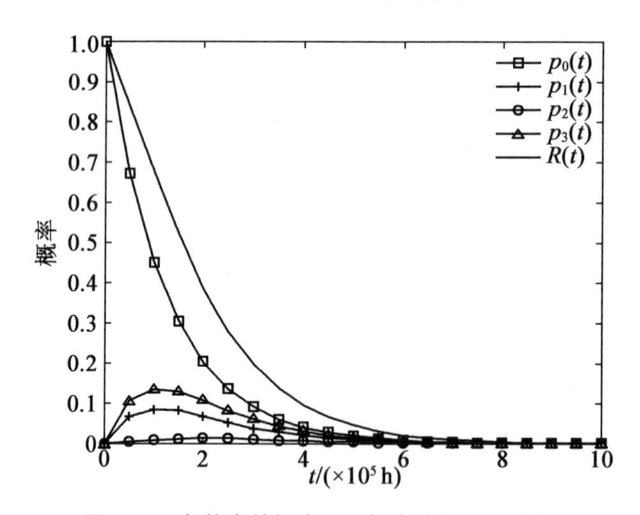

图 4.15　各状态的概率及目标电路的可靠性变化

则系统的故障前平均时间为

$$\text{MTTF} = \int_0^{\infty} R(t)\,\mathrm{d}t = 1.91 \times 10^5$$

2. 正常阵列上目标电路评估

本节方法也可用于正常阵列上目标电路的评估。对于规模为 5×6 的胚胎电子阵列，若所有电子细胞正常,则其状态矩阵为

$$
\boldsymbol{S}=\begin{bmatrix}0&0&0&0&0&0\\0&0&0&0&0&0\\0&0&0&0&0&0\\0&0&0&0&0&0\\0&0&0&0&0&0\end{bmatrix}
$$

对于某由 11 个电子细胞组成的目标电路,其两种不同的实现分别为

$$
\boldsymbol{R}_1=\begin{bmatrix}1&1&0&0&0&0\\1&1&0&0&0&0\\1&1&1&0&0&0\\1&1&1&0&0&0\\1&0&0&0&0&0\end{bmatrix}
$$

$$
\boldsymbol{R}_2=\begin{bmatrix}1&1&1&1&0&0\\1&1&1&1&0&0\\1&1&0&0&0&0\\0&1&0&0&0&0\\0&0&0&0&0&0\end{bmatrix}
$$

由目标电路的实现矩阵可以看出,$\boldsymbol{R}_1$ 中有 3 列冗余列,可以采用列移除机制修复 3 次故障,$\boldsymbol{R}_2$ 中有 2 列冗余列,可以支持 3 次列移除自修复,很明显 $\boldsymbol{R}_1$ 实现优于 $\boldsymbol{R}_2$ 实现。采用本节评估方法分别计算以上两种实现形式的 MTTF,结果为

$$
\mathrm{MTTF}_1=2.56\times10^5
$$

$$
\mathrm{MTTF}_2=1.82\times10^5
$$

可以看出,$\mathrm{MTTF}_1>\mathrm{MTTF}_2$,本节方法的计算结果与分析结果相吻合,可以证明本节方法的有效性。

3. 故障阵列上目标电路评估

进化自修复过程中,对于部分故障的胚胎电子阵列,其上目标电路形式是多样的,通过本节方法可求解不同电路形式的 MTTF,以此为依据评估不同目标电路形式,为电路形式的优选提供依据。

对于正常阵列上目标电路评估中的胚胎电子阵列,当(4, 1)、(5, 2)、(2, 3)、(5, 4)位置上的电子细胞发生故障时,其状态矩阵变为

$$
\boldsymbol{S}=\begin{bmatrix}0&0&0&0&0&0\\0&0&1&0&0&0\\0&0&0&0&0&0\\1&0&0&0&0&0\\0&1&0&1&0&0\end{bmatrix}
$$

对于上述目标电路,在进化过程中存在以下 4 种实现形式:

$$\boldsymbol{R}_1=\begin{bmatrix}1&1&0&0&0&0\\1&1&0&1&0&0\\1&1&1&1&0&0\\0&1&1&0&0&0\\0&0&0&0&0&0\end{bmatrix}$$

$$\boldsymbol{R}_2=\begin{bmatrix}1&1&0&1&0&0\\1&0&0&1&0&0\\1&1&1&1&0&0\\0&1&1&0&0&0\\0&0&0&0&0&0\end{bmatrix}$$

$$\boldsymbol{R}_3=\begin{bmatrix}0&0&1&1&0&0\\0&0&0&1&0&0\\1&1&1&1&0&0\\0&1&1&1&0&0\\0&0&1&0&0&0\end{bmatrix}$$

$$\boldsymbol{R}_4=\begin{bmatrix}1&1&1&1&0&0\\0&0&0&1&0&0\\1&1&1&1&0&0\\0&1&1&0&0&0\\0&0&0&0&0&0\end{bmatrix}$$

采用本节方法分别计算以上4个电路形式的MTTF,可得

$$\mathrm{MTTF}_{R_1}=1.41\times10^5$$

$$\mathrm{MTTF}_{R_2}=1.83\times10^5$$

$$\mathrm{MTTF}_{R_3}=1.51\times10^5$$

$$\mathrm{MTTF}_{R_4}=1.84\times10^5$$

由计算结果可以看出,4种不同的电路形式中,均有2列冗余列,但不同的电路形式可靠性不同,均有不同的MTTF,其中 $\mathrm{MTTF}_{R_4}>\mathrm{MTTF}_{R_2}>\mathrm{MTTF}_{R_3}>\mathrm{MTTF}_{R_1}$,即在当前阵列上,应该选择具有最大MTTF的 $\boldsymbol{R}_4$ 作为目标电路实现形式。

4.5　基于功能重分化的电路快速进化自修复

4.3节研究的功能分化方法能够实现胚胎电子阵列的快速功能分化,在此基础上,对于具有故障电子细胞的胚胎电子阵列,通过功能重分化,可以实现电路快速进化自修复。

进行功能重分化时,故障细胞的存在,除了影响电路适应度评估外,还改变了胚胎电子阵列的开关网络结构。本节首先分析了故障电子细胞对开关网络的影响,其次研究了

电路快速进化自修复流程,最后对流程进行了求解,并通过实验对所提快速进化自修复方法进行了验证。

4.5.1 故障电子细胞对阵列结构的影响

在进化自修复过程中,使用胚胎电子阵列中功能正常的电子细胞执行目标电路功能,故障电子细胞被置为透明状态,其功能是从胚胎电子阵列中移除故障电子细胞。故障电子细胞的移除影响了胚胎电子阵列结构,影响着进化自修复过程。

1. 故障电子细胞对局部连接的影响

故障电子细胞处于透明状态,其与周围相邻细胞的连接消失,周围细胞受其透明状态影响,原来不相邻的电子细胞变为相邻电子细胞。故障电子细胞周围的局部连接变化如图 4.16 所示。

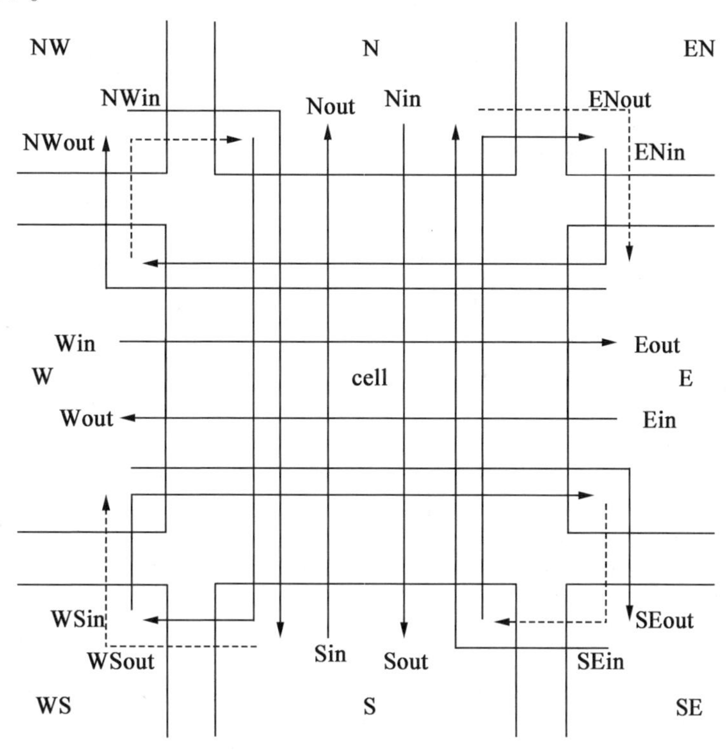

图 4.16 故障电子细胞周围的局部连接变化

局部连接的变化,会导致电子细胞连接矩阵 **EM** 发生改变。电子细胞 cell 正常时,NW 与 S 间的连接代价为 3;电子细胞 cell 故障时,NW 与 S 成为相邻电子细胞,其连接代价变为 0。对输入矩阵 ***R*** 的影响与此相同。

2. 故障电子细胞对远程连接的影响

故障电子细胞被置为透明状态,电子细胞的逻辑功能及开关盒的可配置连接功能被移除,电子细胞的功能模块输出端 FuncOut 不再存在,开关盒失去可配置能力,处于同一水平或竖直上的两个端点固定相连,成为固定的连接线。故障电子细胞的开关盒结构等效如图 4.17 所示。

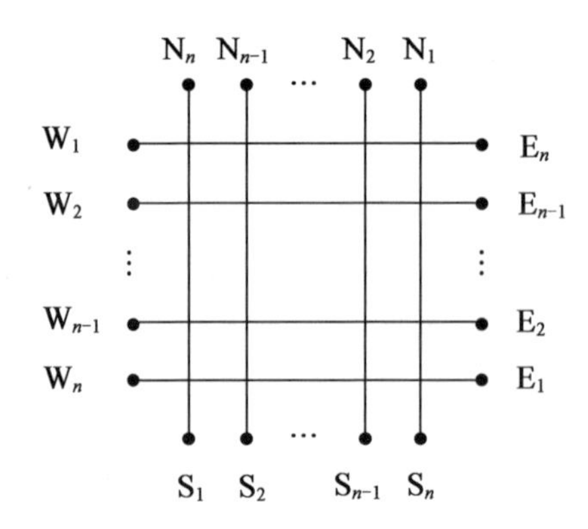

图 4.17　故障电子细胞的开关盒结构等效

开关盒的改变,将影响开关网络。故障细胞的开关盒功能被移除,只剩下连接线功能,其两端的端点固定连接在一起,可以等效为一点。对于图 4.5 所示的开关网络,如果处于(2, 2)位置上的电子细胞故障,则具有故障电子细胞的开关网络图如图 4.18 所示。

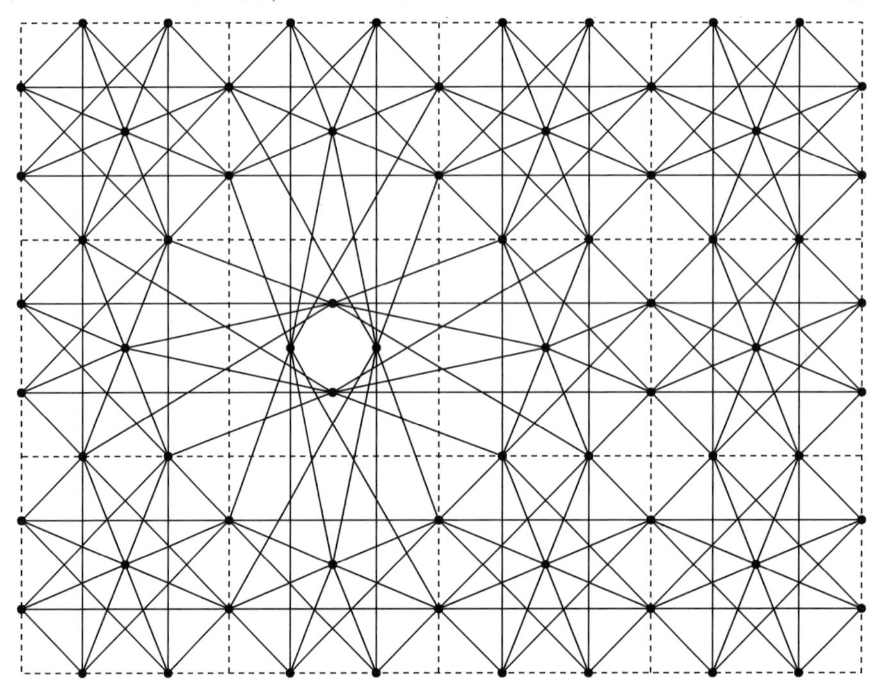

图 4.18　具有故障电子细胞的开关网络图

为了进行具有故障细胞的胚胎电子阵列上目标电路的进化自修复,需要更新开关网络的邻接矩阵 **EMG**。

若故障状态矩阵 $\boldsymbol{S}=[s_{ij}]_{M\times N}$ 中 (i, j) 位置上的元素 s_{ij} 值为 1,即阵列中 (i, j) 位置上细胞故障,则该细胞输出节点及四周节点连接发生改变,输出节点与其他节点的所有连接消失,四周节点只保留水平、竖直方向直连,其他连接不再存在。在 4.2.2 节所建开关网络的邻接矩阵基础上,其更新伪代码如图 4.19 所示。

```
for i = 1: M
  for j = 1: N
    if(S(i, j) = = 1)
      cx = (i-1) * N+j; % 当前(i, j)位置细胞的序号
% 当前节点组的中心节点序号
      CenterNode = nodeNumOfGroup * cx;
      cellx = i;
      celly = j;
      [S, E, N, W] = getNodeSN(M, N, cellx, celly, w);
      for k = 1: w
        % 中心节点与开关盒各节点的连接
        delete(EMG, CenterNode, S(k));
        delete(EMG, CenterNode, E(k));
        delete(EMG, CenterNode, N(k));
        delete(EMG, CenterNode, W(k));
        % 开关盒 4 个方向节点的矩形连接
        delete(EMG, S(k), E(k));
        delete(EMG, E(k), N(k));
        delete(EMG, N(k), W(k));
        delete(EMG, W(k), S(k));
      end
    end
  end
end
```

图 4.19　开关网络的邻接矩阵更新伪代码

4.5.2　电路快速进化自修复流程

故障电子细胞改变了胚胎电子阵列的结构,在具有故障电子细胞的胚胎电子阵列进行目标电路的进化自修复时,首先根据功能层和修复层状态,确定故障电子细胞位置,获得故障状态矩阵 $\boldsymbol{S}$;然后根据 4.5.1 节所述,更新电子细胞连接矩阵 **EM**、输入矩阵 $\boldsymbol{R}$ 及开关网络 **EMG**。以更新后的参数为基础,进行功能重分化,完成具有故障电子细胞的胚胎电子阵列上目标电路的进化自修复。进化自修复流程如下:

①确定故障电子细胞位置,确定故障状态矩阵 $\boldsymbol{S}$;

②根据 4.5.1 节更新电子细胞连接矩阵 **EM**、输入矩阵 $\boldsymbol{R}$ 及开关网络 **EMG**;

③生成电子细胞选择矩阵 $\boldsymbol{X}$、输入端口选择矩阵 $\boldsymbol{Y}$;

④根据4.4节计算电路的MTTF；

⑤如果MTTF达到目标，则计算结束，否则，按一定规则更新电子细胞选择矩阵$\boldsymbol{X}$、输入端口选择矩阵$\boldsymbol{Y}$，返回④；

⑥根据电子细胞选择矩阵$\boldsymbol{X}$、输入端口选择矩阵$\boldsymbol{Y}$，生成目标电路基因库及每个电子细胞的表达基因；

⑦完成进化自修复，结束。

步骤⑤中电子细胞选择矩阵$\boldsymbol{X}$、输入端口选择矩阵$\boldsymbol{Y}$的更新规则根据所采取的计算方法的不同而各异。

4.5.3　进化自修复过程求解

采用经典的遗传算法进行求解，则其更新规则有选择、交叉、变异3个步骤，进化自修复流程如图4.20所示。

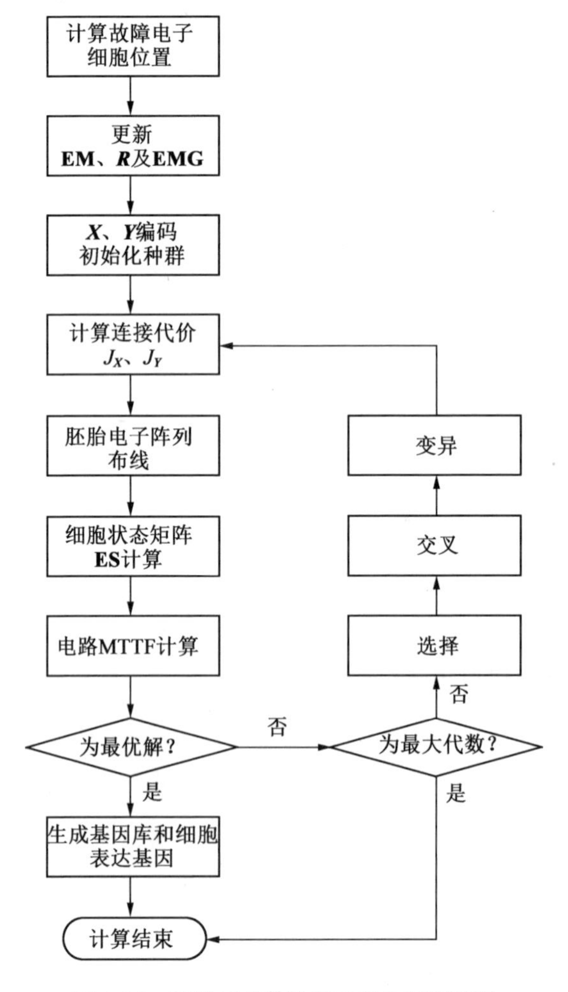

图4.20　采用遗传算法的进化自修复流程

选择矩阵$\boldsymbol{X}$、$\boldsymbol{Y}$使用二进制编码进行编码，对于每一代种群内的每个个体，通过式

(4.1)、式(4.2)计算对应的电子细胞连接代价 J_X，通过式(4.3)式、式(4.4)计算对应的输入端点连接代价 J_Y，并根据所选择的电子细胞及输入端口进行胚胎电子阵列的布线，根据布线后阵列中电子细胞使用情况计算电子细胞状态矩阵 **ES**，并根据 4.4 节进行电路 MTTF 的计算。如果群体中所有个体均不满足最优解条件，则通过选择、交叉、变异操作生成下一代群体，重新进行计算。

布线过程，即在开关网络 **EMG** 上，根据电路图中各节点在胚胎电子阵列上的具体实现位置，选择开关网络中的开关，实现目标电路中各功能节点间的连接关系。以开关网络图 **EMG** 为基础，采用基于协商的性能驱动布线算法 PathFinder 进行电子细胞间的布线，在此不再赘述。

4.5.4　实验验证与分析

在以上理论的基础上，采用实验电路对所提出的快速进化方法进行实验验证，主要分两个方面进行实验：①本节进化自修复方法的自修复能力实验；②本节进化自修复方法的修复速度实验。所有仿真在配置 2G 主频 Intel(R) Xeon(R) E5-2650 处理器、32G 内存的工作站上运行完成。

1. 修复能力实验验证

以某加乘电路为例，对本节进化自修复方法的自修复能力进行验证。加乘电路功能为

$$\begin{cases} \text{sum\_out}(n)[12:0]=\text{sum\_in}(n)[12:0]+\text{s\_in}(n)[4:0]\cdot\lambda \\ \text{s\_out}(n)[4:0]=\text{s\_in}(n-1)[4:0] \end{cases} \tag{4.26}$$

其中，λ 为常数。

该加乘电路具有 19 个输入端，包括 1 位的时钟信号、5 位前一级移位后的输入信号、13 位前一级累加结果；18 个输出端，包括 5 位的移位后输出信号、13 位累加结果。经过前端综合、逻辑综合、优化映射及打包，映射为以胚胎电子阵列中的电子细胞为基本单元的电路网表，具有 52 个电路节点。

在规模为 8×9 的胚胎电子阵列上对加乘电路进行实现，经过功能分化，加乘电路在 8×9 阵列上的实现如图 4.21 所示。

图 4.21 中，左右两侧为输入、输出端口，中间为由 72 个电子细胞组成的胚胎电子阵列，其中灰色细胞为激活细胞，白色细胞为空闲细胞，激活细胞上标识为其所执行的功能节点名称。

在分化完成的电路上，依次对 52 个激活细胞进行故障注入。在每种故障下使用本节方法进行 50 次进化自修复计算，记录成功修复次数，以验证本节进化自修复方法的修复能力。实验过程中记录每次进化自修复过程的时间消耗，并统计 50 次中的最大、最小、平均修复时间及修复时间的标准差，结果统计见表 4.4。

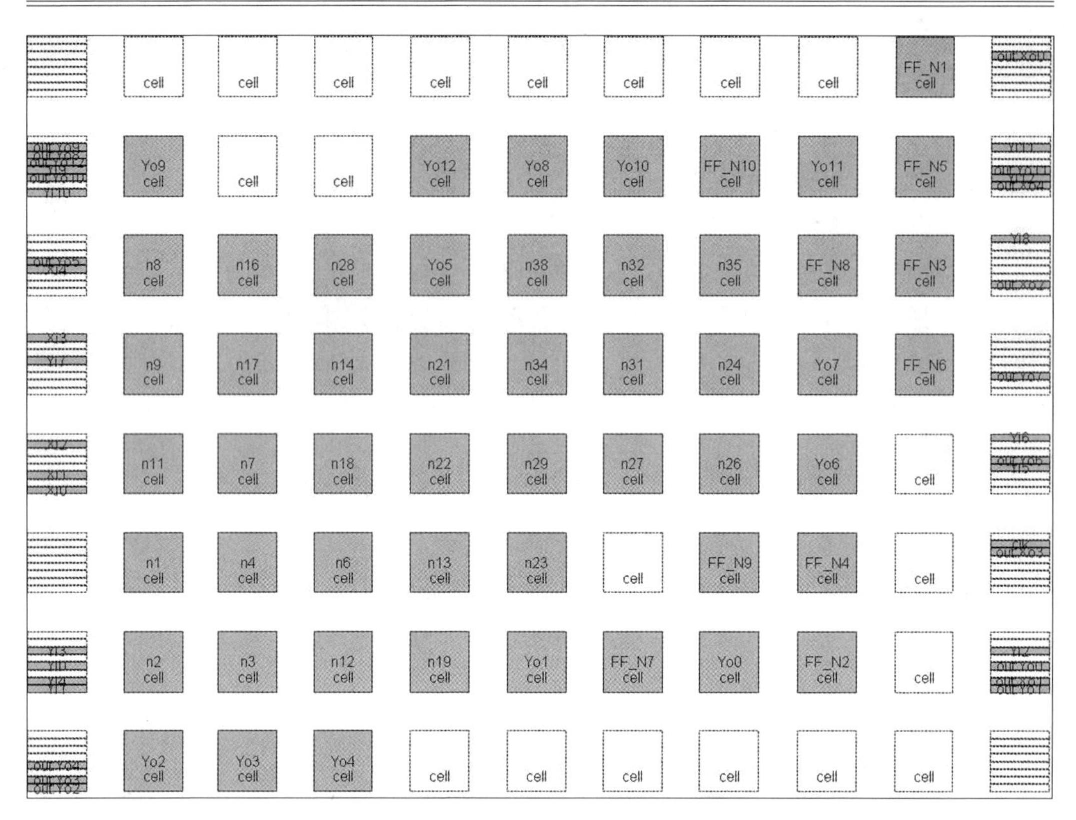

图 4.21 加乘电路在 8×9 阵列上的实现

表 4.4 加乘电路进化自修复结果统计

故障节点	成功次数	修复时间/s				故障节点	成功次数	修复时间/s			
		最小	最大	平均	标准差			最小	最大	平均	标准差
FF_N1	50	2.046	3.156	2.109	0.213	n4	50	1.906	2.937	2.013	0.263
FF_N2	50	1.796	2.781	1.896	0.247	n6	50	1.906	2.953	2.012	0.272
FF_N3	50	1.921	2.953	1.982	0.214	n7	50	2.046	3.187	2.113	0.218
FF_N4	50	1.781	2.750	1.874	0.245	n8	50	1.890	2.937	2.044	0.317
FF_N5	50	1.750	2.703	1.815	0.210	n9	50	1.890	2.921	1.948	0.207
FF_N6	50	1.875	2.906	2.054	0.367	n11	50	1.906	2.468	1.939	0.079
FF_N7	50	2.000	3.109	2.106	0.296	n12	50	1.718	2.671	1.798	0.201
FF_N8	50	1.703	2.640	1.782	0.224	n13	50	1.937	3.000	2.005	0.203
FF_N9	50	2.140	3.296	2.296	0.360	n14	50	1.953	3.015	2.032	0.235
FF_N10	50	1.859	2.843	1.943	0.248	n16	50	1.875	2.890	1.926	0.195
Yo0	50	1.843	2.843	1.988	0.326	n17	50	1.968	3.046	2.046	0.184
Yo1	50	2.078	3.203	2.130	0.174	n18	50	1.828	2.828	1.937	0.254
Yo2	50	1.921	2.968	2.126	0.378	n19	50	1.875	2.890	1.924	0.196

续表 4.4

故障节点	成功次数	修复时间/s				故障节点	成功次数	修复时间/s			
		最小	最大	平均	标准差			最小	最大	平均	标准差
Yo3	50	1.953	3.031	2.034	0.250	n21	50	2.000	3.109	2.144	0.327
Yo4	50	2.031	3.140	2.158	0.323	n22	50	1.812	2.796	1.861	0.141
Yo5	50	2.015	3.109	2.188	0.374	n23	50	2.046	3.203	2.180	0.335
Yo6	50	1.640	2.531	1.764	0.265	n24	50	1.828	2.812	1.856	0.137
Yo7	50	1.875	2.906	1.968	0.247	n26	50	1.921	2.984	2.024	0.261
Yo8	50	1.953	3.015	2.002	0.166	n27	50	1.734	2.671	1.849	0.274
Yo9	50	2.015	3.109	2.111	0.292	n28	50	2.031	3.140	2.157	0.324
Yo10	50	1.703	2.625	1.752	0.177	n29	50	1.875	2.906	1.951	0.217
Yo11	50	1.906	2.953	2.010	0.277	n31	50	1.765	2.718	1.816	0.184
Yo12	50	1.796	2.796	1.923	0.296	n32	50	1.671	2.562	1.757	0.248
n1	50	1.921	2.968	2.048	0.306	n34	50	1.843	2.843	1.893	0.191
n2	50	2.062	2.812	2.104	0.107	n35	50	1.890	2.921	2.094	0.388
n3	50	2.140	3.312	2.227	0.255	n38	50	1.734	2.687	1.847	0.263

由表 4.4 可以看出，所提修复方法有以下特点。

(1)对于阵列上执行目标电路功能的 52 个激活细胞，均能够通过本节进化自修复方法修复其故障，该进化自修复方法具有较强的修复能力，能够修复电路中任意位置上的故障。

(2)对于每个故障位置的 50 次修复实验中，均能够修复成功，本节进化自修复方法的修复能力稳定。

(3)52 个激活细胞的多次修复中，最大修复时间小于 4 s，平均修复时间小于 3 s，修复时间的标准差较小，该进化自修复方法计算时间较短，且时间消耗稳定。

2. 修复速度实验验证

为了验证本节进化自修复方法的计算速度，对多个目标电路随机设置故障位置，进行进化自修复计算。实验电路选自 LGSynth91 中的标准电路，每个电路使用所提方法进行 50 次进化自修复，每次进化过程中，随机设置故障位置。实验电路参数及 50 次进化自修复中最小、最大及平均修复时间(时耗统计)见表 4.5。各电路的进化自修复时间统计如图 4.22 所示。

实验中，s27、mm9a、mult16a、s382、s386 及 s526 为时序电路，C1908、C3540、C6288、C880、dalu、i8、i9、t481 及 term1 为组合电路。由表 4.5 所示实验结果可以看出，所提出的进化方法对于组合、时序电路均能够快速进化，能够满足电路自修复的时间要求，为电路自修复的工程应用提供了一种实用的进化方法。

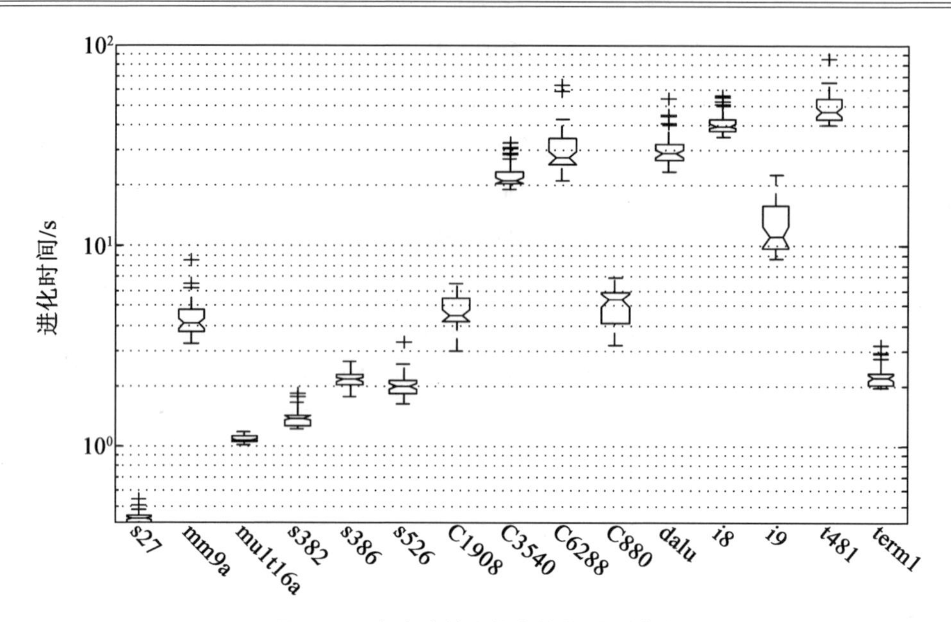

图 4.22 各电路的进化自修复时间统计

表 4.5 进化自修复时耗统计

序号	电路	电路参数				阵列规模	修复时间/s			
		输入	输出	触发器	门数目		最小	最大	平均	标准差
1	s27	4	1	3	10	3×3	0.421	0.546	0.442	0.025
2	mm9a	12	9	27	492	12×12	3.265	8.531	4.371	0.979
3	mult16a	17	1	16	208	6×6	1.015	1.187	1.087	0.044
4	s382	3	6	21	158	7×7	1.234	1.828	1.385	0.130
5	s386	7	7	6	159	8×8	1.765	2.656	2.181	0.205
6	s526	3	6	21	193	8×8	1.640	3.328	2.017	0.275
7	C1908	33	25	0	880	11×11	2.984	6.437	4.643	1.016
8	C3540	50	22	0	1 669	19×19	19.109	32.843	22.733	3.759
9	C6288	32	32	0	2 406	23×23	21.171	62.546	30.696	8.610
10	C880	60	26	0	383	11×11	3.218	6.906	5.141	1.347
11	dalu	75	16	0	1 697	21×21	23.140	54.546	30.770	6.272
12	i8	133	81	0	1 831	21×21	34.671	56.265	40.833	5.214
13	i9	88	63	0	522	15×15	8.625	22.609	12.763	3.527
14	t481	16	1	0	2 072	22×22	39.828	84.765	49.092	8.624
15	term1	34	10	0	358	8×8	1.953	3.218	2.258	0.291

由图 4.22 可以看出,对于每个实验电路,随机设置故障的 50 次进化自修复中,进化

时间比较集中,与表 4.5 中各电路在不同故障下分化时间较小的标准差是一致的。可以看出,对于不同的故障位置,其进化消耗时间相差不大,标准差均较小,即该进化自修复方法在进化计算时间上比较稳定。

通过实验可以看出,本节进化自修复方法计算时间较短,其时间消耗在秒级,在工程应用可接受范围之内。

4.6 本章小结

本章提出了一种适用于移除-进化自修复方法的目标电路快速进化自修复方法,该方法以胚胎电子阵列的快速功能分化为基础,通过具有故障细胞的阵列上目标电路的功能重分化,完成目标电路的进化自修复。

对胚胎电子阵列的功能分化方法进行了研究,以目标电路的功能描述和胚胎电子阵列的结构描述为基础,通过前端综合、逻辑优化映射、打包、物理映射及基因库生成等操作,完成胚胎电子阵列的功能分化。电路实验表明,该方法计算速度快,分化时间与是否为时序电路无关,只与电路门数目和电路形式相关。对于包含 1 000 门以下的电路,其平均分化时间为 15 s,对于包含 1 000~2 500 门的电路,其平均分化时间为 100 s。

在所提功能分化方法的基础上,分析了故障细胞对胚胎电子阵列的影响,提出了一种用于移除自修复模式的目标电路快速进化自修复方法,研究了进化自修复计算流程。实验表明,该进化自修复方法对于组合、时序电路均能够快速进化,满足电路自修复的时间要求,为电路自修复的工程应用提供了一种实用的进化自修复方法。

基于马尔可夫不可修系统理论,研究了进化过程的电路评估方法。该评估方法根据胚胎电子阵列状态和目标电路实现形式,自动划分目标电路状态、求解状态间转移概率,并进行可靠度和 MTTF 的计算。该方法能够自动完成目标电路实现形式到 MTTF 的计算,适用于进化环境,利用 MTTF 指标评估进化过程中的目标电路形式,为进化自修复过程中目标电路的结构优选提供了理论依据。

第 5 章　新型的电子细胞基因存储结构

移除-进化自修复过程中,需要反复地将进化所得基因库配置到功能层。配置过程需要细胞内基因存储结构的支持。同时,作为系统的基本单元,电子细胞内基因存储单元所占用的芯片面积是电子细胞硬件消耗的主要部分。研究表明,对于经典的电子细胞结构,95%的硬件消耗由基因存储产生,优化基因存储结构可有效降低系统硬件消耗。

本章在分析已有基因存储结构的基础上,提出一种新型的基因存储结构——部分基因循环存储结构,并设计所提基因循环存储结构的硬件结构及基因配置、更新方式,通过基因移位进行阵列的配置和基因的更新,能够简单迅速地进行阵列的重配置,为移除-进化自修复方法提供了重配置基础。

在所设计基因循环存储结构基础上,建立其可靠性和硬件消耗模型,以此为基础进行可靠性和硬件消耗分析。分析结果表明,该基因存储结构能够在保持系统可靠性的前提下大大降低系统的硬件消耗,且系统内基因存储的硬件消耗与阵列规模呈线性增加关系,适用于大规模通用自修复芯片的设计。

5.1　现有基因存储结构分析

自胚胎型仿生硬件提出以来,研究者设计了多种电子细胞结构。作为电子细胞的重要组成部分,基因存储结构也受到研究者的重视,在满足胚胎电子阵列的自修复前提下,以降低电子细胞的硬件消耗为目标,提出了多种基因存储结构。

5.1.1　已有基因存储结构简介

研究者提出的经典基因存储结构有全存储结构、行/列存储结构、部分基因存储结构、循环变形基因存储结构、循环备份存储结构和原核细胞存储结构,具体如下。

(1)全存储结构。

全存储结构是根据胚胎型仿生硬件思想提出的一种经典的基因存储结构,该基因存储结构模拟生物体基因存储方式——细胞包含整个生物体所有的 DNA,每个细胞都包含整个系统全部的基因信息。该存储结构对基因信息进行了最大量的备份,为阵列的自修复提供了保障。但正常操作模式下,每个细胞中的基因只有一个被激活,其他基因均处于“休眠”状态,不发挥作用。存储细胞中“无用”的基因需要大量的存储空间,导致系统硬件消耗巨大。

(2)行/列存储结构。

行/列存储结构是对全存储结构的一种优化,每个细胞只存储所在行/列的所有细胞的遗传物质。该存储结构大大降低了每个细胞中的基因数目,减少了每个细胞的硬件消耗,但该存储结构只用于行/列移除自修复机制,无法进行阵列的细胞移除自修复,且对于大规模胚胎电子阵列,每个细胞内的基因数目依然很大,其硬件消耗仍然可观。

(3)部分基因存储结构。

部分基因存储结构是西英格兰大学(University of the West of England)的研究者提出的一种基因存储结构,该基因存储结构中细胞只保存自己和周围一些邻居的基因信息,每个细胞内基因存储数量根据阵列中空闲细胞行/列数确定。当阵列中空闲行/列数小于目标电路行列数时,该基因存储结构大大减少了每个细胞内基因存储数目;当阵列中空闲行/列数与目标电路规模相当时,每个细胞内基因数目与全存储结构相等;当空闲行列数大于目标电路规模时,每个细胞内存储数目会大于全存储结构。

(4)循环变形基因存储结构。

M. Samie 等提出了循环变形基因存储(cyclic metamorphic memory)结构,该基因存储结构与行/列存储结构类似,每个细胞只存储所在行所有细胞的遗传信息。通过基因循环移位进行阵列的自修复,代替了地址产生器,降低了地址产生器造成的硬件消耗。但细胞内存储基因数目与行/列存储结构相同,对于大规模阵列,硬件消耗大的问题依然存在。

(5)循环备份存储结构。

南京航空航天大学的学者在循环变形基因存储结构的基础上,提出了一种循环备份存储结构。阵列中所有细胞组成一个环,每个细胞只存储自己和其后邻居细胞的基因信息,通过循环移位进行阵列的自修复,有效降低了系统硬件消耗。但当系统中相邻两个细胞同时故障时,阵列将无法完成自修复。

(6)原核细胞存储结构。

原核细胞是不同于真核细胞的一种新型仿生电子细胞形式,其模拟自然界中真核细胞生物,每个细胞只存储自身所需遗传物质和自修复所需遗传信息。自修复所需遗传信息根据修复策略的不同而不同,M. Samie 等设计的原核细胞结构中,将电子细胞的基因存储进行基于群的解析表达,根据基因库中各基因距离将基因分为多个群,每个群内的基因信息通过差别参数(differential parameter)、群共同值标签(shared value tag)和差别标签(differential parameter tag)进行表示。每个细胞内存储细胞表达基因和所表达基因的解析表示形式,即细胞内通过不同的形式对表达基因进行了备份。李岳等的原核细胞结构设计中,与循环备份存储方式类似,每个细胞存储自己表达基因和其后方相邻细胞的表达基因。原核细胞存储结构降低了硬件消耗,但其自修复过程需要故障细胞内备份信息的参与。电子细胞发生故障时,修复所需备份信息也可能发生故障,从而导致阵列修复失败。

上述基因存储结构在实现过程中,全存储结构、行/列存储结构、部分基因存储结构和原核细胞存储结构基于静态随机存取存储器(static random access memory,SRAM)实现,循环变形基因存储结构和循环备份存储结构基于寄存器实现。根据实现基础的不同,可将已有基因存储结构分为SRAM型存储结构和寄存器型存储结构。

5.1.2 基因存储结构的基因备份数目

记同一基因在阵列所有细胞中所存储的总数目为基因备份数目。对于规模为 $M \times N$ 的胚胎电子阵列,其上运行目标电路规模为 $m \times n$,若采用已有基因存储结构,则基因备份数目 k 分别如下。

(1)全存储结构。每个细胞均包含整个阵列的遗传信息,基因备份数目 $k=mn$。

(2)行/列存储结构。每个细胞包含所在行/列所有细胞的遗传信息,则基因备份数目为阵列的行/列数,为了统一,记 $k=n$。

(3)部分基因存储结构。部分基因存储结构中,每个细胞存储自身和周围邻居的遗传信息,细胞内基因备份数目为

$$k=(c+1)(d+1) \tag{5.1}$$

式中,c 为阵列中的空闲列数;d 为阵列中的空闲行数。

(4)循环变形基因存储结构。与行/列存储结构类似,每个细胞包含整行/列细胞的遗传信息,即阵列中每个细胞内基因备份数目 $k=n$。

(5)循环备份存储结构。每个细胞包含自身表达基因和后面相邻细胞的表达基因,基因备份数目 $k=2$。

(6)原核细胞存储结构。每个细胞存储两份自身表达信息或自身表达基因和后面邻居细胞表达基因,基因备份数目 $k=2$。

综上,各基因存储结构下基因备份数目见表5.1。

表5.1 各基因存储结构下基因备份数目

基因存储结构	全存储结构	行/列存储结构	部分基因存储结构	循环变形基因存储结构	循环备份存储结构	原核细胞存储
基因备份数目	mn	n	$(c+1)(d+1)$	n	2	2

5.1.3 基因存储结构在大规模仿生芯片中的应用

电子细胞的一个重要研究目的是研制具有自修复能力的通用仿生芯片。为此,很多学者进行了努力,并研制了POEtic、ubichip等通用仿生自修复芯片。

通用仿生自修复芯片上运行的目标电路规模不确定,有 $1 \leqslant m \leqslant M$,$1 \leqslant n \leqslant N$。对于不确定规模的目标电路,基因存储结构必须能够支持其运行需求,因此不同基因存储结构下细胞内所需基因存储规模如下:

①全存储结构:$\max(mn)$;

②行/列存储结构：$\max(n)$；

③部分基因存储结构：$\max((M-m+1)(N-n+1))$；

④循环变形基因存储结构：$\max(n)$；

则各基因存储结构用于通用自修复芯片设计时，细胞内基因存储规模及阵列内基因存储规模见表 5.2。

表 5.2 芯片中基因存储规模

基因存储规模	全存储结构	行/列存储结构	部分基因存储结构	循环变形基因存储结构	循环备份存储结构	原核细胞存储结构
细胞内	MN	N	MN	N	2	2
阵列内	$MN \cdot MN$	$MN \cdot N$	$MN \cdot MN$	$MN \cdot N$	$MN \cdot 2$	$MN \cdot 2$

由表 5.2 可以看出，全存储结构、行/列存储结构、部分基因存储结构和循环变形基因存储结构的细胞内基因存储规模与阵列内基因存储规模相关，芯片中所需细胞内基因存储规模与阵列内基因存储规模呈非线性增加关系；循环备份存储结构、原核细胞存储结构的细胞内基因存储规模为常数，与阵列内基因存储规模无关，芯片中所需细胞内基因存储规模与阵列内基因存储规模呈线性增长关系。

分析可知，循环备份存储结构、原核细胞存储结构中基因备份数目为 2，是与阵列内基因存储规模无关的常数，且数目较低，降低了细胞内基因存储规模，可用于大规模通用自修复芯片的设计。但当阵列中存储相同基因的两个细胞同时故障时，阵列中不再具有该基因信息，系统可靠性较低。全存储结构、行/列存储结构、部分基因存储结构和循环变形基因存储结构可修复各种细胞故障情况，但由于其基因备份数目较高，且与阵列内基因存储规模相关，因此细胞内基因存储规模随着阵列内基因存储规模的增加而快速上升，硬件消耗巨大。

5.2 部分基因循环存储结构

在分析已有基因存储结构的基础上，受循环变形基因存储结构和循环备份存储结构的启发，本节提出了一种新型的基因存储结构——部分基因循环存储结构。

5.2.1 基因存储结构及细胞结构

部分基因循环存储结构中，细胞存储自身和其后连续 $k-1$ 个细胞的表达基因。k 为基因备份数目，根据目标可靠性及硬件消耗需求在设计阶段确定。对于具有 n 个细胞的胚胎电子阵列，第 i 个细胞的表达基因记为 $g_i(1\leqslant i\leqslant n)$。则细胞 C_i 内的存储基因为其表达基因 g_i 和后续 $k-1$ 个细胞的表达基因 $g_{i+1} \sim g_{i+k-1}$。

基于部分基因循环存储结构的细胞结构如图 5.1 所示,其由逻辑模块(logical block,LB)、开关盒(switch box,SB)、内建自测试(built-in self-test,BIST)、基因存储单元(memory unit)和状态控制电路(state control circuit)组成。LB 执行细胞逻辑功能,SB 进行细胞间的信号交互,BIST 实时监测细胞状态,以触发自修复过程。

图 5.1 所示基于部分基因循环存储结构的细胞结构 C_i 结构中,RunState 为胚胎电子阵列运行状态信号,当 RunState 为 0 时,阵列为基因配置状态,当 RunState 为 1 时,阵列处于运行状态;C_{i-1}SE 为细胞 C_{i-1} 的移位使能信号,当 C_{i-1}SE=1 时,存储单元可以移位,当 C_{i-1}SE=0 时,存储单元停止移位;C_{i+1}FS,C_{i+2}FS,…,C_{i+k-1}FS 为其后相邻的 $k-1$ 个细胞的故障信号,C_jFS=1 表示细胞 C_j 发生故障,否则 C_j 正常。

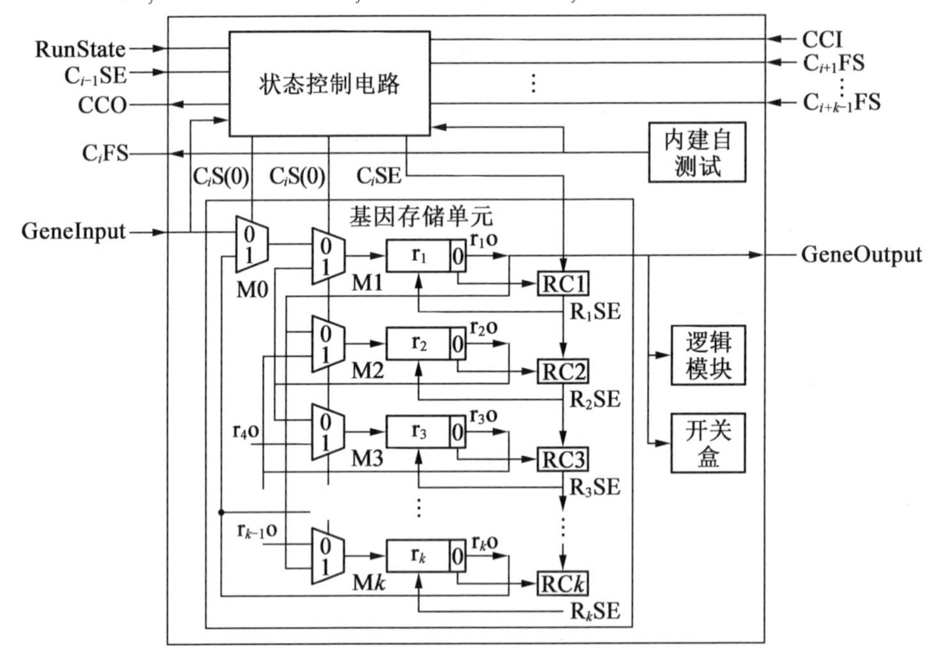

图 5.1 基于部分基因循环存储结构的细胞结构

基因存储单元存储整个电路的部分基因,GeneInput 为输入基因,GeneOutput 为输出基因;基因存储单元中具有 k 个基因寄存器 r_1,r_2,r_3,…,r_k,每个基因寄存器存储一个基因,且第一个基因寄存器 r_1 存储电子细胞的表达基因,配置开关盒和逻辑模块功能;第 i 个基因寄存器 r_i 的输出为 r_io;使用寄存器的 0 位标记空闲基因,即当 r_io(0)= 0 时,基因寄存器 r_i 内为空闲基因,当 r_io(0)= 0 时,基因寄存器 r_i 内为功能基因;基因寄存器的输入由 1 个 2-1 多路复用器 Mi 进行选择,以控制存储单元中基因的移动方向。每个基因寄存器移位是否可单独控制,其移位使能信号 R_iSE 由基因寄存器控制电路(register control circuit,RC)RC_i 产生,当 R_iSE=1 时,基因寄存器 r_i 可以移位,当 R_iSE=0 时,基因寄存器 r_i 不能移位。基因寄存器控制电路在 3.2 节中介绍。

状态控制电路根据阵列状态和其后 $k-1$ 个后续细胞的状态产生存储单元的移位使能信号和移位控制信号,以控制存储单元内基因的移位方式,从而完成阵列的功能分化和自修复操作。

5.2.2　基因移位方式

部分基因循环存储结构中通过基因移位进行各种基因操作。阵列的分化配置及自修复通过细胞内和细胞间的基因移位组合完成。基因移位方式有顺时针非循环移位、顺时针循环移位和逆时针循环移位 3 种,基因存储结构在移位控制信号 C_iS 的控制下执行不同的移位方式。

(1)顺时针非循环移位。

移位控制信号 C_iS 为 00,M0 的 0 端基因进入基因寄存器 r_1,在时钟驱动下,经各 2-1 多路复用器的 0 端,r_1 内基因移至 r_2,r_2 内基因移位至 r_3……r_{k-1} 内基因移位至 r_k,r_k 上基因在移位过程中被覆盖丢失,如图 5.2(a)所示。

(2)顺时针循环移位。

移位控制信号 C_iS 为 01,在时钟驱动下,经各 2-1 多路复用器的 0 端,r_1 内基因移至 r_2、r_2 内基因移位至 r_3……r_{k-1} 内基因移位至 r_k,r_k 上的基因经 M0 的 1 端和 M1 的 0 端移位到 r_1,如图 5.2(b)所示。

(3)逆时针循环移位。

移位控制信号 C_iS 为 1x,经各 2-1 多路复用器的 1 端,r_k 内基因移至 r_{k-1},r_{k-1} 内基因移至 r_{k-2}……r_2 内基因移位至 r_1,r_1 内基因移位至 r_k,如图 5.2(c)所示。

顺时针非循环移位中,也可以通过控制寄存器的移位使能信号,使部分寄存器参与移位,且通过 M0 的 0 端,可进行细胞间基因的传递。通过 3 种移位方式的组合使用,可完成阵列的基因配置、自修复所需基因操作。

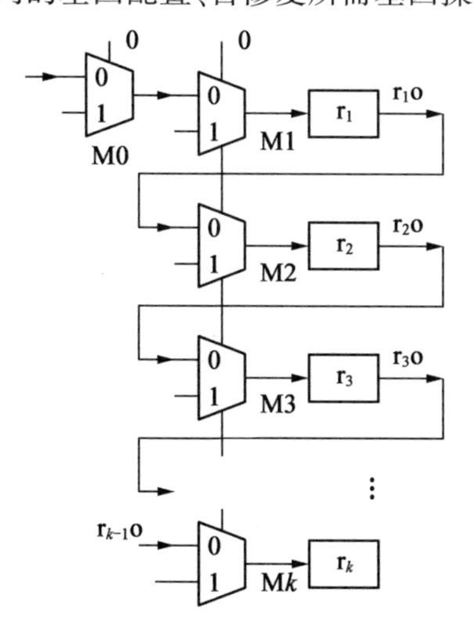

(a)顺时针非循环移位

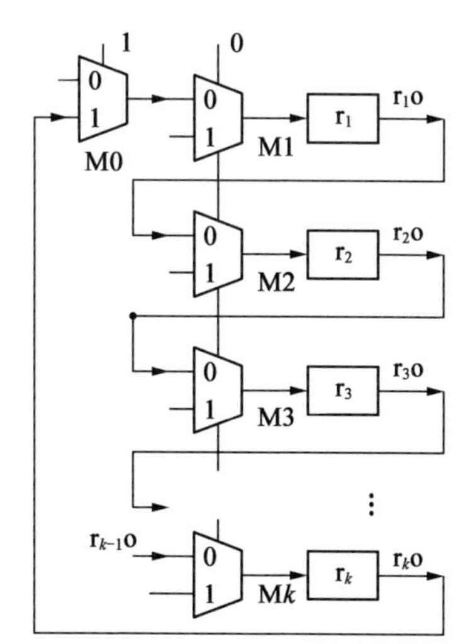

(b)顺时针循环移位

图 5.2　基因移位方式

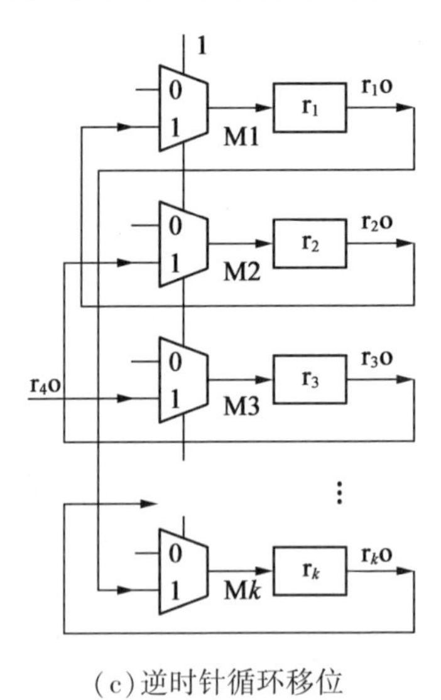

(c)逆时针循环移位

续图 5.2

5.3 阵列中基因配置和基因更新

系统初始化和进化自修复模式中,系统分化或进化所得基因库需要配置到功能层上执行。该配置过程即为将基因存入对应细胞的基因存储过程。同时,在移除自修复模式中,移除机制确定从阵列中移除细胞的位置,细胞移除后,其后相应细胞需要进行基因存储的更新,以恢复故障细胞导致的信息缺失。基因配置和更新过程均通过 5.2.2 节基因移位的组合完成。

5.3.1 阵列中的基因存储串

胚胎电子阵列中相邻的细胞 GeneInput 端和 GeneOutput 端相连,所有电子细胞组成如图 5.3 所示环状结构,实现细胞间基因信息的传输,细胞顺序即为其在基因存储串上的顺序。

胚胎电子阵列中具有一个母细胞,进行与外界信息交互,如图 5.3(a)(b)中(1, 1)细胞。母细胞通过 2-1 多路复用器 M 根据阵列运行状态信号 RunState 选择输入。当阵列处于基因配置状态时,母细胞的输入为外界的基因配置串 ConfGene,阵列中末端细胞与母细胞的连接断开,整个阵列内的基因存储构成存储串,母细胞接收外界配置基因,并通过细胞间的基因移位将外界配置送入阵列中的其他细胞,配置到对应细胞的基因存储中,完成阵列的配置;阵列处于运行状态时母细胞的输入来源于基因存储串末端细胞的输出,整个阵列内的基因存储构成环状,进行基因的传递,如图 5.3(a)(b)所示。

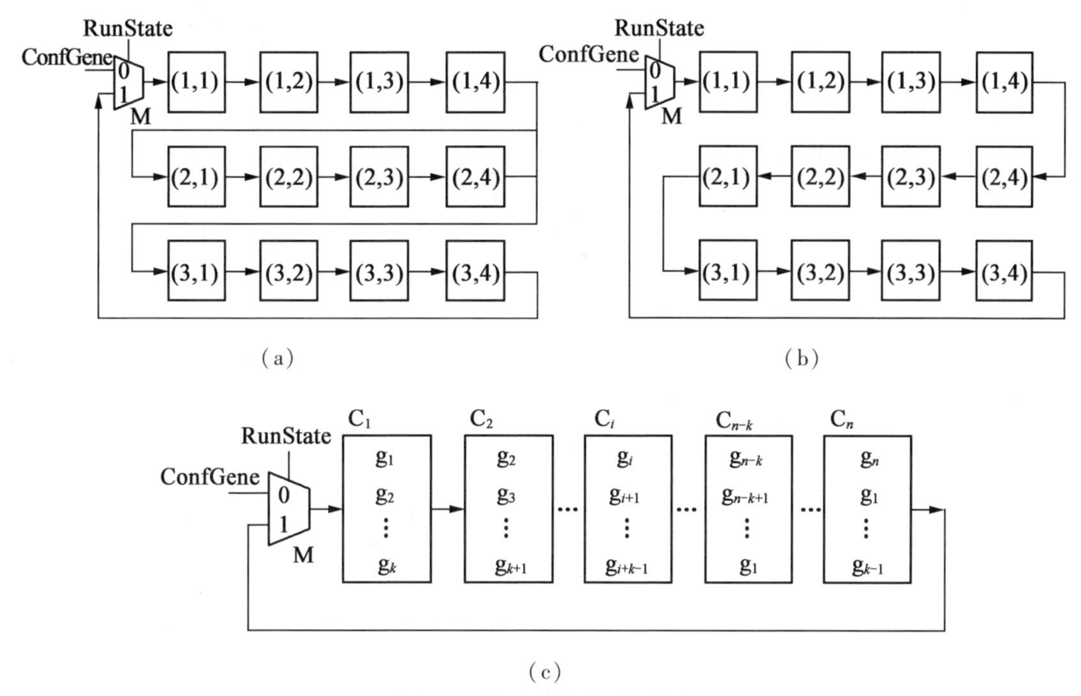

图 5.3　阵列中的基因存储串

与阵列中所有细胞的基因存储构成基因存储串相同，细胞内的基因寄存器也构成寄存器串，如图 5.3(c)所示。基因存储串是细胞间基因移位的基础，基因寄存器串是细胞内基因移位的基础，两者配合完成基因在阵列上不同细胞间及细胞内不同基因寄存器间的移位，进而完成阵列的配置和修复。

5.3.2　阵列配置中的基因操作

在阵列全局时钟的控制下，基因配置串从母细胞的 GeneInput 端输入，通过细胞间和细胞内的移位完成阵列的基因配置。

对于具有 n 个电子细胞、基因备份数目为 k 的胚胎电子阵列，分化过程如图 5.4 所示，其中 clk 为阵列的全局时钟信号，$g_1g_2\cdots g_ng_1\cdots g_{k-1}$ 为输入的基因配置串，其送入母细胞 C_1 的次序为由 g_{k-1} 到 g_1。

在全局时钟 clk 的控制下，基因配置串依次输入至 C_1 细胞的 r_1 寄存器，并由此进行细胞间和细胞内两个方向的移位：细胞间基因由 C_1 细胞的 r_1 寄存器依次移位至 C_2 细胞的 r_1 寄存器、C_3 细胞的 r_1 寄存器……直至 C_n 细胞的 r_1 寄存器，如图 5.4 中横向箭头所示；细胞内基因进行顺时针非循环移位，基因移动方向如图 5.4 中竖向箭头所示。经过 $n+k$ 个时钟周期的移位，所有基因移位到相应的寄存器中，完成阵列配置过程。

对于具有 5 个细胞 cell1、cell2、cell3、cell4、cell5 的胚胎电子阵列，细胞表达基因分别为 g_1、g_2、g_3、g_4、g_0，即 cell5 为空闲细胞。若其基因备份数目为 3，即每个细胞存储 3 个基因：自身表达基因和其后两个相邻细胞的表达基因。配置过程中阵列的输入基因配置串

为 $g_1g_2g_3g_4g_0g_1g_2$,经过 5+3=8 个时钟周期的移位,阵列完成配置。配置过程中各细胞内基因的移位见表 5.3。

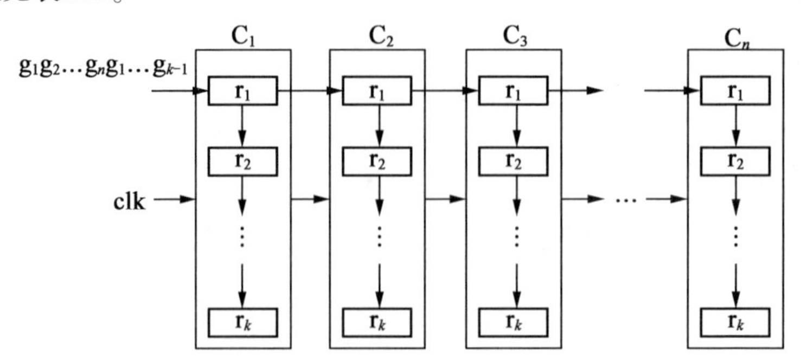

图 5.4 阵列配置中基因操作(分化过程)

表 5.3 配置过程中各细胞内基因的移位

step	cell1	cell2	cell3	cell4	cell5
1	**x**xx	**x**xx	**x**xx	**x**xx	**x**xx
2	$\mathbf{g_2}$xx	**x**xx	**x**xx	**x**xx	**x**xx
3	$\mathbf{g_1}g_2$x	$\mathbf{g_2}$xx	**x**xx	**x**xx	**x**xx
4	$\mathbf{g_0}g_1g_2$	$\mathbf{g_1}g_2$x	$\mathbf{g_2}$xx	**x**xx	**x**xx
5	$\mathbf{g_4}g_0g_1$	$\mathbf{g_0}g_1g_2$	$\mathbf{g_1}g_2$x	$\mathbf{g_2}$xx	**x**xx
6	$\mathbf{g_3}g_4g_0$	$\mathbf{g_4}g_0g_1$	$\mathbf{g_0}g_1g_2$	$\mathbf{g_1}g_2$x	$\mathbf{g_2}$xx
7	$\mathbf{g_2}g_3g_4$	$\mathbf{g_3}g_4g_0$	$\mathbf{g_4}g_0g_1$	$\mathbf{g_0}g_1g_2$	$\mathbf{g_1}g_2$x
8	$\mathbf{g_1}g_2g_3$	$\mathbf{g_2}g_3g_4$	$\mathbf{g_3}g_4g_0$	$\mathbf{g_4}g_0g_1$	$\mathbf{g_0}g_1g_2$

细胞存储的 3 个基因中,第一个寄存器所存储的为表达基因,见表 5.3 中黑体所示。经过 8 个时钟周期,每个细胞的表达基因移位到对应细胞的第一个寄存器上,如 step 8 所示,即阵列完成配置。

5.3.3 基因的更新

当阵列中细胞故障时,胚胎电子阵列进行自修复,故障细胞从阵列中移除,故障细胞后的正常细胞代替故障细胞完成其功能,即由其后的正常细胞表达故障细胞的表达基因。该过程中,位于故障细胞后的正常细胞需要进行基因存储的更新,将待表达基因存入其第一个基因寄存器中。

1. 控制细胞及更新范围的确定

细胞基因存储的更新在控制细胞的控制下完成。阵列中的每个细胞均具有控制能力,当阵列中细胞发生故障时,位于故障细胞前的正常细胞自动转变为控制细胞,控制完成整个修复过程。控制细胞及基因存储更新范围规则如下。

规则 1　当阵列中出现一个故障细胞时，位于故障细胞前的正常细胞为控制细胞，位于故障细胞后的细胞及一个空闲细胞进行基因存储的更新。

规则 2　当阵列中出现多个相邻细胞故障时，位于故障细胞前的正常细胞为控制细胞，位于故障细胞后的正常细胞及与故障细胞相同数目的空闲细胞进行基因存储的更新。

规则 3　当阵列中出现两个不相邻的细胞同时发生故障时，首先按照规则 1、2 对位置较为靠后的故障细胞进行操作，操作完成后，再按照规则 1、2 对位置靠前的故障细胞进行操作。

以上规则在阵列中操作如图 5.5 所示。当阵列中一个细胞发生故障时，如图 5.5(a)所示，C3 发生故障，C2 为控制细胞，C4、C5 进行基因存储的更新。当阵列中两个相邻细胞同时发生故障时，如图 5.5(b)所示，相邻的 C2、C3 同时发生故障，C1 为控制细胞，C4、C5、C6 进行基因存储的更新。当阵列中两个不相邻细胞同时发生故障时，如图 5.5(c)(d)所示，不相邻的 C2、C4 同时发生故障，首先如图 5.5(c)所示，C3 为控制细胞，C5 进行基因存储的更新；其次如图 5.5(d)所示，C1 为控制细胞，C3、C5、C6 进行基因存储的更新。

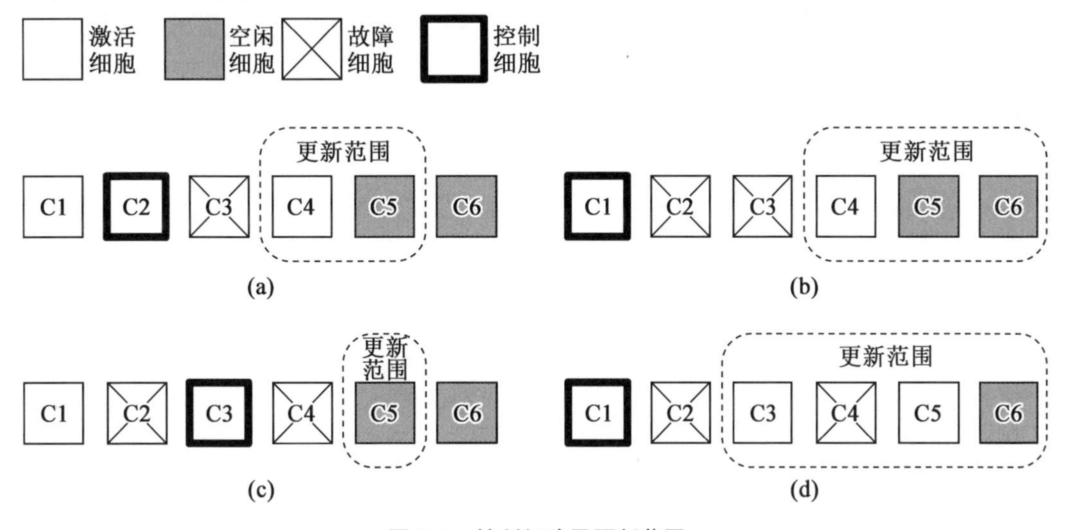

图 5.5　控制细胞及更新范围

2. 基因更新过程

控制细胞控制自身及更新范围内的电子细胞的基因更新，将故障细胞及其后细胞的表达基因依次后移，使用正常细胞表达故障细胞的表达基因。该过程分为两个阶段。

(1)控制细胞准备阶段。

计算控制细胞后 $k-1$ 个细胞中故障细胞数目，进行自身基因内容的调整，为基因更新做准备，记故障细胞数目为 fcn，fcn$\leqslant k-1$，自身基因内容进行 fcn 次逆时针循环移位操作。

(2)基因更新阶段。

控制自身及处于更新范围内的电子细胞，进行基因存储内容的更新，该过程中，控制细胞和更新范围内的细胞同时进行 fcn 次移位,控制细胞进行顺时针循环移位,更新范围内的细胞进行顺时针非循环移位。

在基因更新阶段,故障细胞处于透明状态,其基因存储不参与修复过程的移位,控制细胞内的基因直接传递到故障细胞后面的细胞;故障细胞后面的细胞进行顺时针非循环移位时,阵列中位于空闲细胞后面的非控制细胞不参与移位,细胞内位于空闲基因后面的寄存器不参与移位。

通过以上两个步骤,可以完成基因存储的更新,使得故障细胞及其后细胞的表达基因依次后移,所有的表达基因均由正常细胞表达执行,完成阵列的自修复。该过程的时间消耗为 fcn+fcn=2fcn 个时钟周期。

对于表 5.3 所示分化完成的胚胎电子阵列,若 cell3 故障,则 cell2 为控制细胞,故障数目 fcn=1。首先 cell2 进行 1 次逆时针循环移位,然后 cell2 进行 1 次顺时针循环移位,同时 cell4、cell5 进行 1 次顺时针非循环移位。经过 2 个周期的移位,细胞的基因更新完毕,完成阵列的自修复,具体过程见表 5.4。

表 5.4 阵列自修复过程中基因更新的具体过程

step	cell1	cell2	cell3	cell4	cell5	阵列状态
1	$g_1g_2g_3$	$g_2g_3g_4$	$g_3g_4g_0$	$g_4g_0g_1$	$g_0g_1g_2$	正常
2	$g_1g_2g_3$	$g_2g_3g_4$	xxx	$g_4g_0g_1$	$g_0g_1g_2$	故障
3	$g_1g_2g_3$	$g_3g_4g_2$	xxx	$g_4g_0g_1$	$g_0g_1g_2$	故障
4	$g_1g_2g_3$	$g_2g_3g_4$	xxx	$g_3g_4g_1$	$g_4g_1g_2$	正常

表 5.4 所示修复过程中,cell3 故障时,其基因存储也可能同时故障,故用“xxx”表示故障 cell3 的基因。移位过程中,位于空闲细胞 cell5 后面的 cell1 不参与移位,cell4 细胞内空闲基因 g_0 后的 g_1 及 cell5 细胞内空闲基因后的 g_1、g_2 不参与移位。

由表 5.4 的基因更新过程可以看出,经过 2 个周期的移位,cell3、cell4 的表达基因 g_3、g_4 分别移至 cell4、cell5 的第 1 个基因寄存器上,成为 cell4、cell5 的表达基因,则 cell3、cell4 的功能由 cell4、cell5 执行,保持了阵列的功能完整,阵列得到修复,修复时间为 2 个时钟周期。

整个修复过程在控制细胞的控制下完成,故障细胞及其内部基因存储不参与修复过程,因此故障细胞基因存储故障不影响修复过程。

5.4 控制电路的分析与设计

控制电路产生存储单元的移位控制信号及寄存器移位使能信号,完成 5.3 节所述阵列配置和自修复过程,包括状态控制电路和寄存器控制电路。

5.4.1　电子细胞状态及转换

对于图 5.1 所示 C_i 细胞，CCI 为后方细胞控制角色信号，CCI=1，表示后方存在控制细胞，否则，后方细胞全部为非控制细胞；CCO 为输出控制角色信号，该信号为前方细胞的 CCI 信号。设置控制使能信号 CE，若 CE=1，则 C_i 是控制细胞；若 CE=0，则 C_i 不是控制细胞。

阵列的配置和自修复过程由细胞中的修复控制电路完成。配置过程中，每个细胞中的修复控制电路控制细胞内的基因存储进行相应操作，完成 5.3.2 节所述分化过程。系统运行过程中，修复控制电路实时监测自身及其后 $k-1$ 个细胞状态信号，执行 5.3.3 节控制角色判断及修复过程的控制。修复控制电路运行过程中包括 4 个状态，记为 A、B、C、D，具体如下：

①A 为配置过程控制状态；

②B 为控制角色判断状态；

③C 为控制自身逆时针循环移位状态；

④D 为控制自身及其后正常细胞进行基因存储更新状态。

其中 A 状态完成 5.3 节所述阵列配置过程的基因移位控制；B 状态完成 5.3 节控制规则判断；C、D 状态分别进行 5.3 节所述维持修复阶段①、②，其中 C 状态维持 fcn 个时钟周期后自动转移到 D 状态，D 状态维持 fcn 个周期后自动转移到 B 状态。

在阵列状态信号 RunState、C_{i+1} 细胞的故障信号 C_{i+1}FS 和后方细胞控制角色信号 CCI 的驱动下，在状态控制电路的控制下，细胞状态在 A、B、C、D 间转换，如图 5.6 所示。

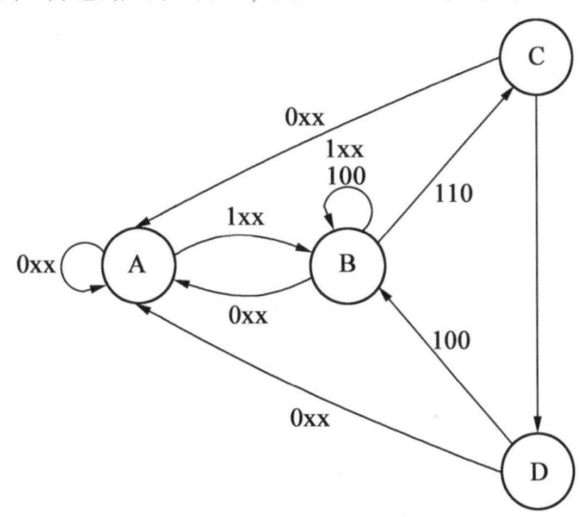

图 5.6　电子细胞状态及状态间转换

5.4.2　状态控制电路

为了完成细胞整个生命周期的控制，状态控制电路需要具有控制角色判断、存储单元控制功能。

正常运行状态下,状态控制电路根据控制角色判断规则进行控制角色信号的生成,角色判读功能为

$$CE=\overline{C_iFS}\cdot C_{i+1}FS\cdot \overline{CCI} \tag{5.2}$$

阵列基因配置和基因更新的基因操作过程中,状态控制电路的阵列运行状态信号 RunState、细胞控制信号 CE、前面细胞移位使能信号 $C_{i-1}SE$ 及其状态信号 $C_{i-1}ST$ 决定存储单元的移位使能信号 C_iSE。存储单元移位使能信号确定规则见表 5.5。

表 5.5　存储单元移位使能信号确定规则

输入信号				输出信号
RunState	CE	$C_{i-1}SE$	$C_{i-1}ST$	C_iSE
0	x	x	x	1
1	1	x	x	0
1	0	0	x	0
1	0	1	1	1
1	0	1	0	0

表 5.5 中"x"表示任意状态。细胞状态信号 $C_{i-1}ST=0$ 时,细胞处于空闲状态,其表达基因为空闲基因;细胞状态信号 $C_{i-1}ST=1$ 时,细胞处于激活状态,其表达基因为功能基因,因此细胞的状态信号与其表达基因的标志一致。有 $C_{i-1}ST=C_{i-1}r_1o(0)$,则状态控制电路中移位使能信号产生电路功能为

$$C_iSE=\overline{RunState}+CE+C_{i-1}SE\cdot C_{i-1}r_1o(0) \tag{5.3}$$

自修复过程中,控制细胞、更新范围内细胞进行基因移位时,移位次数与故障细胞数目相关,则故障细胞数目为

$$fcn=C_{i+1}FS+C_{i+1}FS\cdot C_{i+2}FS+C_{i+1}FS\cdot C_{i+2}FS\cdot\cdots\cdot C_{i+k-1}FS=\sum_{j=1}^{k-1}\prod_{p=1}^{j}C_{i+p}FS \tag{5.4}$$

移位过程中,使用计数器进行移位次数的计数。当确定细胞执行控制功能时,置细胞移位控制信号 C_iS 为 11,开始逆时针循环移位,同时启动计数器,当计数达到 fcn 时,停止移位,清除计数器;置 C_iS 为 10,控制细胞开始顺时针循环移位,其他细胞开始顺时针非循环移位,同时启动计数器,当计数至 fcn 时,自修复完成,并更新相关信号状态。

阵列中一旦出现控制细胞,便将控制细胞信号向前传递,以避免阵列中同时出现两个控制细胞,可由下式实现:

$$CCO=CCI+CE \tag{5.5}$$

式(5.2)~(5.5)可直接使用逻辑电路实现。基因移位过程中,使用 q 位计数器计算移位次数(q 为 fcn 的二进制宽度),并采用 2 位计数器对移位周期进行计数,判断细胞移

位状态。根据细胞移位状态设置的 C_iS 值实现上述功能的修复控制电路,如图 5.7 所示。

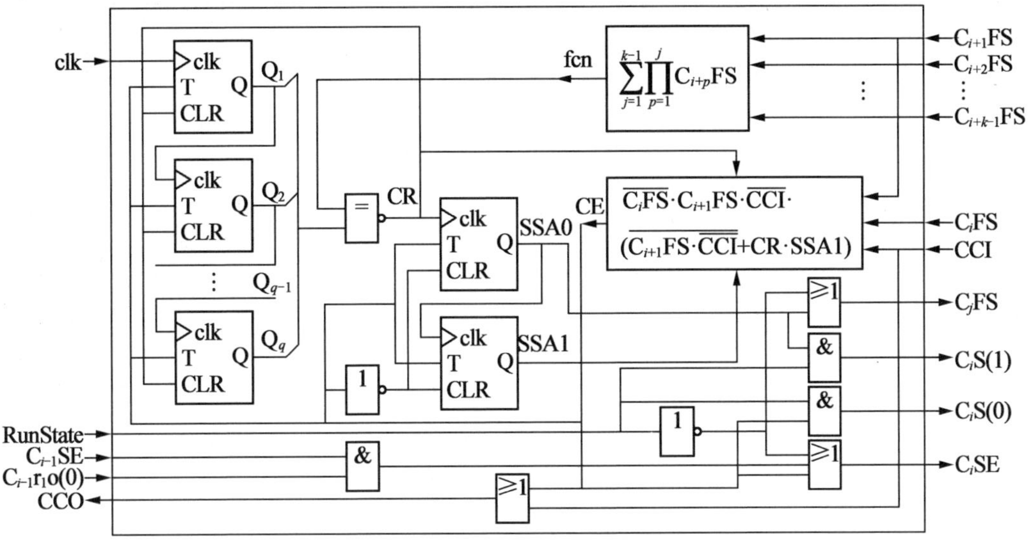

图 5.7　修复控制电路

根据各计数器结果 CR、SSA0、SSA1 更新各控制信号,更新规则如下。

结合式(5.2),控制信号更新规则为

$$CE=\overline{C_iFS}\cdot C_{i+1}FS\cdot \overline{CCI}\cdot CR\cdot SSA1 \tag{5.6}$$

控制细胞进行第二阶段的基因更新时,更新范围内的细胞同时进行基因操作,控制细胞向后发送寄存器移位使能信号 C_jCE,以驱动存储单元的移位,即

$$C_jCE=\overline{RunState}\cdot SSA0 \tag{5.7}$$

细胞寄存器移位控制信号 C_iS 为

$$\begin{cases} C_iS(0)=RunState\cdot CE \\ C_iS(1)=RunState\cdot SSA0 \end{cases} \tag{5.8}$$

5.4.3　寄存器控制电路

在阵列配置及自修复过程中的控制细胞准备阶段,细胞所有的基因寄存器均参与移位。在自修复过程的基因更新阶段,非控制细胞内空闲基因后的寄存器不参与移位,需要寄存器控制电路根据细胞状态及前方寄存器移位状态产生相应的寄存器移位控制信号。

对于细胞中的第 i 个基因寄存器,其移位使能信号 R_iSE 由阵列状态信号 RunState、细胞控制角色信号 CE 和第 $i-1$ 个寄存器移位状态 $R_{i-1}SE$ 及其基因标识 $r_{i-1}o(0)$ 确定,确定规则见表 5.6。

表 5.6 寄存器控制电路确定规则

输入信号				输出信号
RunState	CE	$R_{i-1}SE$	$r_{i-1}o(0)$	R_iSE
0	x	x	x	1
1	1	x	x	1
1	0	0	x	0
1	0	1	1	1
1	0	1	0	0

当 $i=1$ 时,即对于细胞内的第 1 个基因存储寄存器,其移位使能信号由阵列状态信号 RunState、细胞控制角色信号 CE 和存储单元移位使能信号 C_iSE 确定。

则基因寄存器移位控制电路功能为

$$R_iSE=\begin{cases}\overline{\text{RunState}}+\text{CE}+C_iSE, & i=1\\ \overline{\text{RunState}}+\text{CE}+R_{i-1}SE\cdot r_{i-1}o(0), & i>1\end{cases} \tag{5.9}$$

5.5 基因配置和更新能力实验验证

以某半加器为目标电路,该半加器是一个 2 输入 2 输出组合电路,其电路功能为

$$\begin{cases}s=x\oplus y\\ c=xy\end{cases} \tag{5.10}$$

式中,x、y 为电路输入;s、c 为电路输出。在规模为 6 行 5 列的胚胎电子阵列上进行该目标电路的实现,$M=6$,$N=5$,具体实现如图 5.8 所示。

阵列中细胞的表达基因为

$$\text{Gene}=\begin{bmatrix}4097 & 4097 & 4097 & 4097 & 4097\\ 4097 & 4097 & 4097 & 4097 & 4097\\ 903 & 530 & 40 & 699 & 4107\\ 903 & 562 & 3467 & 3079 & 4097\\ 3079 & 278 & 332 & 955 & 4107\\ 3207 & 3083 & 3075 & 2951 & 4097\end{bmatrix}$$

本节采用 5.2 节所设计的存储结构及 5.4 节的控制电路,在 Xilinx ISE 12.2 环境中对目标电路进行实现,并利用 ISE 自带的仿真软件 ISim 进行阵列的基因配置及自修复过程的仿真。实验中观察目标电路中第 1 列细胞的基因存储及关键控制信号。第 1 列细胞记为 C1、C2、C3、C4、C5、C6,如图 5.8 所示,其表达基因分别为 3207、3079、903、903、4097、4097,其中 4097 为空闲基因,即 C5、C6 为空闲细胞。为了对功能基因和空闲基因进行识别,需要增加基因标志位,实际存储基因为 6415、6159、1807、1807、8194、8194。基

因备份数目为 $k=4$,存储单元内包括 4 个基因寄存器。

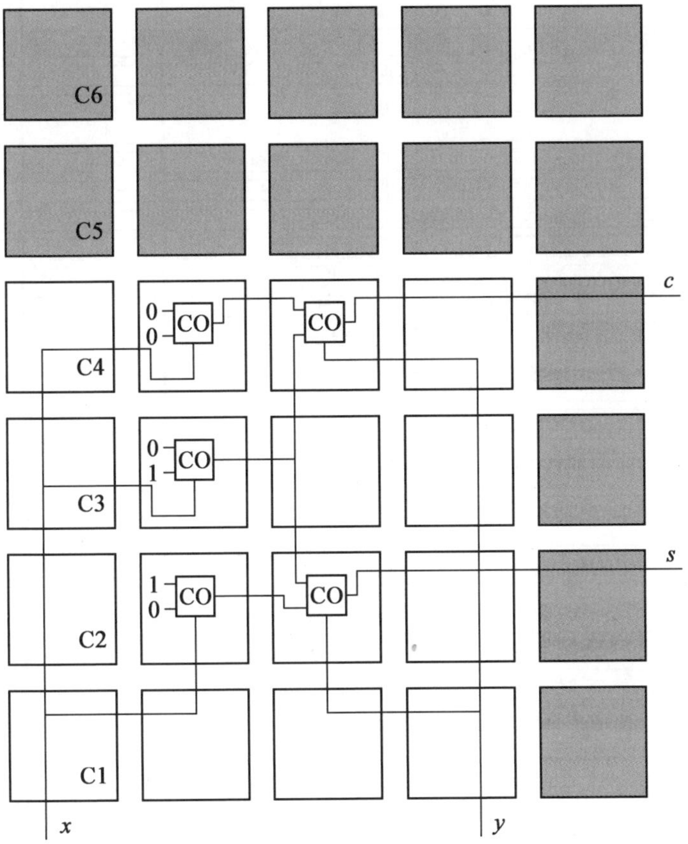

图 5.8　半加器在胚胎电子阵列上的实现

实验中监测每个细胞基因寄存器的内容及关键控制信号,全局时钟 clk 周期设置为 20 ns;C_ir_j 为第 i 个细胞的第 j 个寄存器存储内容;C_ir_jCE 为第 i 个细胞内第 j 个寄存器的移位控制信号,本实验中 $1\leqslant i\leqslant 6,1\leqslant j\leqslant 4$。

在电路实验过程中,首先对阵列进行基因配置,然后对配置完成的电路注入故障,以验证阵列的自修复能力。

5.5.1　阵列中基因配置验证

阵列的基因配置过程中各基因寄存器内容变化如图 5.9 中 230~430 ns 所示。在 230 ns,阵列的状态控制信号 RunState 置为 0,同时各寄存器的移位使能信号置为 1,阵列开始基因配置。按照基因配置串规则,基因配置串 ConfGene 分别置为 1807、6159、6415、8194、8194、1807、1807、6159、6415,并依次送入母细胞。在时钟 clk 的驱动下,每个基因由母细胞的 r_1 寄存器开始在细胞间和阵列上按照图 5.4 所示方向扩散。10 个时钟周期后,在 430 ns,每个细胞内的 4 个基因寄存器分别存入该细胞和其后 3 个细胞的表达基因,完成阵列的基因配置。

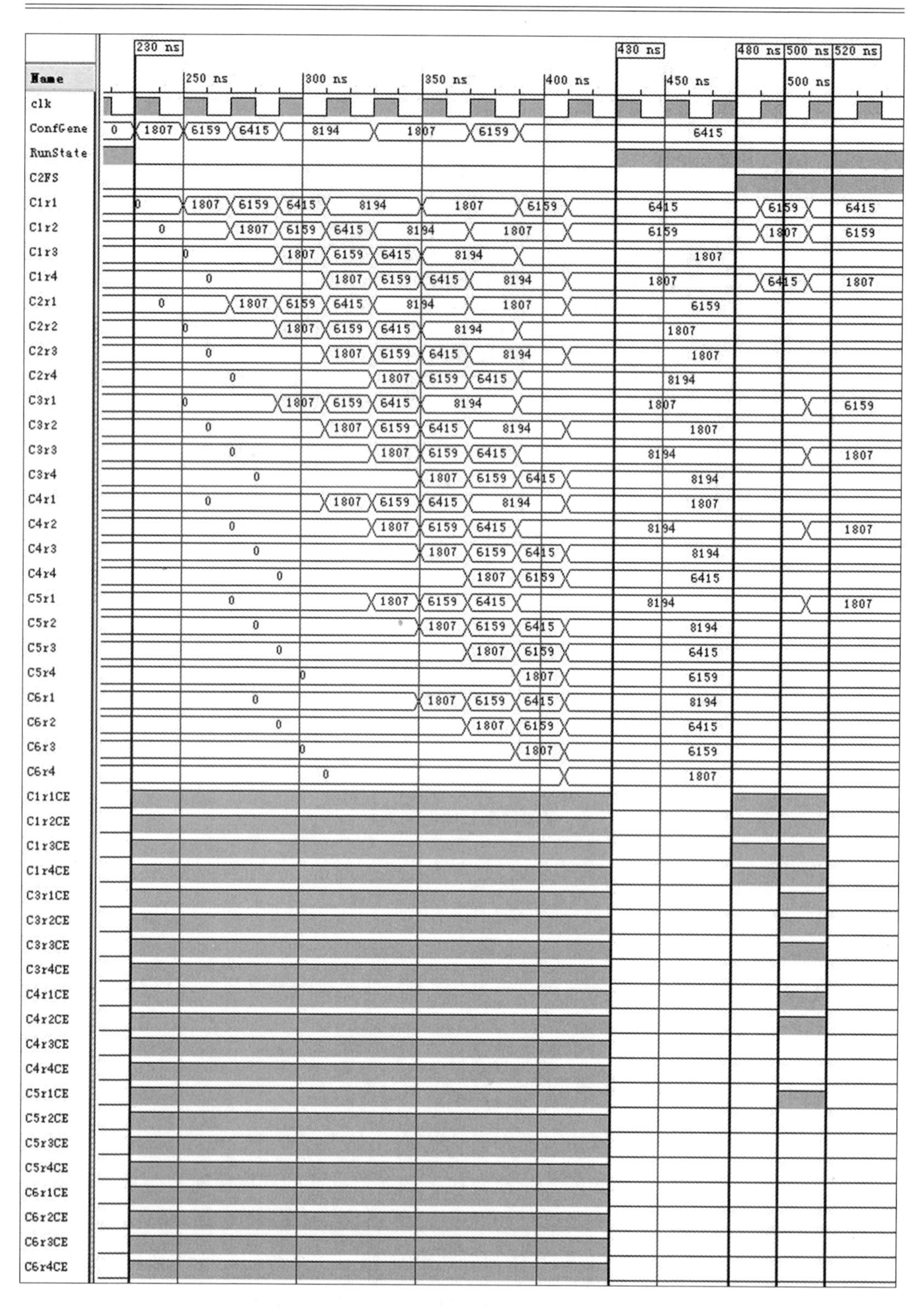

图 5.9 阵列功能分化及 C2 细胞故障自修复过程

5.5.2 基因更新能力验证

为了验证阵列不同故障情况下的自修复能力，分别进行单细胞故障、多细胞故障的自修复实验。多细胞故障根据故障细胞的位置关系分为相邻多细胞故障和不相邻多细胞故障，相邻多细胞故障即位置相邻的多个细胞同时发生故障，不相邻多细胞故障即同时故障的多个细胞位置不相邻。

(1)单细胞故障的基因更新。

在阵列运行过程中，对C2细胞注入故障，监测阵列的自修复过程，如图5.9中430~520 ns所示。细胞故障后，自检单元发出细胞故障信号，C2FS置为高，开始自修复过程如480 ns所示。

①C1为修复控制细胞，其移位控制信号C1S置为11，进行一个周期的逆时针循环移位，如500 ns所示。

②C1的移位控制信号C1S置为01，进行一次顺时针循环移位，同时阵列中的C3、C4、C5进行一次顺时针非循环移位，如520 ns所示。

至520 ns，故障细胞C2的表达基因移至C3的r_1寄存器，由C3细胞表达，C3、C4的功能分布由C4、C5完成，保持了阵列中目标电路的功能完整，完成故障的自修复，耗时2个时钟周期。

(2)相邻多细胞故障的基因更新。

在480 ns，对相邻的C2、C3细胞同时注入故障，细胞内的自检单元检测到故障并向外发送故障信号，细胞故障信号C2FS、C3FS置为高电平。位于故障细胞前侧的C1细胞在故障的驱动下作为控制细胞，开始阵列的自修复过程，如图5.10所示，主要分为3步。

①C1的移位控制信号C1S置为11，细胞内各基因寄存器的移位控制信号置为高，在时钟clk驱动下，C1内的基因逆时针循环移位两次，如520 ns时刻所示。

②C1的移位控制信号C1S置为01，C1细胞、位于故障细胞后的激活细胞及空闲细胞C5内基因寄存器的移位控制信号置为高，C1细胞进行一次顺时针循环移位，而其余细胞进行一次顺时针非循环移位，如540 ns，在移位过程中，故障细胞C2、C3为透明状态，C1r1的内容直接移至C4r1。

③继续一次与②相同的移位操作，空闲细胞C6也参与移位，1个时钟周期后，在560 ns移位完成。

经过上述3步操作，故障细胞C2、C3所表达的基因6159、1807由其后面的细胞C4、C5执行，而C4的表达基因1807移至C6细胞的r_1寄存器，由C6表达，阵列完成自修复，耗时4个时钟周期。

(3)不相邻多细胞故障的基因更新。

对于正常运行的胚胎电子阵列中不相邻细胞C2、C4同时注入故障，其自修复过程如图5.11所示。

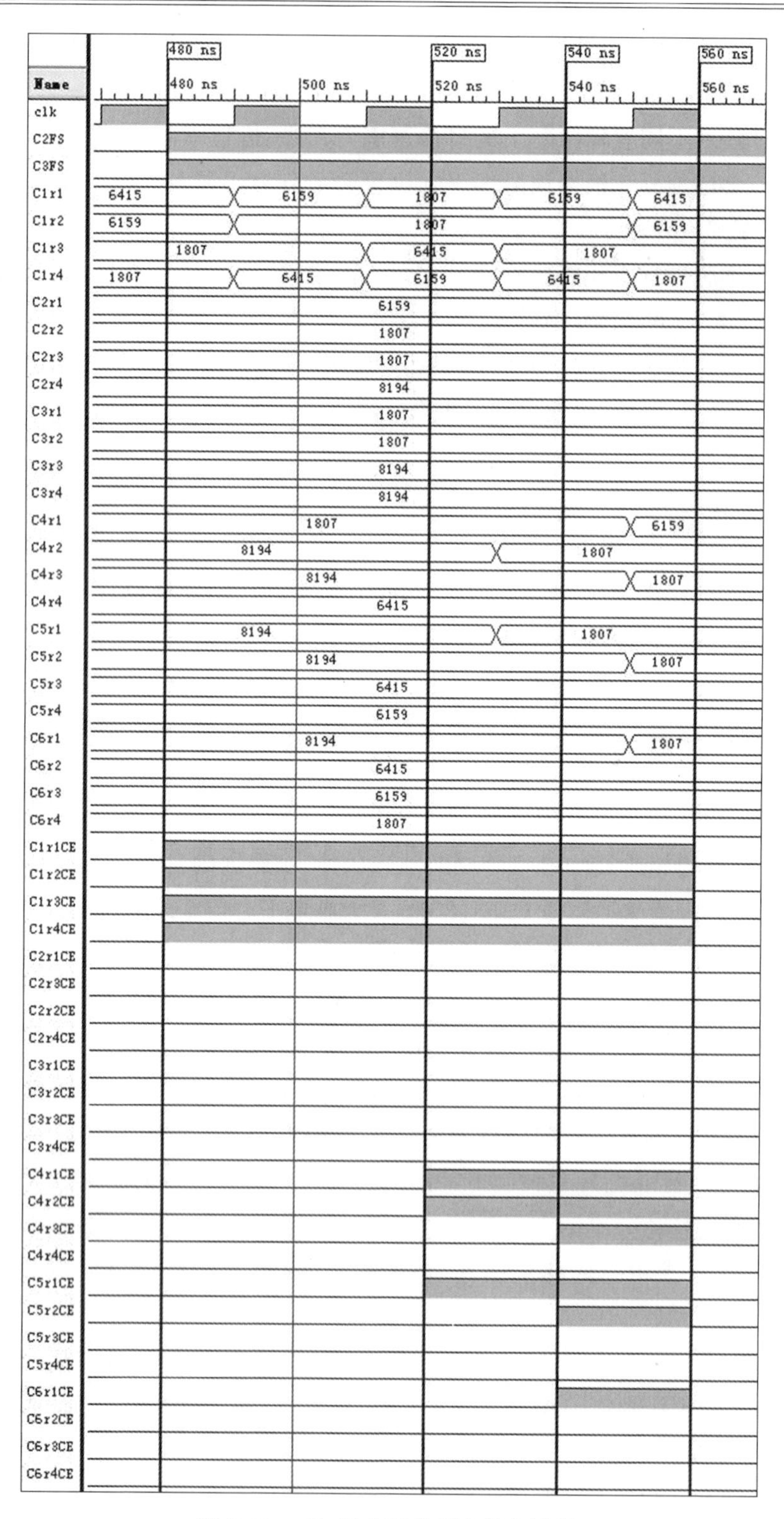

图 5.10　C2、C3 细胞故障自修复过程

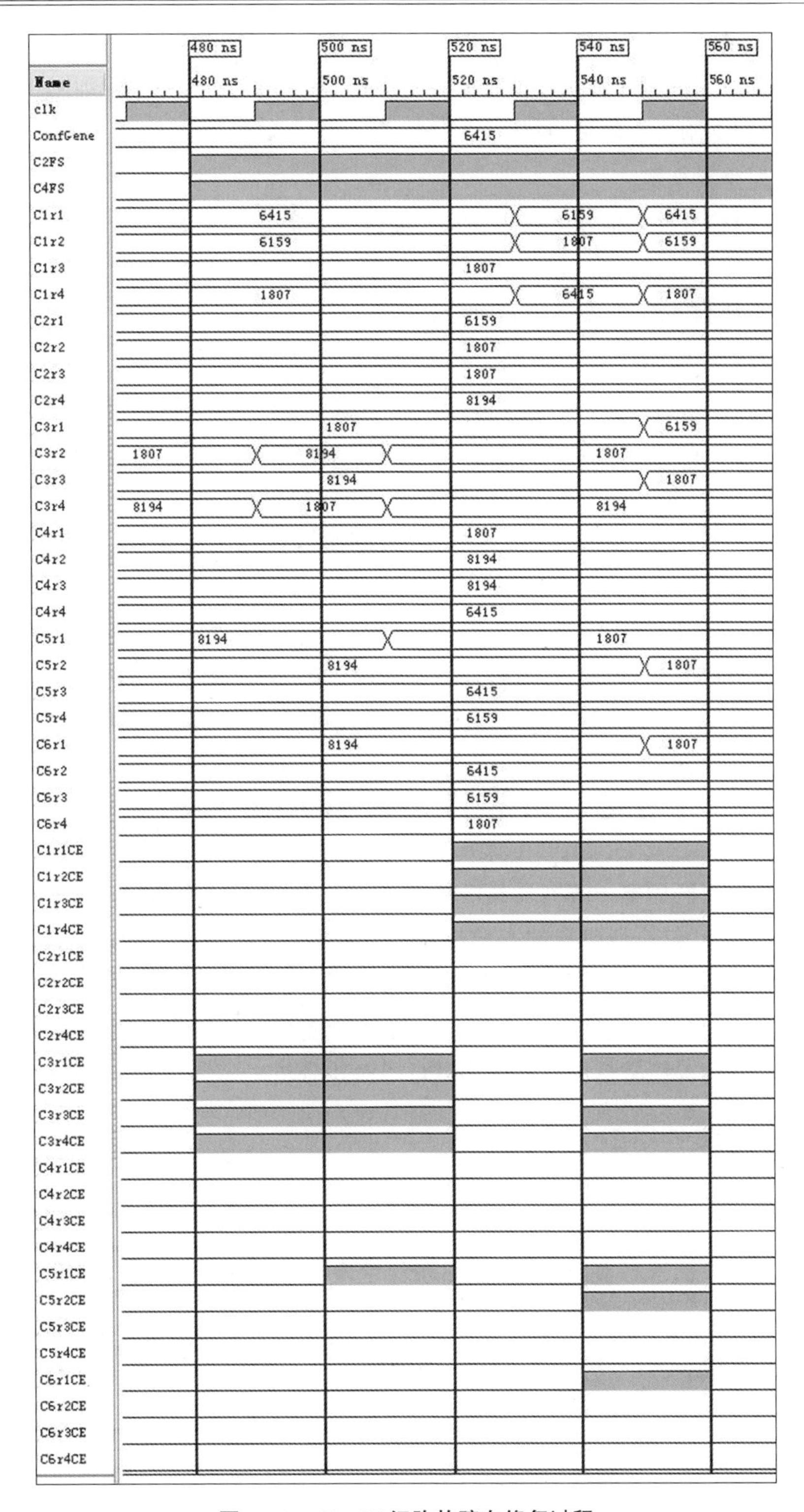

图 5.11　C2、C4 细胞故障自修复过程

在 480 ns,C2、C4 细胞同时故障,对外发送故障信号:C2FS、C4FS 同时置为高。自修复过程分为两步,由于 C3 距离空闲细胞比 C1 近,首先由 C3 作为控制细胞进行修复,然后 C1 作为控制细胞进行修复,具体如下。

(1)C3 为控制细胞。

首先 C3 的移位控制信号 C3S 置为 11,进行一个周期的逆时针循环移位,如 500 ns;然后其移位控制信号置为 01,进行一次顺时针循环移位,同时 C5 细胞进行一次非循环移位,完成对 C4 细胞的修复,如 520 ns 所示。

(2)C1 为控制细胞。

在 C3 完成修复过程的同时,C1 的移位控制信号 C1S 置为 11,开始一个周期的逆时针循环移位,在 540 ns,逆时针循环移位完成,C1S 置为 01,开始一个周期的顺时针循环移位,同时 C4、C5、C6 进行一次非循环移位,560 ns 移位结束。

经过 4 个时钟周期,C1、C2、C3、C4 的表达基因 1807、6159、6415、8194 分别移位至 C1、C3、C5、C6,所有的基因正常表达,阵列可执行正常功能。C2、C4 引起的阵列故障被修复,修复耗时 4 个时钟周期。

通过实验可以看出,所设计的部分基因循环存储结构通过基因的非循环移位和循环移位,能够完成阵列的配置和各种故障下的基因更新,且基因配置、更新时间较短。

5.6 可靠性及硬件消耗分析

可靠性是分析胚胎电子阵列及其修复策略的常用指标,本节在已有胚胎电子阵列可靠性模型的基础上,结合所设计的存储结构的自修复特点,建立了本章所设计基因存储结构实现系统的可靠性模型;并根据本章所设计基因存储结构和已有基因存储结构的具体硬件实现方式,建立了硬件消耗模型。以可靠性模型和硬件消耗模型为基础,将所设计的基因存储结构与已有基因存储结构进行了对比分析。

5.6.1 可靠性模型

1. 已有可靠性模型

设胚胎电子阵列规模为 $M\times N$,目标电路规模为 $m\times n$,阵列中每个细胞的可靠性符合指数分布,即 $r(t)=\mathrm{e}^{-\lambda t}$,基因备份数目为 k。

以行移除策略为例,每行中每个工作细胞都可靠则该行可靠,阵列中有 n 行可靠则目标电路可正常工作,则其可靠度为

$$R_{\mathrm{tr}}(t)=\sum_{i=n}^{N}C_N^iR_{\mathrm{rr}}(t)^i(1-R_{\mathrm{rr}}(t))^{N-i} \tag{5.11}$$

式中,$R_{\mathrm{rr}}(t)$ 为每一行的可靠度,$R_{\mathrm{rr}}(t)=r(t)^m=\mathrm{e}^{-m\lambda t}$。

系统的失效前平均时间(mean time to failure, MTTF)为

$$\begin{aligned}\mathrm{MTTF}_{\mathrm{tr}} &= \int_0^{\infty} R_{\mathrm{tr}}(t)\mathrm{d}t \\ &= \int_0^{\infty} \sum_{i=n}^{N} C_N^i R_{\mathrm{rr}}(t)^i (1 - R_{\mathrm{rr}}(t))^{N-i} \mathrm{d}t \\ &= \int_0^{\infty} \sum_{i=n}^{N} C_N^i \mathrm{e}^{-\mathrm{i}m\lambda t} (1 - \mathrm{e}^{-m\lambda t})^{N-i} \mathrm{d}t \end{aligned} \tag{5.12}$$

2. 具有更新过程的基因存储可靠性模型

部分基因循环存储结构在自修复过程中能够进行基因存储的更新，见表 5.4。当细胞故障时，会导致基因备份数目的减少，如表 5.4 的 step 2 所示，g_3 的备份数目降至 2；但通过基因存储的更新，在完成阵列自修复的同时，基因备份数目得到恢复，如表 5.4 的 step 3 所示，有 cell1、cell2、cell4 等 3 个细胞存储 g_3 基因，其基因备份数目恢复至 3。若目标电路中多个细胞同时故障使阵列中某基因的备份数目减少至 0，即阵列中不再存在某种基因，则阵列无法完成自修复，电路故障。

基于部分基因循环存储实现的系统，其可靠性在传统的可靠性计算基础上，还须保证目标电路中多列同时故障时，各基因的基因备份数目大于 0，否则阵列将失去自修复能力。

电路运行过程中，记累计发生故障的细胞列数为 f，同时发生故障的细胞列数为 g，系统运行过程根据 f、g 的不同，分为如下阶段。

(1) $f \leqslant N-n$ 且 $f<k$。

阵列中剩余正常细胞数目能够满足电路运行需求，且每次故障数目 g 小于基因备份数目 k，发生故障时所有基因的备份数目全部大于 0，可以通过自修复使基因备份数目恢复至 k，电路正常。

(2) $f \leqslant N-n$ 且 $f \geqslant k$。

阵列中剩余正常细胞数目能够满足电路运行需求，若同时发生故障的 g 个细胞中的 k 个细胞内包含同一种基因，则该种基因的所有备份信息丢失，该基因的备份数目降为 0，电路故障，否则电路正常。

(3) $f>N-n$。

阵列中剩余正常细胞数目不能满足电路运行的细胞数目需求，则电路故障。

阶段(1)时，系统可以通过自修复保持电路功能完整，则系统可靠性 R_1 为

$$R_1 = \sum_{f=0}^{k-1} C_N^f R_{\mathrm{rr}}(t)^{N-f} (1 - R_{\mathrm{rr}}(t))^f \tag{5.13}$$

阶段(2)中，累计 f 个细胞发生故障，则阵列中 $MN-f$ 个细胞正常的概率为 $C_N^{N-f} R_{\mathrm{rr}}(t)^{N-f}(1-R_{\mathrm{rr}}(t))^f$。目标电路的 n 列中故障细胞列数 g 满足 $k \leqslant g \leqslant f$，$g$ 个细胞同时故障的概率为 $C_n^g R_{\mathrm{rr}}(t)^{n-g}(1-R_{\mathrm{rr}}(t))^g$，该阶段系统可靠性 R_2 为

$$R_2 = \sum_{f=k}^{N-n} C_N^{N-f} R_{\mathrm{rr}}(t)^{N-f} (1 - R_{\mathrm{rr}}(t))^f \Big(1 - \sum_{g=k}^{N-n} C_{n-k+1}^{g-k+1} R_{\mathrm{rr}}(t)^{n-g} (1 - R_{\mathrm{rr}}(t))^g\Big) \tag{5.14}$$

阶段(3)系统故障，则系统可靠性 $R_3=0$。

则基于本章所设计存储结构的系统可靠性为

$$R_{trr}(t) = R_1 + R_2 + R_3$$
$$= \sum_{f=0}^{k-1} C_N^{N-f} R_{rr}(t)^{N-f}(1 - R_{rr}(t))^f + \sum_{f=k}^{N-n} C_N^f R_{rr}(t)^{N-f}(1 - R_{rr}(t))^f \cdot$$
$$\left[1 - \sum_{g=k}^{n} C_{n-k+1}^{g-k+1} R_{rr}(t)^{n-g}(1 - R_{rr}(t))^g\right] \tag{5.15}$$

系统的失效前平均时间为

$$\mathrm{MTTF}_{trr} = \int_0^{\infty} R_{trr}(t)\,\mathrm{d}t$$
$$= \int_0^{\infty} \sum_{f=0}^{k-1} C_N^{N-f} R_{rr}(t)^{N-f}(1 - R_{rr}(t))^f \mathrm{d}t + \int_0^{\infty} \sum_{f=k}^{N-n} C_N^f R_{rr}(t)^{N-f}(1 - R_{rr}(t))^f \cdot$$
$$\left[1 - \sum_{g=k}^{n} C_{n-k+1}^{g-k+1} R_{rr}(t)^{n-g}(1 - R_{rr}(t))^g\right]\mathrm{d}t \tag{5.16}$$

5.6.2　硬件消耗模型

采用集成电路中最基本单元——MOS 管数目作为硬件消耗指标。设基因宽度为 w，即每个基因有 w 位信息，设每个细胞内存储的基因数目为 p，分别对两种基因存储结构的硬件消耗进行分析。

1. SRAM 型基因存储结构的硬件消耗模型

SRAM 存储器由存储单元阵列、地址译码器、灵敏放大器及控制电路等组成，地址译码器完成对存储阵列中的存储单元的选择，行译码器完成行选择，列译码器完成列选择。

为了存储 p 个宽度为 w 的基因信息，需要 p 行 w 列的存储单元阵列，每个存储单元存储一位基因。胚胎电子阵列的基因配置及更新过程中，需要行译码器进行 p 个基因的选择、列译码器进行 w 个信息位的选择；在基因输出时，需要 w 个灵敏放大器。

经典的 COMS SRAM 存储单元电路又称六管单元，存储一位信息需要 6 个 MOS 管，则存储单元阵列消耗 MOS 管数目为

$$H_1 = 6pw \tag{5.17}$$

行译码器常用 2-4 译码器、3-8 译码器组成二级译码电路，若采用 2-4 译码器进行 p 个基因的译码，则第 2 级需要 2-4 译码器个数为$\lfloor p/4 \rfloor$，第 1 级需要 2-4 译码器个数为$\lfloor (p-4\times\lfloor p/4 \rfloor+2\lfloor p/4 \rfloor)/4 \rfloor$，其中$\lfloor \cdot \rfloor$为向下取整运算，每个与结构的 2-4 译码器消耗 MOS 管数目为 28，则行译码器消耗 MOS 管数目为

$$H_2 = 28\times\{\lfloor p/4 \rfloor+\lfloor (p-4\lfloor p/4 \rfloor+2\lfloor p/4 \rfloor)/4 \rfloor\} \tag{5.18}$$

列译码器实质是一个多路开关，实现存储阵列的位线与数据端的选通，通常选用 4 选 1、8 选 1 或 16 选 1 等多选 1 电路级联实现，若采用 4 选 1 电路级联对 w 个信息位进行译码，则串联级数为$\lfloor \log_4(w-1) \rfloor+1$，每级 4 选 1 电路数目为$\lfloor w/4^i \rfloor$或$\lfloor w/4^i \rfloor+1$，统一记为$\lfloor w/4^i \rfloor$。每个 4 选 1 电路需要 32 个 MOS 管，则列译码电路硬件消耗为

$$H_3 = 32 \times \sum_{i=1}^{\lfloor \log_4(w-1) \rfloor+1} \lfloor w/4^i \rfloor \tag{5.19}$$

经典的灵敏放大器采用差分输入结构,由 6 个 MOS 管组成。则基因存储中灵敏放大器所消耗 MOS 管数目为

$$H_4=6w \tag{5.20}$$

控制电路硬件消耗忽略不计,则采用 SRAM 进行基因存储时,整个胚胎电子阵列的基因存储消耗 MOS 管数目为

$$H=MN(H_1+H_2+H_3+H_4) \tag{5.21}$$

2. 寄存器型基因存储结构的硬件消耗模型

寄存器就是作为一个整体的一些触发器的集合,寄存器型基因存储结构使用 D 触发器组存储基因信息,通过触发器间信息的移位进行阵列的基因配置和更新,其移位控制电路规模较小,可以忽略不计。

每位基因信息使用一个 D 触发器,经典的上升沿触发 D 触发器需要 24 个 MOS 管,则基因存储的硬件消耗,即 MOS 管数目为

$$H=24MNpw \tag{5.22}$$

寄存器型基因存储结构中,每个细胞内存储的基因数目等于基因备份数目,则所消耗的 MOS 管数目为

$$H=24MNkw \tag{5.23}$$

5.6.3　部分基因存储结构的可靠性、硬件消耗特征

1. 可靠性特征分析

对于规模为 50×50 的目标电路,分别在 50×75、50×100、50×125、50×150、50×175、50×200 的胚胎电子阵列上进行实现,基因长度为 57,基因备份数目在[2, 30]上依次变化时。设细胞失效率 $\lambda=10^{-6}\ \mathrm{h}^{-1}$,系统的 MTTF 变化如图 5.12 所示。

由图 5.12 可以看出,系统的 MTTF 与阵列规模和基因备份数目相关。当阵列规模越大时,系统中冗余行/列数目越多,其 MTTF 越大。

对于固定规模的目标电路和胚胎电子阵列,采用本章所设计基因存储结构时,可以在较大范围内选择基因备份数目,且系统 MTTF 随着基因备份数目的不同而不同,即当基因备份数目较小时,系统 MTTF 随着基因备份数目的增加而快速增加,如图 5.12 中基因备份数目小于 10 时;当基因备份数目稍大时,系统 MTTF 随基因备份数目的增加变化较小,趋于稳定。该现象是由自修复过程中基因的更新引起的,可在较小的基因备份数目下达到较大的系统 MTTF。

2. 硬件消耗分析。

(1)控制电路硬件消耗分析

为了研究控制电路的硬件消耗,在 Xilinx ISE 12.2 中对控制电路和基因存储结构进行实现,并通过 XST 进行电路综合,统计综合后使用 Slice、FF 及 LUT 数目。

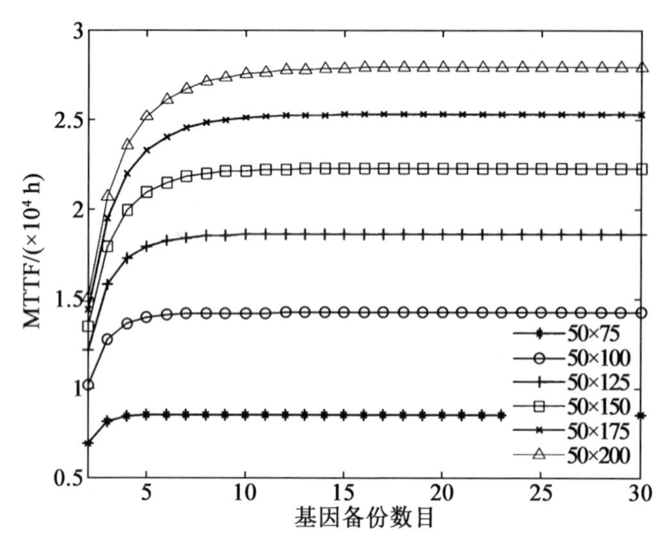

图 5.12 系统的 MTTF 变化(50×50 的目标电路)

通过 5.4 节可知,控制电路只与基因备份数目 k 相关,与基因宽度 w 无关;而基因存储结构与基因备份数目和基因宽度均相关。因此,在不同的基因备份数目、基因宽度下进行了基因存储结构的实现,且根据基因备份数目结合 5.4 节设计实现相应的控制电路。设基因备份数目分别为 4、8、16、32、64 和 128,基因长度分别设置为 32、64、128,基因存储结构与控制电路的硬件消耗见表 5.7。

表 5.7 基因存储结构与控制电路的硬件消耗

k	硬件类型	基因存储结构			控制电路	消耗比
		$w=32$	$w=64$	$w=128$		
4	Slice	64	128	256	2	≤3.1%
	FF	128	256	512	4	
	4-LUT	5	5	5	3	
8	Slice	128	256	512	3	≤2.3%
	FF	256	512	1024	6	
	4-LUT	2	3	14	6	
16	Slice	256	512	1024	17	≤6.6%
	FF	512	1024	2048	6	
	4-LUT	33	33	33	33	
32	Slice	512	1024	2048	49	≤9.6%
	FF	1024	2048	4096	10	
	4-LUT	60	60	60	98	

续表 5.7

k	硬件类型	基因存储结构			控制电路	消耗比
		$w=32$	$w=64$	$w=128$		
64	Slice	1024	2048	4096	167	≤16.3%
	FF	2048	4096	8192	10	
	4-LUT	135	136	136	288	
128	Slice	2048	4096	8192	286	≤14.0%
	FF	4096	8192	16384	10	
	4-LUT	274	136	274	481	

由表 5.7 所示基因存储结构与控制电路的硬件消耗可以看出,存储单元的硬件消耗随着基因备份数目和基因宽度的增加而增加,这是由随着基因备份数目、基因宽度的增加,存储单元中需要的寄存器数目相应增加造成的,因此硬件消耗中 FF 数目随着基因备份数目、基因宽度增加明显,而存储单元中逻辑电路消耗较少,且随基因宽度变化不大,如表 5.7 中 4-LUT 数目;控制电路的硬件消耗随着基因备份数目的增加而增加,FF 消耗数目较少,而逻辑电路所消耗 4-LUT 数目所需电路与基因备份数目相关造成的,当基因备份数目较大时,式(5.4)的计算需要较大的逻辑电路完成。

当基因备份数目较小时,控制电路硬件消耗与基因存储结构的硬件消耗比较小,如 $k \leqslant 16$ 时,消耗比低于 6.6%。当基因备份数目较大时,控制电路硬件消耗增加,当 $k=64$,$w=32$ 时,消耗比达到 16.3%,其余均在 15%以下。

通过选择较小的基因备份数目,可以在保持系统可靠性变化不大的情况下降低基因存储结构的硬件消耗,同时降低控制电路的硬件消耗。当基因备份数目小于 16 时,控制电路的硬件消耗可以忽略不计。

(2)基因存储结构硬件消耗分析。

本章所设计基因存储结构的硬件消耗如图 5.13 所示,可以看出,所消耗 MOS 管数目随着基因备份数目的增加而线性上升,且胚胎电子阵列规模越大,其上升速度越快。

结合图 5.12 可以看出,通过选择较小的基因备份数目,可以在较小的硬件消耗下,获得较大的系统可靠性。

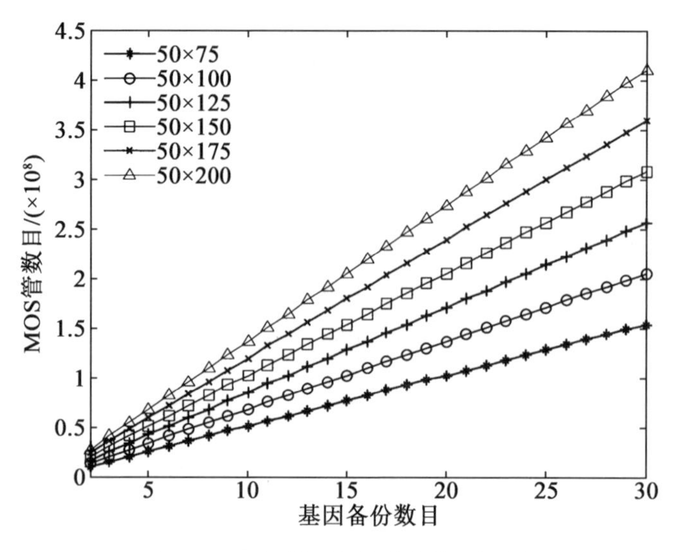

图 5.13　不同基因存储结构的硬件消耗

5.6.4　不同基因存储结构可靠性及硬件消耗分析

本节在 5.6.1 节、5.6.2 节可靠性模型和硬件消耗模型基础上，针对不同应用背景对各基因存储结构的可靠性和硬件消耗进行了分析。首先，在不同的基因存储结构下进行了各种规模的目标电路的实现，分析了其系统可靠性和基因存储结构的硬件消耗；然后针对通用仿生自修复芯片的应用，分析了不同基因存储结构的系统可靠性和硬件消耗。

为了便于阐述说明，全存储结构、行/列存储结构、部分基因存储结构、循环变形基因存储结构和本章提出的部分基因循环存储结构（后文简称本章存储结构）的系统可靠性分别记为 $MTTF_{fgm}$、$MTTF_{rcm}$、$MTTF_{pdm}$、$MTTF_{cmm}$ 和 $MTTF_{pdcm}$，其硬件消耗分别记为 H_{fgm}、H_{rcm}、H_{pdm}、H_{cmm} 和 H_{pdcm}。

1. 4×4 规模的半加器应用分析

以 4×4 规模的半加器为对象，在采用不同基因存储结构的胚胎电子阵列上进行实现。半加器基因串长度为 13，设胚胎电子阵列规模从 4×5 到 4×50 变化，采用列移除自修复策略。基因存储结构使用全存储结构、行/列存储结构、部分基因存储结构、循环变形基因存储结构、原核细胞存储结构时，基因备份数目随着阵列规模的变化而相应变化，使用本章的部分基因循环存储结构时，基因备份数目为 k，有 $2\leqslant k\leqslant mn$。基于全存储结构、行/列存储结构、部分基因存储结构、循环变形基因存储结构的系统可靠性可由式（5.11）计算，基于本章存储结构的系统可靠性可由式（5.15）计算，全存储结构（真核存储结构）、行/列存储结构、部分基因存储结构的硬件消耗可由式（5.21）计算，循环变形基因存储结构和本章存储结构的硬件消耗可由式（5.23）算。不同基因存储结构下系统的可靠性和硬件消耗如图 5.14 所示。

由图 5.14 结果可以看出，对于规模为 4×4 的半加器，采用列移除自修复机制时，

$MTTF_{fgm}$、$MTTF_{rcm}$、$MTTF_{pdm}$ 和 $MTTF_{cmm}$ 几乎相等，而硬件消耗相差较大，其中 $H_{cmm}=H_{fgm}>H_{rcm}=H_{pdm}$，如图 5.14(a)(b)所示。对于本章存储结构，系统的可靠性和硬件消耗随着阵列规模和基因备份数目的变化而变化，如图 5.14(c)(d)所示。当 $k=3$ 时，系统可靠性小于其他存储结构，硬件消耗却大于行/列存储结构和部分基因存储结构，当 $k=5$ 时，系统可靠性、硬件消耗均与全存储结构、循环变形基因存储结构相当，如图 5.14(a)(b)所示。由此可以看出，对于规模较小的半加器电路，本章存储结构相对于其他存储结构没有优势。

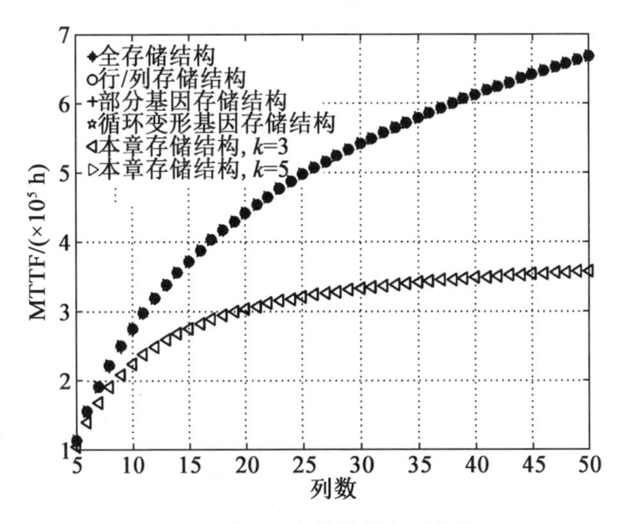

(a)不同基因存储结构的可靠性

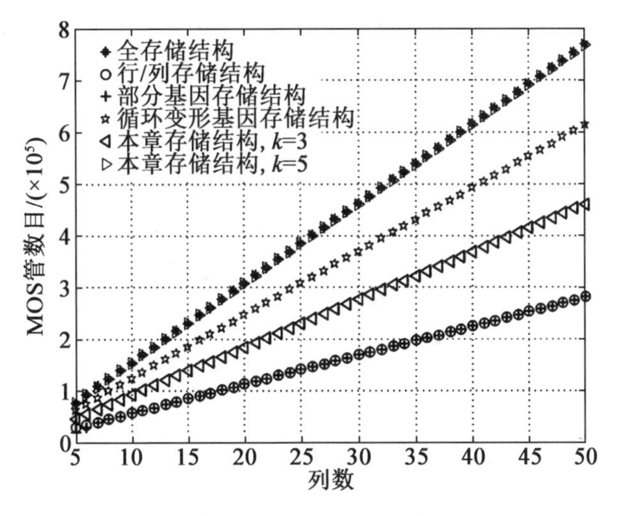

(b)不同基因存储结构的硬件消耗

图 5.14　不同基因存储结构下系统的可靠性和硬件消耗(4×4 的半加器)

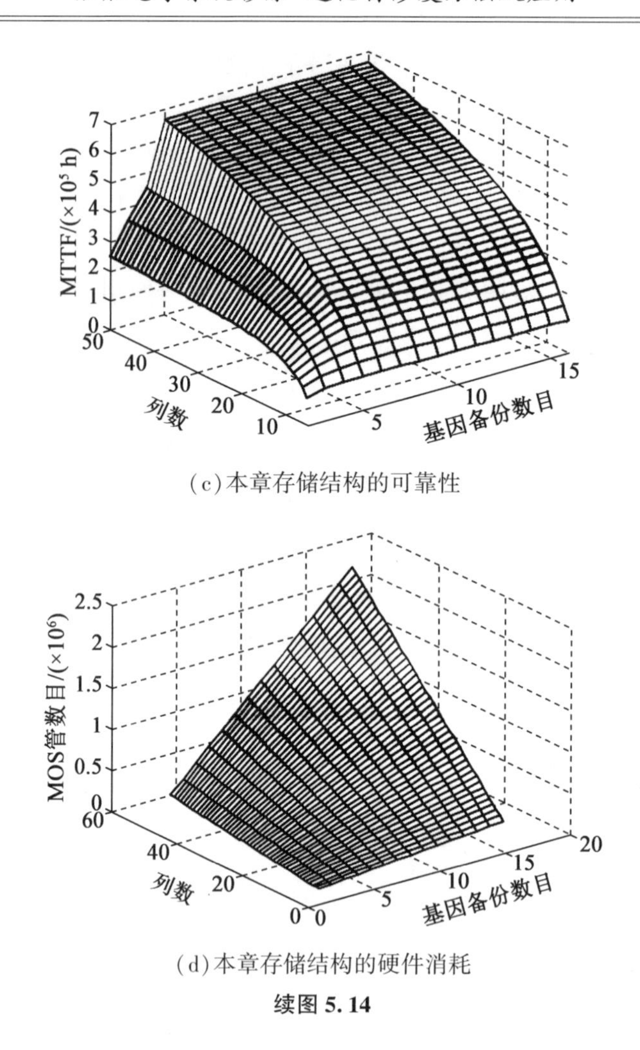

(c)本章存储结构的可靠性

(d)本章存储结构的硬件消耗

续图 5.14

2. 规模为 50×50 的目标电路分析

为了对各种基因存储结构进行进一步分析,增加目标电路规模,当目标电路规模为 50×50 时,设基因串长度为 57。阵列规模在 50×51~50×100 变化时,本章存储结构的基因备份数目由 2~50 变化时,不同基因存储结构下系统的可靠性和硬件消耗如图 5.15 所示。

由图 5.15(a)可以看出,已有的基因存储结构和本章存储结构($k=5$)的系统 MTTF 几乎相等,但 $H_{\mathrm{fgm}}>H_{\mathrm{cmm}}>H_{\mathrm{rcm}}>H_{\mathrm{pdm}}$,如图 5.15(b)所示。当阵列规模较小时,部分基因存储结构的硬件消耗较小,但随着阵列规模的增加,其硬件消耗快速增加,当阵列规模达到 100 时,部分基因存储结构的硬件消耗与行/列存储结构相等。

本章存储结构的系统 MTTF 与阵列规模和基因备份数目均相关,如图 5.15(c)所示,可以在较小的基因备份数目下,如 $k<10$,达到较大的系统 MTTF,而同时基因存储结构的硬件消耗保持较低水平,如图 5.15(b)(d)所示。

由图 5.15 可以看出,对于规模较大的目标电路,本章存储结构能够在较小的基因备份数目下达到较大的系统可靠性,由于基因备份数目较小,因此系统的硬件消耗较小。

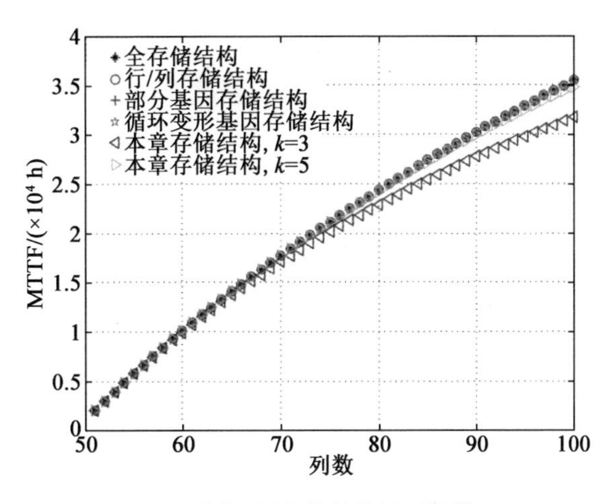

(a)不同基因存储结构的可靠性

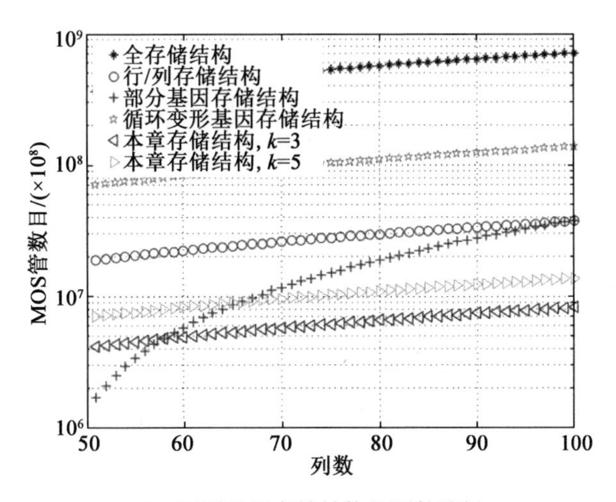

(b)不同基因存储结构的硬件消耗

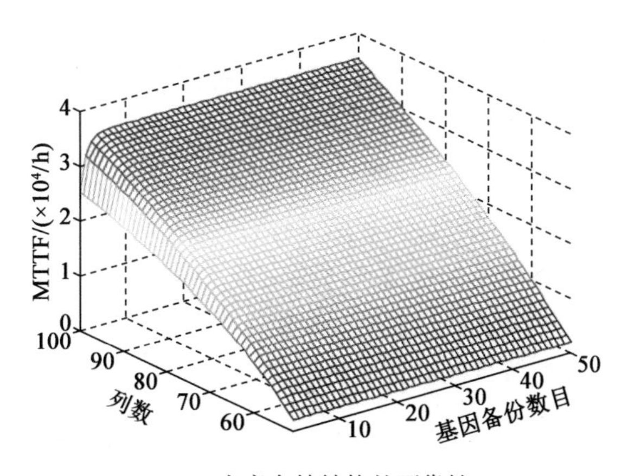

(c)本章存储结构的可靠性

图 5.15　不同基因存储结构下系统的可靠性和硬件消耗(50×50 的目标电路)

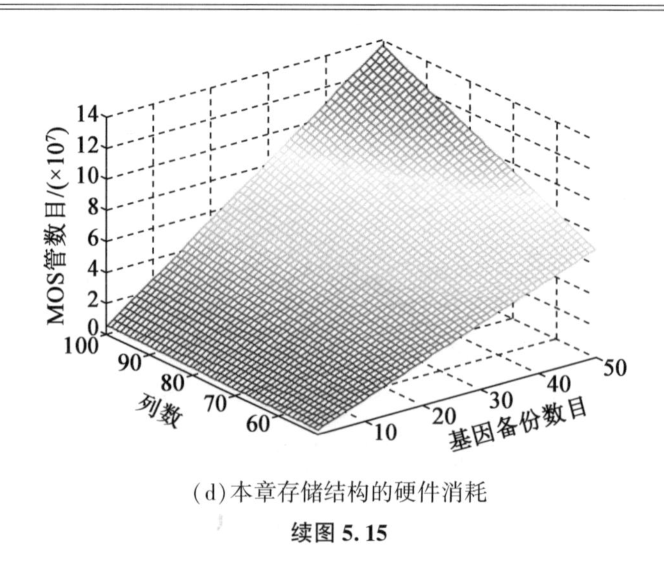

(d)本章存储结构的硬件消耗

续图 5.15

3. 不同规模的目标电路分析

由半加器和规模为 20×50 的目标电路可以看出,对于小规模电路,本章基因存储没有优势。这是因为本章基因存储基于寄存器实现,相对于基于 SRAM 的其他存储来说,每存储一位基因,寄存器消耗的硬件是 SRAM 的 3~4 倍。对于小规模电路来说,基因备份数目可选范围较小,本章基因存储没有硬件消耗上的优势。对于大规模电路,本章基因存储的基因备份数目可选范围较大,又具有 5.6.3 节所述特性,能够在较小的基因备份数目下达到较大的可靠性,因此能够降低硬件消耗。

为了研究所能降低硬件消耗与目标电路规模间的关系,在固定规模的胚胎电子阵列上运行不同规模的目标电路,基因存储结构分别使用全存储结构、行/列存储结构、部分基因存储结构、循环变形基因存储结构及本章存储结构,且使用本章存储结构时,通过选择基因备份数目使系统 MTTF 为全存储结构的 99.5%,计算记录此时的硬件消耗。设胚胎电子阵列规模为 10×100,目标电路规模变化范围为 10×20~10×80,则各基因存储结构的基因备份数目及硬件消耗随目标电路规模的变化如图 5.16 所示。

由图 5.16(a)可以看出,随着目标电路规模的增加,全存储结构、行/列存储结构的基因备份数目保持恒定;循环变形基因存储结构的基因备份数目不断上升,在目标电路列数为 80 时其基因备份数目约等于行/列存储结构;部分基因存储结构和本章存储结构的基因备份数目随着目标电路规模的增加而下降。图 5.16(b)中,全存储结构、循环变形基因存储结构和行/列存储结构的硬件消耗随着目标电路规模的增加而快速上升;部分基因存储结构的硬件消耗随着目标电路规模的增加先快速上升,当目标电路规模超过 50 时,其硬件消耗随着目标电路规模的增加而降低,这是由其基因备份数目快速下降造成的;本章所提部分基因循环存储结构的硬件消耗随着目标电路规模的上升而降低,这是由于保持与全存储结构相当的可靠性时,所需基因备份数目较小,因此降低了系统硬件消耗。

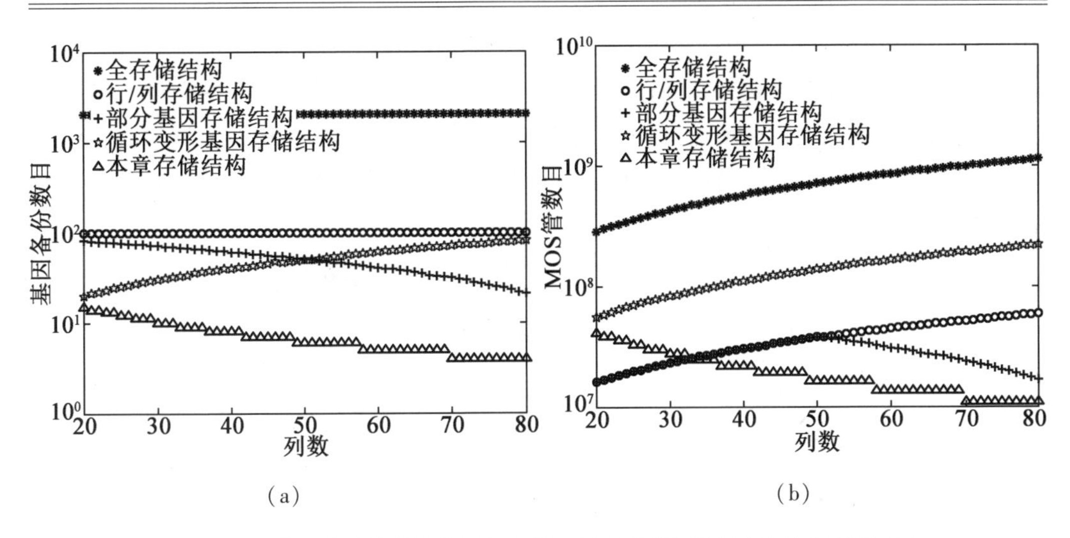

图 5.16　各基因存储结构的基因备份数目及硬件消耗随目标电路规模的变化

由图 5.16 可以看出,对于小规模目标电路,如电路列数小于 30 时,本章存储结构的硬件消耗与行/列存储结构、部分基因存储结构相比没有优势,当目标电路规模较大时,本章存储结构的硬件消耗小于已有基因存储结构,且目标电路规模越大,该优点越明显。

4. 不同基因存储结构在通用仿生自修复芯片上的应用分析

由 5.1.3 节分析可知,不同的基因存储结构用于通用仿生自修复芯片的设计时,细胞内基因存储的规模不同,整个芯片内基因存储的总规模也不同,其中全存储结构、行/列存储结构、部分基因存储结构、循环变形基因存储结构细胞内所需基因存储规模与芯片规模相关,而采用原核细胞存储结构和循环备份存储结构时,细胞内基因存储规模是常量。本章所提的部分基因循环存储结构中,细胞内基因存储规模为基因备份数目 k,与芯片规模无关。

当芯片规模从 10×10～100×100 变化,分别采用全存储结构、行/列存储结构、部分基因存储结构、循环变形基因存储结构、循环备份存储结构、原核细胞存储结构及本章存储结构,且采用本章存储结构时,基因备份数目 k 取 10,芯片中存储规模如图 5.17(a)所示。对于本章存储结构,当基因备份数目在[2, 30]上变化时,芯片中基因存储规模如图 5.17(b)所示。由于不同基因存储结构间相差较大,因此图 5.17 中基因存储规模使用指数坐标。

由图 5.17(a)可以看出,当芯片行/列数目从 10 增加到 100,即芯片中细胞数目增加 100 倍时,全存储结构、部分基因存储结构的规模从 10^4 增加到 10^8,增加了 10^4 倍;行/列存储结构、循环变形基因存储结构从 10^3 增加到 10^6,增加了 10^3 倍;循环变形基因存储结构、原核细胞存储结构从 $2×10^2$ 增加到 $2×10^4$,增加了 100 倍;本章存储结构在基因备份数目 $k=10$ 时,基因存储规模由 10^3 增加到 10^5,增加了 100 倍。当芯片行/列数目为 100 时,全存储结构、部分基因存储结构,行/列存储结构、循环变形基因存储结构,本章存储结构($k=10$),循环备份存储结构、原核细胞存储结构所需存储规模比例为 10^8 : 10^6 :

$10^5:2\times10^4$,即 $10^4:10^2:10:2=10^4:10^2:k:2$。可以看出,用于通用芯片设计时,全存储结构、部分基因存储结构、行/列存储结构及循环变形基因存储结构所需存储规模随着芯片行/列数目增加而快速增加,而本章存储结构、循环备份存储结构及原核细胞存储结构所需存储规模随着芯片规模的增加线性增长。当芯片行/列数目较大时,如 100,不同基因存储结构间规模差别较大。

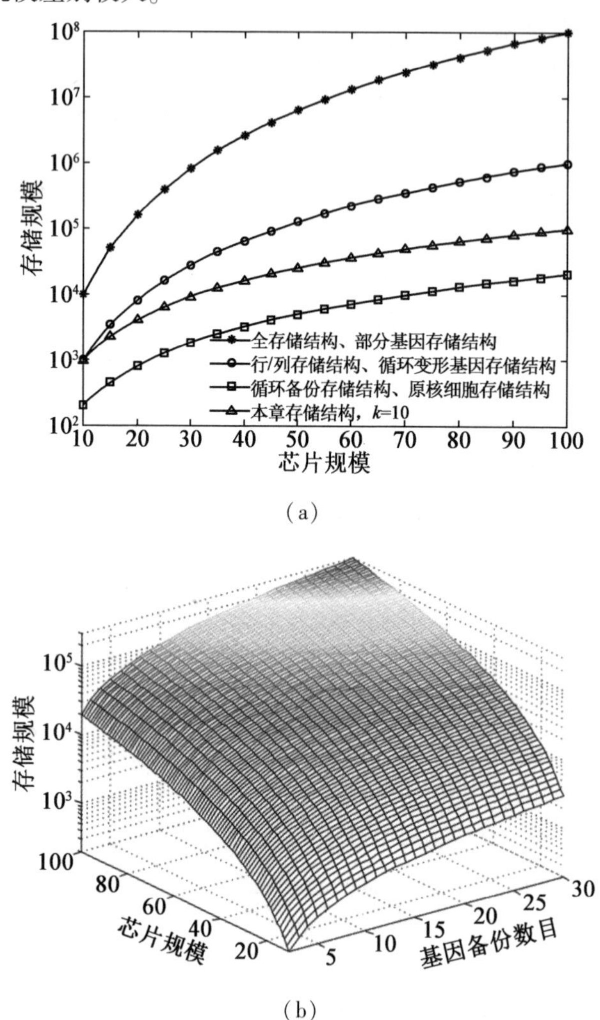

(b)

图 5.17　不同基因存储结构下芯片所需基因存储规模

全存储结构、行/列存储结构、部分基因存储结构采用 SRAM 存储基因信息。由于存储 1 位信息寄存器消耗硬件约为 SRAM 的 4 倍,因此本章存储结构中基因备份数目小于全存储结构、行/列存储结构、部分基因存储结构细胞内存储基因数目的 1/4 时,本章存储结构所消耗硬件较少。对于小规模应用,如图 5.17 中芯片规模小于 40 时,基因备份数目 10 大于行/列存储结构内基因数目的 1/4,此时本章存储结构硬件消耗相对于行/列存储结构没有优势;当芯片规模大于 40 时,基因备份数目小于行/列存储结构内基因数目的 1/4,本章存储结构的硬件消耗具有优势,且芯片规模越大,该优势越大。

5.7　基因备份数目优选

5.7.1　基因备份数目优选流程

通过 5.6 节分析可知,不同的基因备份数目具有不同的系统可靠性和硬件消耗。对于已知规模的目标电路,根据其可靠性、硬件消耗指标,通过选择合适的基因存储结构、基因备份数目及胚胎电子阵列规模,使系统的可靠性和硬件消耗能够满足设计要求。

设目标系统的可靠性指标为 D_{MTTF},基因存储结构的硬件消耗为 U_H,即要求所设计的系统 MTTF 值 $V_{MTTF} \geqslant D_{MTTF}$,基因存储消耗 MOS 管数目 $H \leqslant U_H$。从最小的胚胎电子阵列规模和基因备份数目出发,遍历计算每种组合下的系统 MTTF 和硬件消耗,直至找到 MTTF 和硬件消耗均符合设计要求的阵列规模和基因备份数目,基因备份数目优选过程如图 5.18 所示。

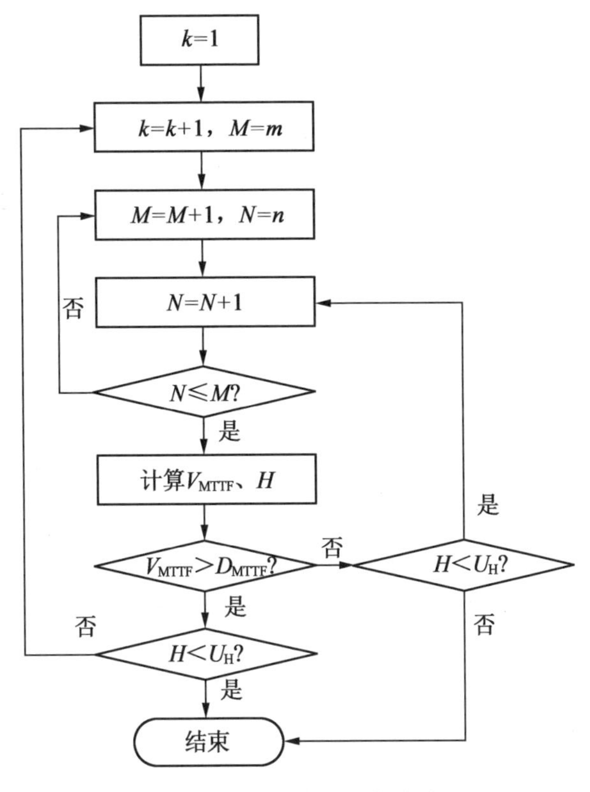

图 5.18　基因备份数目优选过程

图 5.18 所示计算过程中,最小阵列规模设置为目标电路规模,最小基因备份数目设置为 2。每种阵列规模、基因备份数目下分别根据式(4.15)、式(4.22)计算系统 MTTF 值 V_{MTTF} 及硬件消耗 H。

5.7.2 基因备份数目优选实例

以某半加器为目标电路,其规模为4×4,基因宽度为13位。若设计要求为系统MTTF值 $V_{\mathrm{MTTF}} \geqslant 1.4\times10^6$ h、基因存储消耗MOS管数目 $H\leqslant10^5$。采用5.7.1节所述求解方法进行基因备份数目的选择,求解过程中基因备份数目、阵列规模、系统MTTF和硬件消耗变化如图5.19所示。

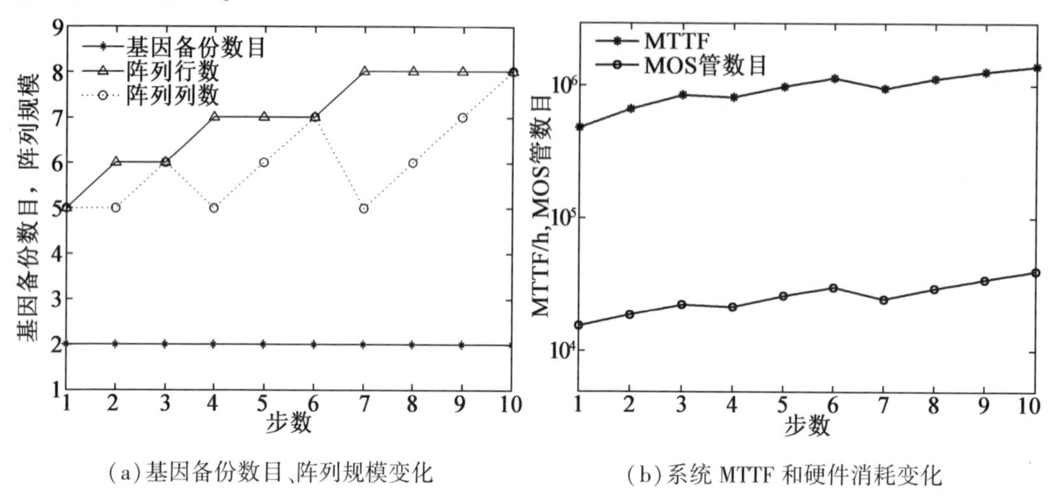

(a)基因备份数目、阵列规模变化　　(b)系统MTTF和硬件消耗变化

图5.19　求解过程中基因备份数目、阵列规模、系统MTTF和硬件消耗变化

由图5.19可以看出,在第10步,基因备份数目 $k=2$、阵列规模为8×8,如图5.19(a)所示,此时系统的MTTF为 1.41×10^6 h、基因存储消耗MOS管数目为39 936,如图5.19(b)所示,满足系统设计要求。

通过目标电路的基因备份数目确定过程可以看出,本章基因备份数目选择方法能够根据系统设计要求选择合适的基因备份数目、基因存储结构及胚胎电子阵列规模,使得系统能够兼顾系统可靠性和硬件消耗要求。

5.8 本章小结

本章设计了一种新型的基因存储结构——部分基因循环存储结构,该结构采用细胞间、细胞内的基因循环、非循环移位进行阵列配置和自修复过程中的基因更新,阵列配置时间为细胞个数+基因备份数目个时钟周期,基因更新时间为故障细胞数目×2个时钟周期,阵列配置、基因更新过程迅速,为进化自修复模式提供了重配置硬件基础。

根据该基因存储结构基因更新特点及硬件实现方式,建立了可靠性模型和硬件消耗模型,并以此为基础进行了可靠性和硬件消耗分析。分析表明,本章存储结构能够在较小的基因备份数目下达到较大的系统可靠性,降低了系统硬件消耗。与已有基因存储结构相比,本章存储结构中基因备份数目可变,且系统中基因存储规模与阵列规模呈线性关系增加,可用于大规模通用胚胎电子阵列的设计。

分析了基因存储方式、基因备份数目对系统可靠性和硬件消耗的影响,以此为基础,给出了一种基因备份数目的优选方法。该方法可根据目标电路的规模、可靠性和硬件消耗指标,选择合适的胚胎电子阵列规模和基因备份数目,具有工程应用价值。

第 6 章　胚胎电子系统实验系统设计

为了验证移除-进化自修复方法及胚胎自修复系统的自修复能力，本章设计了用于胚胎电子系统自修复的实验系统。针对实验及理论研究需求，设计实现了实验系统硬件平台及支持软件。在此基础上，采用雷达中的典型电路进行自修复实验，并对本章理论进行验证。

6.1　实验系统框架结构

为了对胚胎电子系统的硬件结构及自修复方法进行验证，同时为后续相关研究提供实验平台，本节设计并实现了用于仿生电子系统自修复的实验系统，可用于任意电子细胞结构、胚胎阵列结构和多种自修复机制的实验，为仿生电子系统的自修复研究提供了实验平台，向实用化研究迈进了坚实的一步。

6.1.1　实验系统需求分析

作为一个完整的实验系统，应该能够对胚胎电子系统研究过程中的各个环节进行实验、验证，所设计实验系统需要具备的能力如下。

(1)电子细胞结构、功能验证能力。

随着研究的不断进行，在生物细胞结构的启发下，研究者设计出越来越多的电子细胞结构，实验系统应该能够对已有的、未来可能出现的各种电子细胞结构及其功能进行验证，即实验系统中电子细胞的功能、结构应该是可变的，可以模拟多种电子细胞。

(2)阵列结构验证能力。

阵列结构是当前研究的重要方向，所设计的实验系统应该具备对各种电子细胞阵列结构的验证能力，即实验系统中电子细胞间的连接方式是灵活的，可以根据不同的实验对象设置电子细胞间的连接，能够实现各种阵列结构。

(3)自修复机制验证能力。

对于胚胎电子阵列上的目标电路，实验系统应该具有对其自修复机制及自修复能力进行验证的能力。首先，所设计的实验系统具有故障注入能力，即能够对阵列中的电子细胞注入不同类型的故障；其次，实验系统应该能够执行所设计的自修复机制，对故障电路进行自修复。

(4)目标电路运行及状态监测能力。

胚胎电子系统的研究需要通过目标电路的具体实现进行验证。实验系统应该能够提供目标电路运行时所需的输入信号,即应该具有信号产生能力。胚胎电子阵列上实现的电路为数字电路,其输入、输出信号均为数字信号,则实验系统应该具有产生各种数字信号的能力,包括组合信号和时序信号。

为了验证电路的自修复能力,需要分析电路的输入、输出及关键过程信号,如细胞故障信号、列移除信号等,在电路运行过程中,实验系统应该具备信号监测能力,同时监测、记录研究者所关心的多路信号,以便进行进一步的分析研究。

6.1.2　实验系统结构

本节在6.1.1节实验系统需求分析的基础上,对实验系统结构进行了设计。实验系统主要由胚胎电子阵列、控制器、信号环境产生设备、信号监测设备等硬件和运行在控制器内的功能分化、进化自修复等支持软件组成,其结构如图6.1所示。

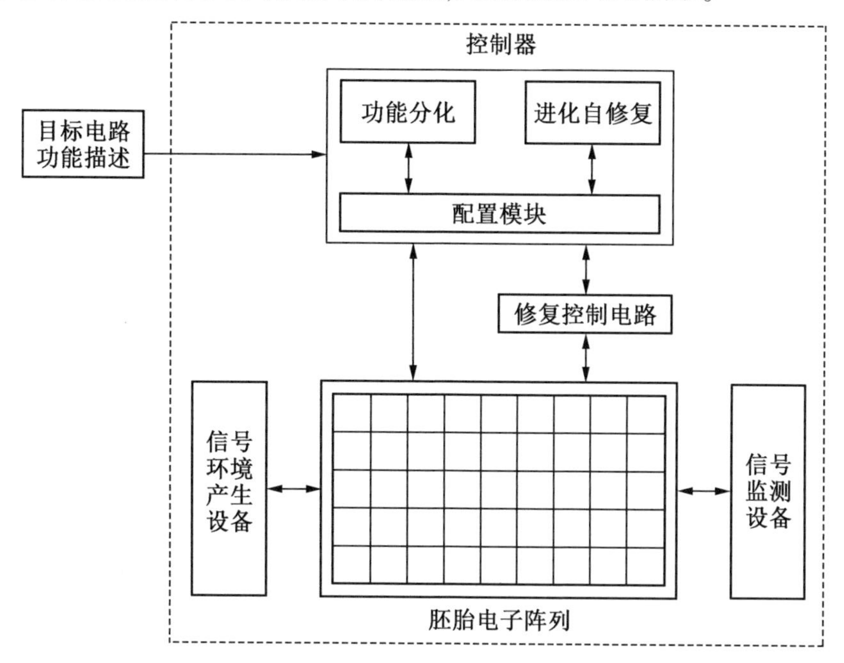

图6.1　实验系统结构

系统中,胚胎电子阵列进行目标电路的具体实现;信号环境产生设备产生目标电路运行所需信号;信号监测设备监测系统运行及自修复过程状态,观测实验结果;控制器进行支持软件的运行和胚胎电子阵列的控制、配置;修复控制电路进行胚胎电子阵列的移除自修复控制。功能分化根据目标电路功能描述产生胚胎电子阵列基因库,并将基因库配置到胚胎电子阵列上,在胚胎电子阵列上实现目标电路;进化自修复执行第4章进化修复算法,完成移除-进化自修复中的进化自修复操作。

6.2 实验系统的硬件设计与实现

本节对实验系统中的硬件部分进行设计，并采用具体的器件、设备对实验系统硬件进行实现。

6.2.1 硬件设计

为了能够满足任意规模、任意结构的胚胎电子阵列的实验，以电子细胞为最小单元构建实验系统中的胚胎电子阵列，每个电子细胞具有丰富的外部接口，通过接口间的不同连接实现各种阵列结构，通过电子细胞数目增减实现不同规模的胚胎电子阵列。为了能够进行多种细胞结构的实验，为后续细胞结构研究提供支持，设计可编程配置的细胞模拟模块进行电子细胞的实现。细胞模拟模块通过编程配置，可实现任意结构、功能的电子细胞。以细胞模拟模块为基本单元所设计的实验系统硬件结构框图如图 6.2 所示。

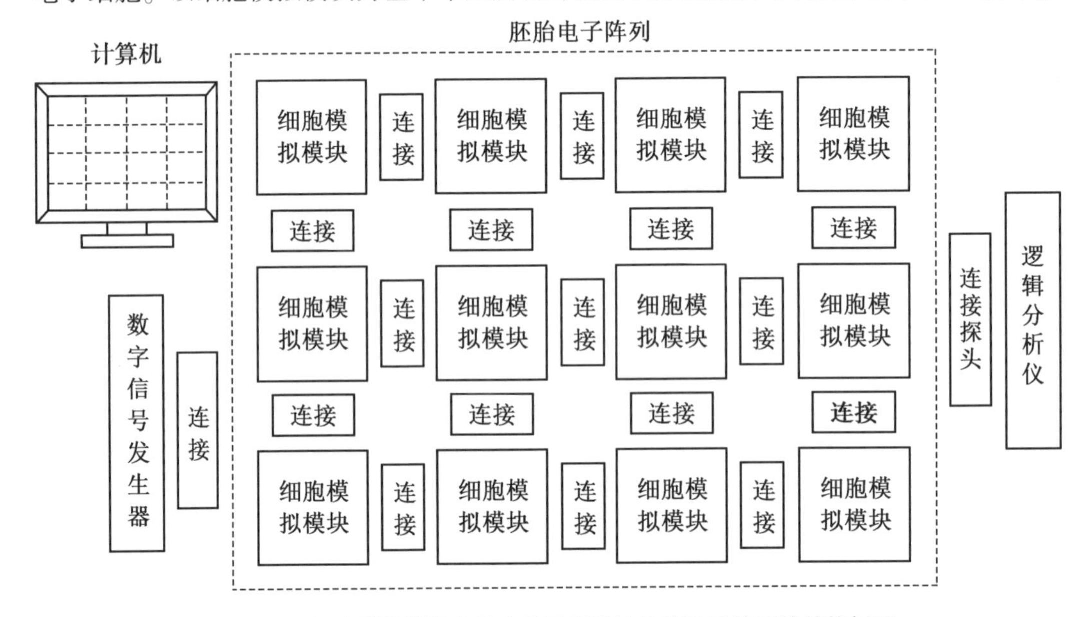

图 6.2 以细胞模拟模块为基本单元所设计的实验系统硬件结构框图

由图 6.2 所示细胞模拟模块结构可以看出，实验系统硬件主要由细胞模拟模块、数字信号发生器、逻辑分析仪和计算机组成。细胞模拟模块通过连接组成胚胎电子阵列，数字信号发生器产生目标电路所需输入，逻辑分析仪对电路的输入、输出及过程信号进行监测，计算机运行功能分化和进化自修复软件，并配置胚胎电子阵列功能。

细胞模拟模块是实验系统硬件的基本单元，为了实现对各种细胞结构的实验，以 FPGA 为主要器件对细胞模拟模块进行了设计，其结构如图 6.3 所示。

由图 6.3 可以看出，细胞模拟模块主要由可编程功能模块、故障注入、状态指示、信号接口（I/O 接口）、编程接口和电源接口组成。可编程功能模块是细胞模拟模块的主要部分,用于实现电子细胞结构及功能,该模块具有可编程功能,通过编程可模拟实现各种结构的电子细胞。故障注入用于电子细胞故障设置,通过该模块,实验者可向电子细胞手工注入各类故障,以此检验电子细胞对各类故障的处理结果及阵列的修复结果。状态指示主要用于细胞工作状态信息显示,以便实验者对电路运行状态及自修复过程进行观察。信号接口分为细胞间信号接口和外部控制信号接口,细胞间信号接口用于电子细胞与其他细胞间的连接、通信(图6.3中的各信号接口),通过编程各信号接口可模拟实现电子细胞的各种通信方式,并向外传送各种细胞信号;外部控制信号接口为外部控制预留接口,当需要外部控制器对电子细胞进行控制时,可通过该接口进行。编程接口用于整个模块的配置,通过该接口对可编程功能模块进行编程。电源接口为整个模块提供工作电源,分为单独电源接口和细胞间电源接口两种形式,单独电源接口直接连接外部电源为模块供电;细胞间电源接口用于细胞与其周围邻居间电源传输,通过该接口可完成整个阵列中所有电子细胞的供电。

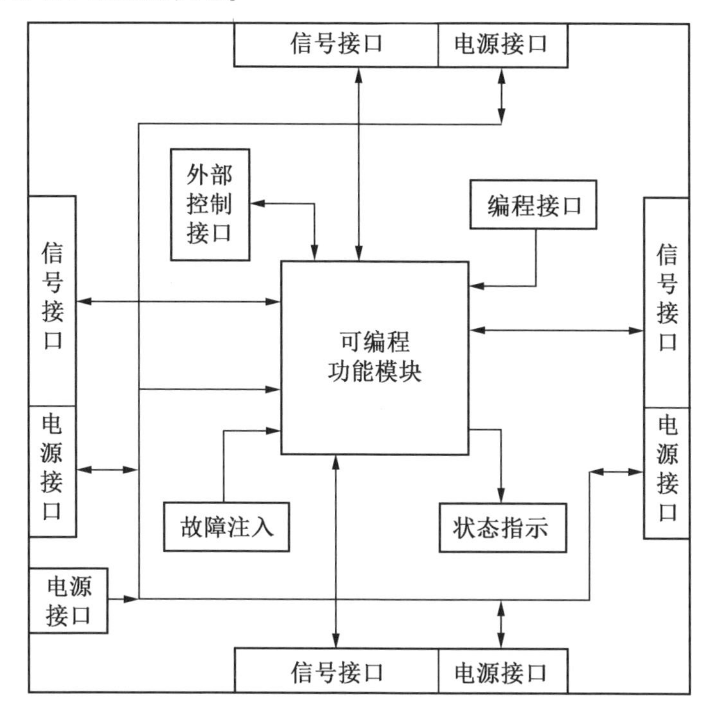

图6.3　细胞模拟模块结构

6.2.2　故障注入单元

目标电路的自修复实验建立在电路故障的基础上,为了验证系统的自修复能力,首先需要电子细胞具有故障注入能力。所设计细胞模拟模块上具有故障注入单元(图6.4),对电子细胞不同位置进行固定0、固定1、翻转等多种故障类型的故障注入。

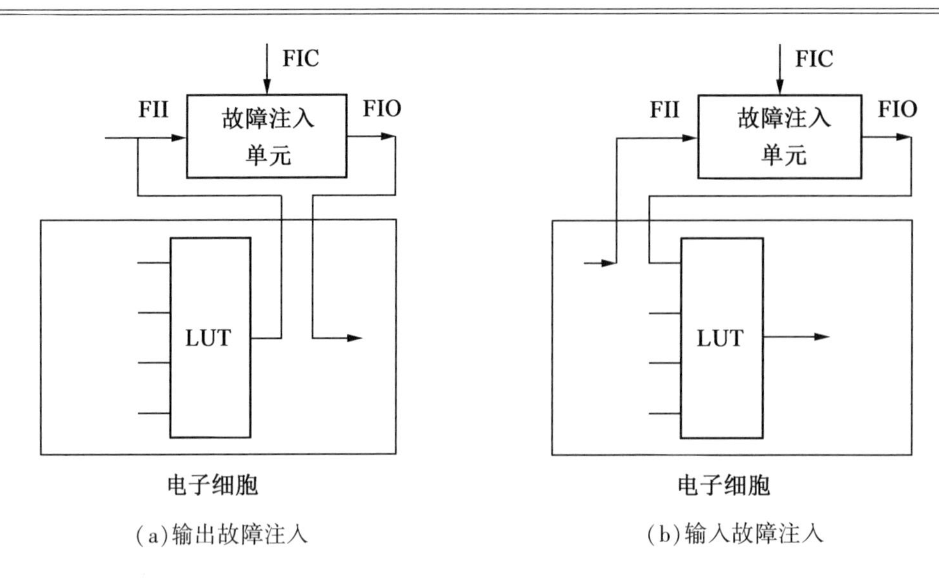

图 6.4　故障注入单元

故障注入单元通过改变待注入位置的原始信号以达到故障注入的目的,以对电子细胞中功能模块的输出故障注入为例,其注入方法如图 6.4(a)所示,若对电子细胞功能模块的输入进行故障注入,则其注入方法如图 6.4(b)所示。

图 6.4(a)所示故障注入中,故障注入单元以功能模块的输出为输入,在故障注入控制位的控制下,使用不同的输出信号代替原输出信号,从而实现对功能模块输出的故障注入。

对于电子细胞中其他位置的故障注入,与图 6.4 方法相同。故障注入单元的功能伪代码如下:

```
switch FIC:
    case 0000: FIO = FII;
    case 0001: FIO = 0;
    case 0010: FIO = 1;
    case 0011: FIO = ~ FII;
    …
end
```

其中 FIC 为故障注入控制位,FII 为故障注入单元的输入,即电子细胞内待注入故障位置的原始输出,FIO 为故障注入单元的输出,也即故障注入后相应位置的输出。所设计的细胞模拟模块中,使用 4 位故障注入控制位,当 FIC 为 0000 时,电子细胞正常,逻辑模块的输出不发生变化;当 FIC 为 0001 时,注入固定 0 故障,逻辑模块的输出恒为 0;当 FIC 为 0010 时,注入固定 1 故障,逻辑模块的输出恒为 1;当 FIC 为 0011 时,注入翻转故障,逻辑模块的输出为原始输出的相反值。在故障注入控制位的控制下,通过修改故障注入模块可以对电子细胞中多个模块注入多种故障。实验中,通过对 FIC 输入的控制,可对电子细胞进行各种故障的注入。

6.2.3　实验系统的实现

在 6.2.1 节设计的基础上,对细胞模拟模块进行实现,选用 Xilinx 的 Spartan XC3S500E FPGA 芯片、XCF04S FLASH 存储芯片和 50 MHz 晶振设计 FPGA 最小系统,实现可编程功能模块。Spartan XC3S500E FPGA 芯片选用 QFP208 封装,其最大可用 I/O 数目为 158。设计中使用 128 位 I/O:4 位 I/O 用于故障注入;4 位 I/O 用于状态指示;细胞 I/O 接口使用 28×4=112 位 I/O,电子细胞模拟模块四周的 I/O 接口均为 28 位。使用 4 位拨码开关进行电子细胞的故障注入,根据不同码值注入不同类型的故障,最大可支持 15 种故障模式。使用 4 个 LED 进行电子细胞运行状态的现实,通过不同的 LED 组合,最多可显示 16 种状态。故障注入和状态显示数目能够满足各种实验需要。基于以上器件的细胞模拟模块的实现如图 6.5 所示。

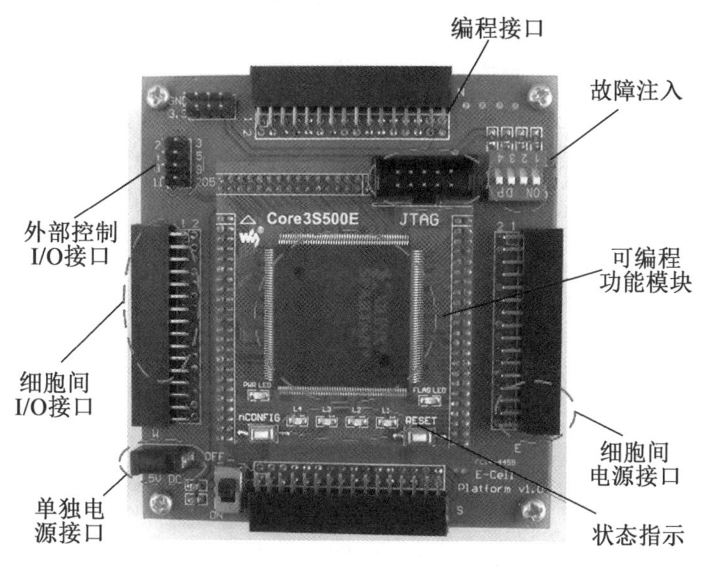

图 6.5　细胞模拟模块的实现

在所实现的细胞模拟模块的基础上,选用便携式控制器、数字信号发生器和逻辑分析仪等设备搭建了实验系统的硬件平台,如图 6.6 所示。

图 6.6 所示实验系统的硬件平台中,采用 PXIS-2506 PXI 机箱与控制模块作为实验系统的控制器,模拟仿生电子系统中的进化层,进行阵列的功能分化和进化自修复,同时控制卡式数字信号发生器,为实验系统提供信号环境。

数字信号发生器采用数字 I/O NI PXI-6541,该板卡最大可产生 32 路数字信号,50 MHz 时钟,既可以每路信号单独程控,又能够进行多路信号的同时产生,通过控制器的编程控制,可产生丰富多样的数字信号,既能够满足一般数字电路的输入需要,又能够进行阵列配置的控制。

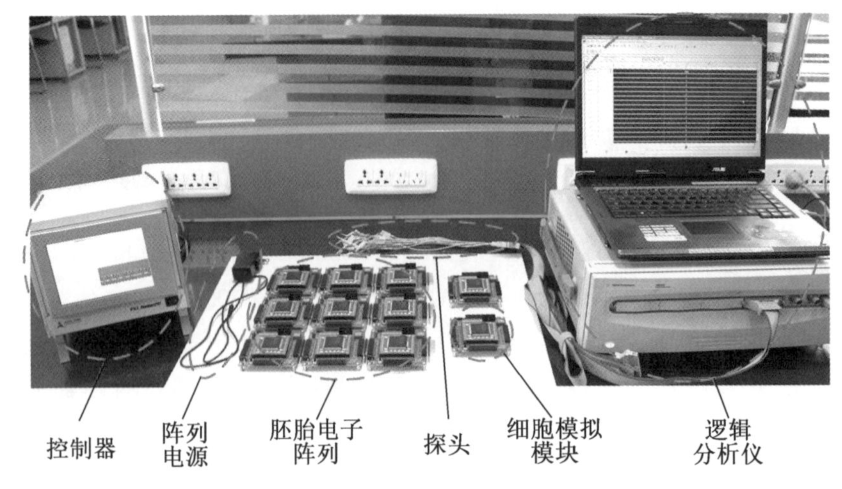

图 6.6 实验系统的硬件平台

采用逻辑分析仪 Agilent 1693AD 监测目标电路中的各种信号,1693AD 最大可同时监测 32 路数字信号,具有多种监测模式,可同时监测胚胎电子阵列中多个电子细胞的输入、输出、状态及控制信号,记录信号各时刻状态及不同信号间的逻辑、时序关系。通过探头的灵活连接,可对阵列中任意细胞的任意输入/输出信号进行检测。

实验系统中,胚胎电子阵列通过多个细胞模拟模块的组合实现,通过改变细胞模拟模块数目,可方便地进行任意规模的胚胎电子阵列的实验,通过改变细胞间的连接,可实现所设计的各种阵列结构。

可以看出,图 6.6 所示硬件平台通过细胞模拟模块的编程和组合可进行任意结构、规模的胚胎电子阵列的实验,同时提供了实验信号环境及过程信号检测设备,能够满足胚胎电子系统自修复实验的硬件需求。

6.2.4 验证及分析

针对本章所提胚胎电子阵列结构,在该实验系统上进行自修复实验。实验中以 LGSynth91 中的 C17 电路为目标电路。该电路功能只需要两个细胞便可实现,为了验证阵列的自修复能力,阵列规模设置为 2×3。

首先在 Xilinx ISE Design Suite 12.2 中采用待实验的胚胎电子阵列对 C17 电路进行仿真实现,并使用 Xilinx 仿真软件 ISim M63c 进行电路的仿真。仿真过程中为了便于观测自修复过程,将输入信号设置为固定信号,分别在 20 ns、40 ns 和 60 ns 向阵列中(1, 1)、(1, 2)、(1, 3)位置细胞注入故障,并监测电路的输入 I0、I1、I2、I3、I4,输出 O1、O2 及阵列中各列细胞的列移除信号 C1TS、C2TS、C3TS,仿真结果如图 6.7(a)所示。

使用本章设计的细胞模拟模块搭建规模为 2×3 的胚胎电子阵列,通过编程接口将待实验的电子细胞下载到阵列中的各细胞模拟模块,利用数字信号发生器产生与仿真中相同的电路输入信号,逻辑分析仪监测电路的输入、输出、各列细胞列移除信号,以及(1,

1)、(1, 2)、(1, 3)位置细胞故障信号。运行过程中通过细胞模拟模块的故障注入接口分别对(1, 1)、(1, 2)、(1, 3)位置细胞注入固定 0 故障,使用逻辑分析仪分别记录 3 次故障注入过程,将 3 次记录进行整理,其运行结果如图 6.7(b)所示。由于 3 次故障注入的监测信号分别单独记录,因此 3 次记录间的时间尺度并不存在关系,图 6.7(b)顶部的时间刻度并不矛盾。

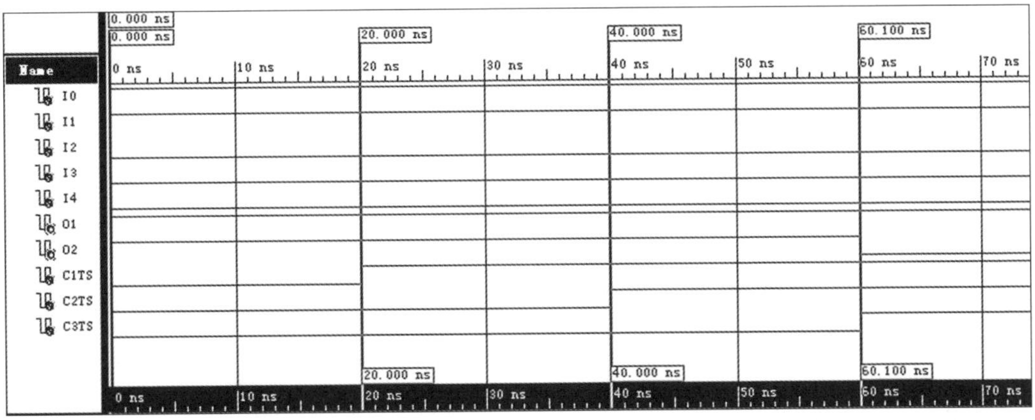

(a)仿真结果

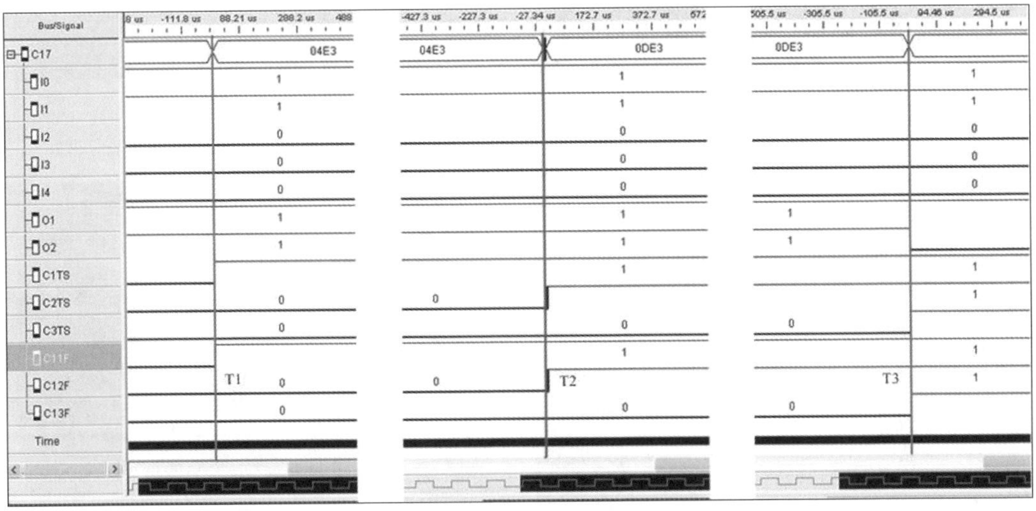

(b)实验系统运行结果

图 6.7　C17 电路仿真与实验结果

在仿真和实验运行过程中,当向(1, 1)细胞注入故障时,如图 6.7(a)中 20 ns 和图 6.7(b)中的 T1 时刻,由于列移除机制,该列细胞的移除信号 C1TS 变为高,第 1 列细胞被移除,由第 2 列细胞执行电路功能,电路输出正常;在 40 ns 和 T2 时刻,当向(1, 2)细胞注入故障时,第 2 列细胞的移除信号 C2TS 有效,第 2 列细胞功能被移除,由阵列中的第 3 列细胞执行电路功能,电路输出正常;在 60 ns 和 T3 时刻,当向(1, 3)细胞注入故障时,第 3 列细胞被移除,阵列中没有冗余的细胞列执行电路功能,电路故障,其输出错误。可以看出,图 6.7(a)(b)结果完全相同,实验系统可以正确执行电路的自修复,并记录其自修复过程中的关键信号。

实验系统运行过程中,细胞模拟模块的状态指示能够显示细胞当前状态:第 3 个 LED 指示细胞是否正常,第 4 个 LED 指示细胞是否被移除。C17 运行及故障注入过程中,胚胎电子阵列运行状态如图 6.8 所示。可以看出,正常运行时,阵列中所有细胞正常,细胞的第 3 个 LED 指示其正常状态,如图 6.8(a)所示;T1 时刻向(1, 1)细胞注入故障,第 1 列细胞被移除,该列细胞的第 4 个 LED 显示了其移除状态,如图 6.8(b)所示;T2、T3 时刻分别对(1, 2)、(1, 3)细胞注入故障,对应列细胞状态都能通过指示 LED 正确显示细胞状态,如图 6.8(c)(d)所示。

(a)正常运行

(b)(1, 1)细胞注入故障

(c)(1, 2)细胞注入故障

(d)(1, 3)细胞注入故障

图 6.8 胚胎电子阵列运行状态

由图 6.7(a)(b)所示的仿真、实验结果及图 6.8 所示胚胎电子阵列运行状态可以看出,对于特定的细胞结构,实验系统能够正确执行其功能,能够产生执行过程中所需输入信号、监测记录运行中的过程信号,并通过细胞模拟模块的状态指示直观地显示功能执行过程。

该实验系统采用细胞模拟模块作为基本单元,通过增加细胞模拟模块的数目,可构建任意规模的胚胎电子阵列,运行不同规模的目标电路。细胞模拟模块可通过编程配置功能,能够模拟任意 I/O 数目不大于 112 的电子细胞结构,且电子细胞间连接灵活,能够组成各种结构的胚胎电子阵列。

6.3　支持软件设计与开发

在第 4 章快速进化自修复理论基础上,设计并实现了所提仿生电子系统的支持软件。该支持软件运行在仿生电子系统的进化层,以 RTL 级的目标电路描述(VHDL、Verilog 等)文件及胚胎电子阵列结构描述文件为输入,通过对文件解析获得第 4 章算法所需输入,进行功能分化和故障后进化自修复计算,产生修复层、功能层配置文件,完成仿生电子系统的应用及使用过程中自主进化。

该支持软件是所提仿生电子系统的应用入口,为用户提供了方便的使用环境。

6.3.1　支持软件主要功能及结构框架

首先分析软件主要功能,并根据功能设计软件的结构框架,为软件的实现提供基础。

1. 主要功能

支持软件主要完成胚胎电子系统的功能分化和进化自修复。功能分化过程中,支持软件根据输入的目标电路描述文件和胚胎电子阵列结构描述文件,对目标电路进行前端综合、逻辑优化映射、物理映射,确定目标电路在阵列上的具体实现,最终生成胚胎电子阵列基因库文件,配置胚胎电子阵列功能。系统运行过程中,支持软件实时检测功能层和修复层状态,当功能层和修复层丧失自修复能力时,支持软件启动进化自修复过程,根据当前胚胎电子阵列中故障细胞位置,对目标电路结构进行进化,获得具有较大适应度的目标电路,提高目标电路的自修复能力。

为了完成以上过程,支持软件需要具有以下功能。

(1)文件解析功能。

为了方便用户使用,支持软件以目标电路的 Verilog 描述文件及胚胎电子阵列描述文件为输入,通过对文件的解析,获取功能分化、进化自修复所需参数。为了实现该功能,支持软件须具备文件解析功能,即针对所设计的描述文件格式,支持软件通过读取文件,获取目标电路、胚胎电子阵列相关参数。

(2)逻辑综合功能。

对于 Verilog 描述的目标电路文件,需要将其转换为节点及连接构成的电路网表,其中每个节点的功能都可由电子细胞执行。为了完成该转换,支持软件需要具有包括前端综合、逻辑优化、逻辑映射及打包等操作的逻辑综合功能。

(3)物理综合功能。

逻辑综合后的电路网表,需要确定节点及连接在胚胎电子阵列中的具体实现,该过程需要物理综合实现,即支持软件需要具有物理综合功能。

(4)基因库生成功能。

在物理综合的基础上,根据每个细胞所执行的逻辑功能及连接方式,可以确定细胞的表达基因,整个系统中所有细胞表达基因的集合,即为系统的基因库。

(5)功能层和修复层配置功能。

所生成的基因库需要配置到功能层和修复层,才能使整个系统执行预定目标电路功能。功能层和修复层的配置过程,也即细胞内基因存储内容写入过程。支持软件将阵列状态置为功能分化状态,根据基因库内容及基因备份数目大小,生成基因配置串,在全局时钟的控制下,将配置串中的基因依次送入母细胞,直至完成配置。

(6)功能层和修复层监测功能。

运行过程中,进化层实时监测功能层和修复层状态,并根据监测结果计算目标电路的自修复能力。当自修复能力退化到零时,进化层通过进化目标电路结构完成电路的修复。

(7)进化修复功能。

功能层目标电路自修复能力退化到一定程度时,支持软件根据故障细胞位置、目标电路初始布局及功能进化目标电路结构,获得更适应当前功能层状态、具有更大自修复能力的电路形式。

2. 软件结构框架

由上述内容可知,软件主要包括文件解析、逻辑综合、物理综合、基因库生成、功能层和修复层配置、功能层和修复层监测及进化修复功能。其中文件解析、逻辑综合、物理综合、基因库等完成功能分化,运行在客户端,为用户使用该自修复系统提供支持。功能层和修复层监测及进化自修复等完成目标电路的进化自修复,运行在所设计自修复系统的进化层,在目标电路运行过程中提供进化自修复支持。

为了完成以上功能,并便于软件的管理和升级,对软件采用了模块化设计,软件结构框图如图 6.9 所示。

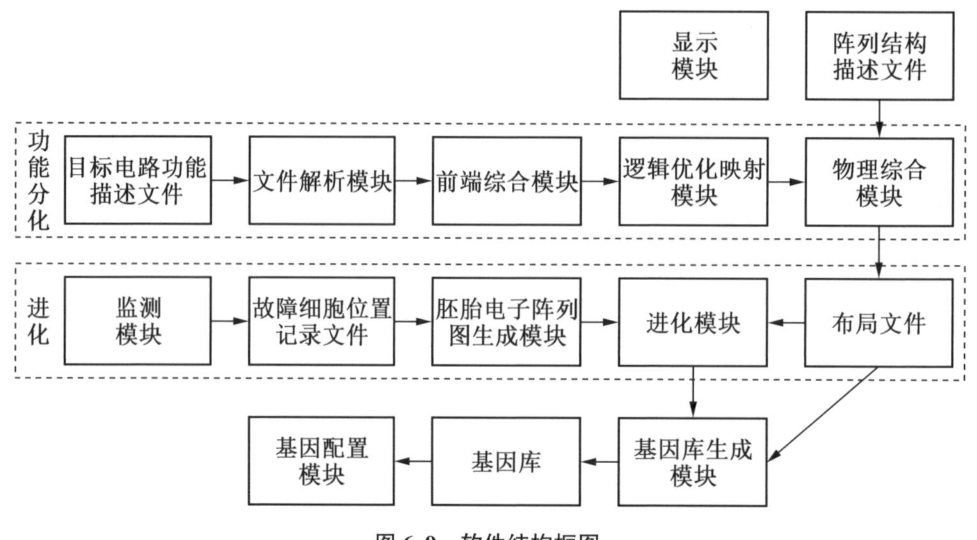

图 6.9 软件结构框图

所设计软件由文件解析模块、前端综合模块、逻辑优化映射模块、物理综合模块、基因库生成模块、基因配置模块、监测模块、胚胎电子阵列图生成模块、进化模块、显示模块等组成。其中前端综合模块、逻辑优化映射模块、物理综合模块、基因库生成模块等组成客户端,供系统用户开发使用。监测模块、胚胎电子阵列图生成模块、进化模块、基因库生成模块、基因配置模块等构成系统进化层的监测控制软件,控制系统的自修复流程及进化计算。各模块具体功能为如下。

(1)文件解析模块。

文件解析模块解析目标电路功能描述文件、阵列结构描述文件、故障细胞位置记录文件、布局文件、基因库等具有预定格式的存储文档,获取软件所需的目标电路、胚胎电子阵列等信息。

(2)前端综合模块。

前端综合模块执行功能分化中的前端综合功能,将 Verilog 等描述的目标电路功能解析为基本逻辑门组成的电路网表。

(3)逻辑优化映射模块。

逻辑优化映射模块执行功能分化过程中的逻辑优化映射模块,对前端综合获得的基本逻辑门组成的目标电路网表进行逻辑综合,生成由 LUT 和 FF 组成的电路网表。

(4)物理综合模块。

物理综合模块执行功能分化过程中的打包、物理映射功能,将 LUT 和 FF 组成的电路网表转换为由电子细胞为基本单元的电路网表,并根据胚胎电子阵列结构确定电路中每个节点及连接在阵列上的具体实现。

(5)基因库生成模块。

基因库生成模块根据阵列结构及目标电路在阵列上的具体实现,确定每个细胞的表达基因,生成目标电路的基因库。

(6)基因配置模块。

基因配置模块按照 5.3.2 节所述,根据基因库文件配置胚胎电子阵列中细胞基因存储,将每个细胞的表达基因配置到细胞的第一个基因寄存器中。

(7)监测模块。

在系统运行过程中,监测模块监测功能层和修复层状态,实时获取故障细胞位置,更新故障细胞位置记录文件,并根据阵列中细胞状态计算目标电路自修复能力,确定系统修复机制。

(8)胚胎电子阵列图生成模块。

胚胎电子阵列图生成模块根据阵列中故障细胞位置,结合 4.2 节故障电子细胞对阵列结构的影响,重新生成胚胎电子阵列图,为目标电路的进化提供基础。

(9)进化模块。

进化模块执行 4.5 节进化算法,根据故障细胞位置及目标电路布局,更新目标电路实现结构,提高目标电路对当前阵列的适应度,完成目标电路的进化。

(10)显示模块。

显示模块进行用户界面的管理。

6.3.2 文件及数据结构定义

针对6.3.1节分析,对软件中所需文件格式进行设计,并对软件中的关键数据结构进行定义。

1. 文件格式定义

为了提供目标电路功能、胚胎电子阵列结构、记录中间计算结果及保存最终分化、进化结果,软件运行过程中需要多个文件,其中包括目标电路功能描述文件、胚胎电子阵列结构描述文件、布局文件、布线文件及基因库文件。为了进行软件中文件的读写,首先需要进行软件格式的定义。

(1)目标电路功能描述文件。

目标电路功能描述文件用于描述待实现的目标电路功能,是支持软件的输入文件,支持软件设计中,采用Verilog描述文件或BLIF(berkeley logic interchange format)文件格式。

BLIF文件是一种通用的逻辑电路描述格式,根据BLIF文件内描述及BLIF文件定义,可以得到电路拓扑结构和每个电路节点的功能表达式。模块(model)是BLIF的基本单元,一个模块代表一个功能电路。BLIF文件可以包含多个模块,并可以调用其他BLIF文件中的模块。模块的描述结构如下:

```
.model <model_name>
.inputs <input_list>
.output <output_list>
.clock <clock_list>
<command>
.
.
<command>
.end
```

其中,model_name是模块的名称;input_list、output_list、clock_list分别是输入信号、输出信号和时钟信号列表,不同的信号名称间由空格分开。

command是电路功能描述,可以是logic-gate、generic-latch、library-gate、model-reference、subfile-reference、fsm-description、clock-constraint、delay-constraint等类型,通过多种类型的复用,可以实现任意功能数字电路的描述。其中较为常用的为logic-gate、generic-latch，即逻辑门、锁存器的描述。

logic-gate 代表一个逻辑功能，可以作为其他逻辑功能的输入，逻辑门描述如下：

```
.name <in-1> <in-2> …<in-n> <output>
<single-output-cover>
<single-output-cover>
<single-output-cover>
…
```

其中，output 是该逻辑门的输出信号，也是该逻辑门的名称；in-1、in-2、…、in-n 是逻辑门的输入信号。single-output-cover 是逻辑门逻辑功能的 n 输入，1 输出 PLA 描述，使用{0，1，-}进行输入/输出的状态描述，1 代表信号正常使用，0 代表信号被取反，-代表信号未被使用，通过输入/输出端的映射描述逻辑门的功能。以一个简单的逻辑门描述为例，其描述如下：

```
.name a b c d f
1--0 1
-1-1 1
0-11 1
```

每一行中的元素使用与门组合在一起，不同的行间使用或门运算。则该逻辑门的功能为

$$f=a\bar{d}+bd+\bar{a}cd$$

generic-latch 用来描述锁存器和触发器，其描述如下：

```
.latch <input> <output> [<type> <control>] [<init-val>]
```

其中，input、output 为锁存器的输入、输出信号；type 为触发类型，可以为{fe，re，ah，al，as}，分别代表下降沿触发(falling edge)、上升沿触发(rising edge)、高电平触发(active high)、低电平触发(active low)和同步触发(asynchronous)；control 为锁存器的时钟信号，可以为.clock 模块或模型中的任一功能输出信号；init-val 为锁存器的初始状态，可以为{0，1，2，3}，其中 2 代表无关(don't care)，3 代表未知。

(2)胚胎电子阵列结构描述文件。

为了实现第4章中的物理综合,需要对胚胎电子阵列结构进行描述。胚胎电子阵列中影响物理映射过程的有阵列规模、输入/输出端口数目、细胞内 LUT 规模、开关盒宽度等。为了提高软件的通用性,为胚胎电子阵列、电子细胞结构研究提供支持,在阵列结构描述文中,对 LUT 数量、FF 数量及开关盒规模进行描述。

采用 XML 语言进行阵列结构描述。可扩展标记语言 XML 是由万维网协会(World Wide Web Consortium,W3C)推出的数据交换标准,是一种简单、可扩充的国际化描述性语言,对信息的结构化描述具有良好的格式支持,具有完善的解码方式和面向对象的特性,具备完善的技术体系,标准开放,数据处理便捷。

XML 文件中,由不同层次的标签、值及属性进行数据的树状存储。胚胎电子阵列结构描述文件包括 layout、switchlist 和 complexblocklist 3 个标签,分别进行阵列规模、开关盒及细胞内功能模块的描述。每个标签下有多个子标签存储具体信息。

layout 标签中,信息记录格式如下:

```
<layout {auto="int" |width="int" height="int"}>
```

当 auto 值非零时,阵列规模根据目标电路在软件中自动确定,当设置 width、height 值为 x、y 时,则阵列规模为 x×y,即阵列中包含 x 行、y 列电子细胞。

switchlist 标签下信息描述如下:

```
<switch_block_type="{wilton|subset|universal}" fs="int">
```

其中,switch_block_type 记录开关盒结构类型,可以选择为 wilton、subset 或 universal,而 fs 记录开关盒宽度。

complexblocklist 标签下描述电子细胞内逻辑单元结构,为了能够对后续研究进行支持,complexblocklist 标签支持复杂结构的描述。逻辑单元主要由 LUT 和 FF 组成,complexblicklist 中需要记录逻辑单元输入/输出数目、LUT 规模、LUT 数目、FF 数目及 LUT 和 FF 间的连接信息。complexblicklist 中采用子模块 pb_type 和连接 interconnect 进行各模块及模块间连接的描述。每个子模块 pb_type 使用 name、blif_model、num_pb、input、output 标签记录模块的名称、类型、数量、输入/输出信息,对于复杂模块,其中还可以包括子模块 pb_type 和连接 interconnect 标签。通过子模块和连接的多重描述,可以完成以 LUT、FF 和 MUX 为基本单元的复杂逻辑结构的描述。

对于由 1 个 4 输入 LUT、1 个 FF 组成的简单逻辑单元,其描述如图 6.10 所示。

在阵列运行过程中不断出现故障细胞,为了进行 4.5 节阵列的进化,需要记录阵列中故障细胞位置。采用单独的文件进行细胞故障的记录,其记录格式如下:

```
故障细胞数目 n
故障细胞 1 坐标
故障细胞 2 坐标
…
故障细胞 n 坐标
```

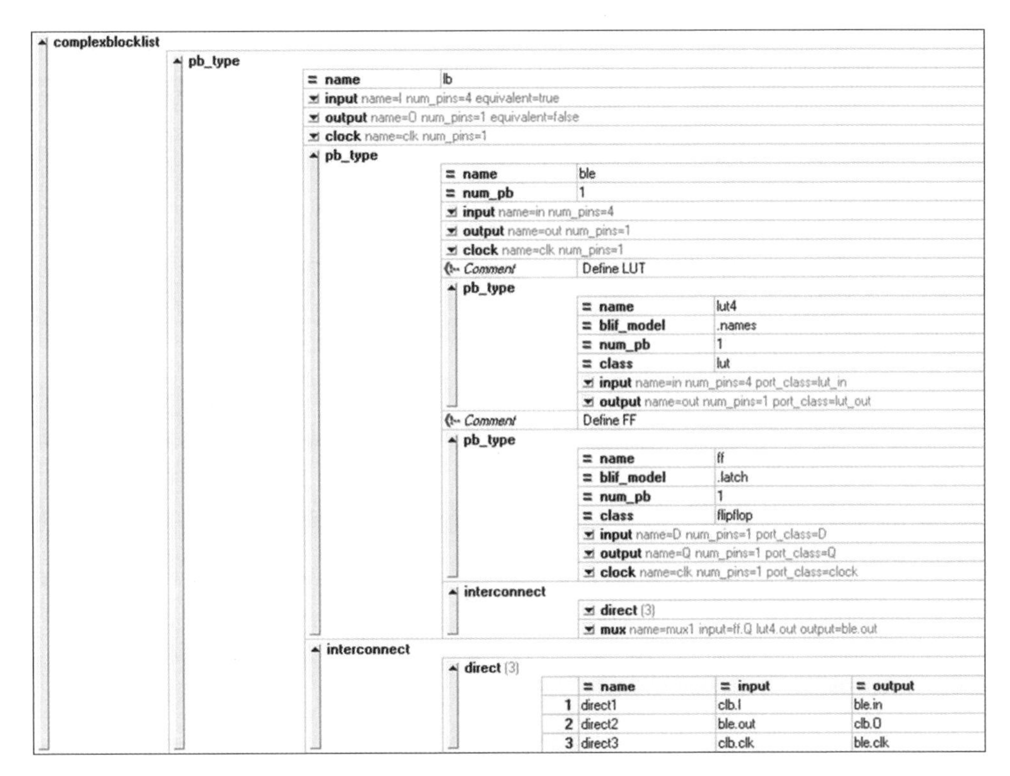

图 6.10　逻辑单元描述实例

其中,故障细胞坐标即为故障细胞在胚胎电子阵列上的坐标位置。

(3)布局文件。

布局文件保存物理映射过程中节点和输入端口选择信息,主要记录目标电路、阵列及节点位置信息,其结构如下:

```
TargetCircuitFile EAFile
EASize
NodeName1 NodePosition Subblk
NodeName2 NodePosition Subblk
…
NodeNamen NodePosition Subblk
```

其中,TargetCircuitFile 为目标电路描述文件路径,EAFile 为胚胎电子阵列结构描述文件路径,EASize 为阵列规模,NodeName 为目标电路节点名称,NodePosition 为电路节点在胚胎电子阵列中的实现位置,也即实现该节点的电子细胞 I/O 位置,对于 I/O 端口,一个坐标位置上有多个 I/O,为了对其进行区分,采用 Subblk 记录其具体端口位置。对于电子细胞,Subblk 无效。

(4)基因库文件。

基因库文件记录目标电路的基因库,主要包括目标电路、胚胎电子阵列及细胞表达基因信息,其具体结构如下:

```
TargetCircuitFile EAFile
EASize
Cell1Position ExpressedGene
Cell2Position ExpressedGene
…
CellnPosition ExpressedGene
```

其中,CellPosition 为细胞在阵列中的位置坐标,ExpressedGene 为其表达基因,采用 0、1 序列表示。所有细胞表达基因的集合即为目标电路在该胚胎电子阵列上的基因库。

2. 数据结构定义

支持软件的主要工作是完成目标电路到胚胎电子阵列的映射,因此软件中需要对目标电路和胚胎电子阵列进行详细描述。软件中根据目标电路、胚胎电子阵列特点及映射需求,设计了数据结构,进行了软件运行中的参数存储。

(1)目标电路数据结构定义。

对目标电路进行描述主要通过两个方面,节点和节点间连接网线,通过 block、clb_net 两个全局变量进行描述,其定义如下:

```
int num_nets=0;
struct s_net *clb_net=NULL;
int num_blocks=0;
struct s_block *block=NULL;
```

其中,num_nets、num_blocks 分别为网线、节点的数目。

block 的数据类型定义及说明如下:

```
struct s_block {
    char *name;
    t_type_ptr type;
    int *nets;
    int x;
    int y;
    int z;
    boolean isFixed;
};
```

其中,name 为电路节点名称;type 为节点类型(io、clb);nets 为连接其他节点的网线;x、y、z 为电路节点在 FPGA 中的位置;isFixed 为节点位置是否固定标志。

clb_net 记录电路节点间的连接网线及网线上的各连接端点,每个 clb_net 记录一个网线,clb_net 的数组 struct s_block *block 记录整个目标电路中的所有网线。电路中一个电路节点输出到多个节点的多条连接组成一个网线,其包括一个源节点和多个目的节点,连接所处的逻辑块位置、引脚均记录在 clb_net 中。clb_net 的数据类型如下:

```
typedef struct s_net {
    char *name;
    int num_sinks;
    int *node_block;
    int *node_block_port;
    int *node_block_pin;
} t_net;
```

其中,name 为网线名称;num_sinks 为网线上输出节点数目;node_block 为 num_sinks+1 的数组,保存该网线所连接的所有节点,包括网线的源节点和目的节点,其中源节点保存在 node_block 中,目的节点保存在 node_block[1~num_sinks]中;node_block_port 为 num_sinks+1 的数组,保存所连接的节点的端口,与 node_block 内容对应;node_block_pin 为 num_sinks+1 的数组,保存所连接的节点的对应值,与 node_block 内容对应。

(2)胚胎电子阵列数据结构定义。

使用全局变量 nx、ny 记录胚胎电子阵列的规模,其中 nx 表示阵列行数、ny 表示阵列的列数。

使用全局变量 grid 记录胚胎电子阵列的全局信息,其定义为

extern struct s_grid_tile **grid;

其数据类型为 s_grid_tile,具体如下:

```
typedef struct s_grid_tile {
    t_type_ptr type;
    int offset;
    int usage;
    int state;
    int *blocks;
} t_grid_tile;
```

其中,type 为节点类型,当 type 为 IO_TYPE 时为输入/输出端口,否则为电子细胞;offset 为偏移量,用于定位模块位置;usage 标记模块是否被使用;state 表示电子细胞状态,用于标记电子细胞是否故障;blocks 表示所执行的目标电路功能节点。

6.3.3　支持软件的实现

在以上设计的基础上,在 Microsoft Visual Studio 2010 环境下使用 C++语言对支持软件进行实现。

软件主界面由分化进化结果显示区、操作区和状态栏组成,如图 6.11 所示。

图 6.11　软件主界面的组成

(1)分化进化结果显示区。

分化进化结果显示区根据胚胎电子阵列结构参数显示模型,包括电子细胞阵列和两端的输入/输出(I/O)端口;在分化、进化过程中显示布局和布线结果;在进化过程中,根据实际或设置故障细胞位置进行显示,并实时显示进化结果。

(2)操作区。

操作区包括各种功能按键,为用户提供操作平台。操作区根据功能主要包括3类操作:查看操作、参数设置和分化进化。

①查看操作。查看操作主要用于界面上分化进化结果的查看,包括上(U)、下(D)、左(L)、右(R)共4个方向键及放大(zoom in)、缩小(zoom out)、适合窗口(zoom fit)及显示窗口内容(window)等界面查看操作。此外,还具有查看网线(toggle nets)、查看布线路径(toggle RR)等查看布局、布线细节的功能。

②参数设置。参数设置主要用于设置功能分化、进化过程中所需参数,主要包括胚胎电子阵列结构描述文件(Embryonics)、目标电路功能描述文件(target circuit)及故障细胞位置(fault cell)等。

③分化进化。分化进化主要进行系统的分化(differentiation)、进化(evolution)及基因库生成(genome)操作。

(3)状态栏。

状态栏主要显示软件当前状态、参数设置等信息,用于软件的辅助显示。

6.4 典型电路的自修复实现

对现代雷达中的重要电路——脉冲压缩电路进行仿生自修复实现,并以脉冲压缩电路中的加乘电路为例,详细阐述其自修复过程,最后通过仿真综合和理论模型对其硬件消耗进行分析。

6.4.1 脉冲压缩电路

脉冲压缩是一种现代雷达信号处理技术,通过脉冲压缩电路可以将发射的宽脉冲在接收端“压缩”为窄脉冲。通过脉冲压缩技术,既可以发射宽脉冲以提高平均功率和雷达的检测能力,又能够保持窄脉冲的距离分辨率,同时改善雷达的探测距离和距离分辨率这两个重要指标,在现代雷达中得到广泛应用。

1.脉冲压缩的数字实现

脉冲压缩可以通过数字法和模拟法实现,数字实现与模拟实现相比,具有自适应能力强、易于实现大时宽的脉冲压缩等诸多优点,现代雷达系统中模拟实现已逐渐被数字实现替代。脉冲压缩可以通过时域(FIR滤波器)和频域(FFT-IFFT)两种方式进行数字实现。

(1)时域脉冲压缩法。

用数字方法实现时,输入离散信号为 $s(n)$,脉冲压缩冲激响应为 $h(n)$,其输出为输入离散信号 $s(n)$ 与冲激响应 $h(n)$ 的卷积,即

$$y(n)=\sum_{k=0}^{N-1}s(k)*h(n-k)=\sum_{k=0}^{N-1}h(k)*s(n-k) \tag{6.1}$$

式中,N 为脉冲压缩冲激长度。可以采用经典的横向滤波器法进行时域压缩的实现,其原理图如图 6.12 所示。

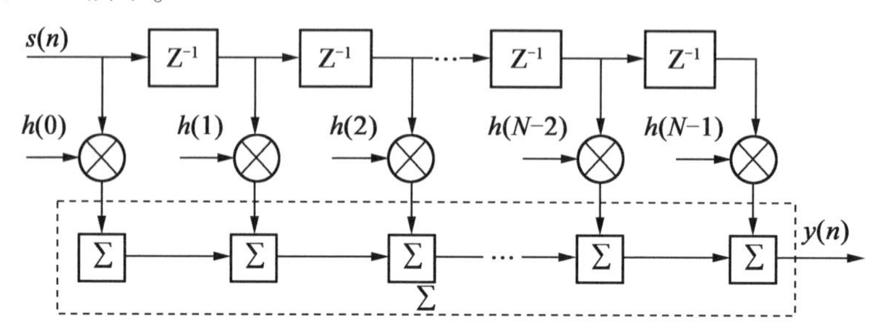

图 6.12 时域脉冲压缩实现原理图

(2)频域脉冲压缩法。

在频域进行数字脉压时,首先通过快速傅里叶变换(FFT)获得回波信号频谱 $S(\omega)$,然后将 $S(\omega)$ 与匹配滤波器频谱 $H(\omega)$ 相乘,最后对乘积进行快速傅里叶逆变换(IFFT)获得脉冲压缩结果 $y(n)$,有

$$y(n)=\mathrm{IFFT}\{\mathrm{FFT}[s(n)]*\mathrm{FFT}[h(n)]\} \tag{6.2}$$

2. 目标电路

为了便于展示仿生自修复实现细节,选取某脉冲压缩实验电路作为目标电路进行仿生自修复设计。

该目标电路针对 BT=16、时宽为 0.5、带宽为 8、时宽-带宽积为 4 的线性调频信号进行脉冲压缩。为了降低仿生自修复中胚胎电子阵列规模,回波信号 $s(k)$ 设置为 15、15、14、11、4、0、6、15、6、2、15;脉冲压缩冲激响应为 15、2、6、15、6、0、4、11、14、15、15。回波序列经压缩后的理论输出 $y(n)$ 为 225、255、330、508、481、374、423、588、611、855、1 309、855、611、588、423、374、481、508、330、255、225。原始回波信号及脉冲压缩输出信号如图 6.13 所示。

由图 6.13 可以看出,虽然信号采样频率较低,但图 6.13(b)中所示压缩后的信号依然能够反映电路的脉冲压缩能力。

采用时域脉冲压缩法对该脉冲压缩电路进行实现,则电路功能为

$$y(n)=\sum_{k=0}^{10}s(k)h(n-k)=\sum_{k=0}^{10}h(k)s(n-k) \tag{6.3}$$

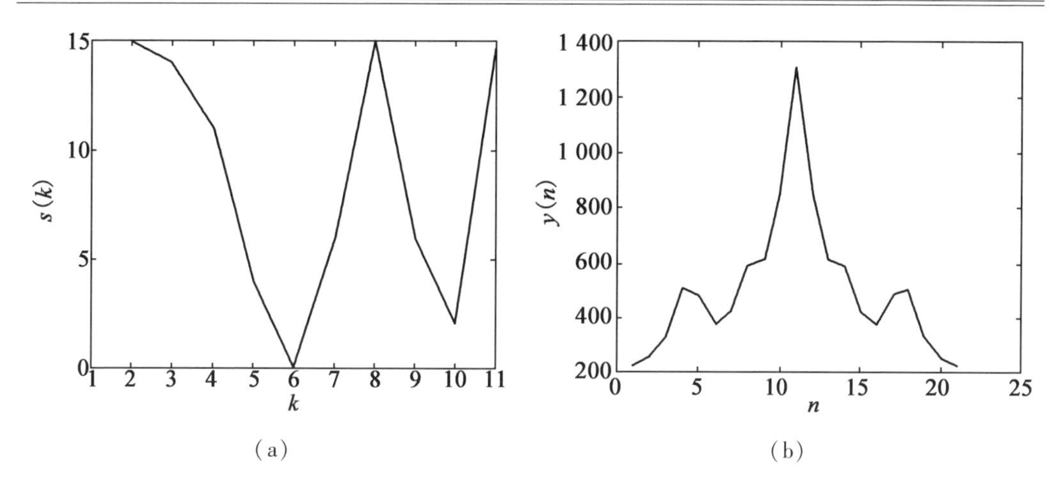

图 6.13 原始回波信号及脉冲压缩输出信号

可以看出,脉冲压缩电路可以如图 6.12 所示划分为 11 个加乘电路的串联。脉冲压缩电路的输入信号为时钟信号 clk、回波信号 $s(n)$,输出信号为压缩后信号 $y(n)$。单个加乘电路的输入信号为时钟信号 clk、输入数据 data_in、前级和信号 sum_in,输出信号为输出数据 data_out 和信号 sum_data。根据回波信号和脉冲压缩输出信号大小,输入信号采用 4 位的宽度,脉冲压缩输出信号宽度采用 11 位。

在 Xilinx ISE Design Suite 12.2 环境中对该脉冲压缩电路进行实现,使用 Xilinx ISE 自带的仿真软件 ISim(M.63c)中对该脉冲压缩电路进行仿真,仿真过程中时钟信号频率设置为 10 MHz,目标电路功能仿真如图 6.14 所示。

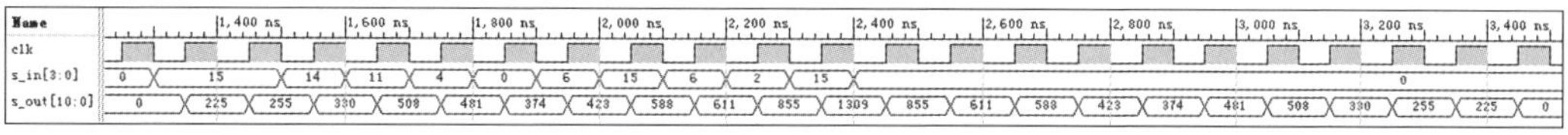

图 6.14 目标电路功能仿真

由图 6.14 所示仿真结果可以看出,在时钟驱动下,该目标电路可以完成对输入回波的压缩,且压缩结果与理论值一致。

6.4.2 仿生自修复实现

1. 目标电路分析

利用 6.3 节支持软件对脉冲压缩电路进行仿生自修复设计。首先对脉冲压缩电路的 Verilog 描述文件 maiya.v 进行前端综合、逻辑优化映射,然后根据胚胎电子阵列中电子细胞结构进行打包,最后对打包结果进行物理综合和基因库生成。

首先,采用 3.3 节电子细胞结构进行目标电路的打包,每个细胞内包括一个 4 输入 LUT 和一个 FF。打包后生成的以电子细胞为基本单元的目标电路包含 237 个节点,实现该电路所需胚胎电子阵列规模最小为 16×16。利用 6.3 节支持软件对 16×16 的胚胎电子阵列进行功能分化,耗时 9.09 s,分化结果如图 6.15 所示。为了使目标电路具有自修复能力，所需胚胎电子阵列规模应该大于16×16，最小为16×17。目标电路的自修复能力由阵列中空闲细胞列数确定，根据阵列规模不同而不同，当阵列规模为16×17时，支持1次故障自修复，自修复能力为1。

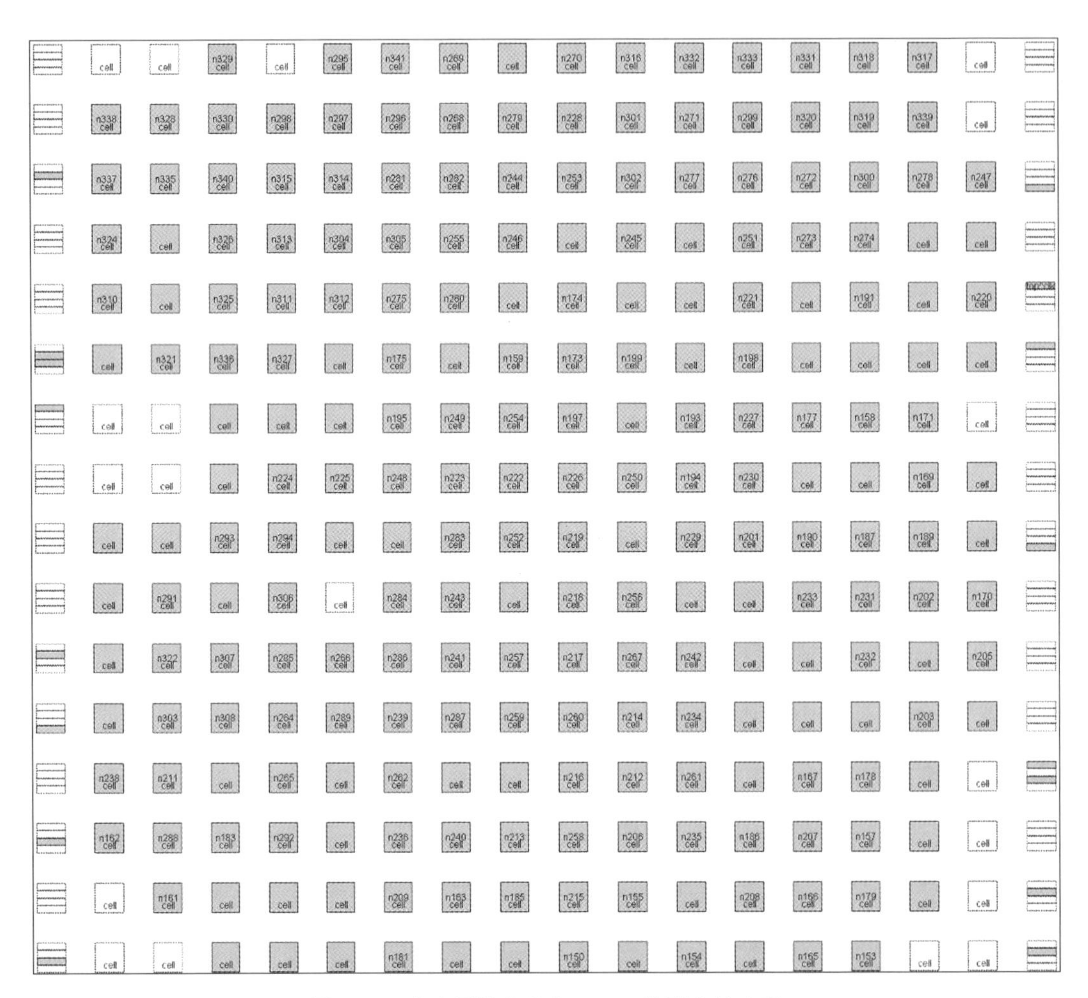

图 6.15　脉冲压缩电路在 16×16 阵列上的实现

为了降低所需阵列规模，增加电子细胞粒度，分别使用6输入LUT、8输入LUT、10输入LUT、12输入LUT、14输入LUT、16输入LUT作为电子细胞功能单元。在不同粒度的LUT配置下，对目标电路进行打包，统计其电路节点数目和所需最小阵列规模，见表6.1。

表 6.1　电路节点数目和所需最小阵列规模

LUT 粒度	4	6	8	10	12	14	16
节点数目	237	203	182	154	136	122	118
最小阵列规模	16×16	15×15	14×14	13×13	12×12	12×12	11×11

可以看出，增加电子细胞功能粒度可以降低所需胚胎电子阵列规模，但即使将电子细胞规模增加到 16 输入 LUT，也需要 11×11 的胚胎电子阵列，不便于观察实验细节。为了便于详细阐述实验内容，可以其中的加乘电路为对象进行进一步的实验。

加乘电路完成数据的乘运算、加运算和输入数据的延时，其输入为时钟信号 clk、数据输入 s_in[3:0]、前级和输入 sum_in[10:0]，输出为延时数据 s_out[3:0]、本级和数据 sum_out[10:0]。在 4 输入 LUT 为功能单元的电子细胞阵列上进行综合后，加乘电路包含 25 个细胞节点，所需最小阵列规模为 6×6。为了进一步减小实验规模，降低数据宽度，s_in、s_out 宽度设置为 2 位，sum_in、sum_out 宽度设置为 5 位，加乘电路功能为

$$\begin{cases} \mathrm{sum\_out}(n)=\mathrm{sum\_in}(n)+\mathrm{s\_in}(n)\times 3 \\ \mathrm{s\_out}(n)=\mathrm{s\_in}(n-1) \end{cases} \tag{6.4}$$

在 Xilinx ISE 中实现时，其 Verilog 代码文件 jc.v 为

```
module jc(clk, s_in, s_out, sum_in, sum_out);

input clk;
input [1:0] s_in;
output [1:0] s_out;
input [4:0] sum_in;
output [4:0] sum_out;
reg [1:0] s_out;
assign sum_out = sum_in + s_in * 2'b11;
always @ (posedge clk) begin
    s_out <= s_in;
end
endmodule
```

使用 ISim(M.63c)软件对其进行仿真，clk 设置为 10 MHz，(s_in, sum_in)输入序列为(0, 0)、(1, 5)、(2, 9)、(3, 13)、(2, 4)、(1, 16)，加乘电路仿真结果如图 6.16 所示。

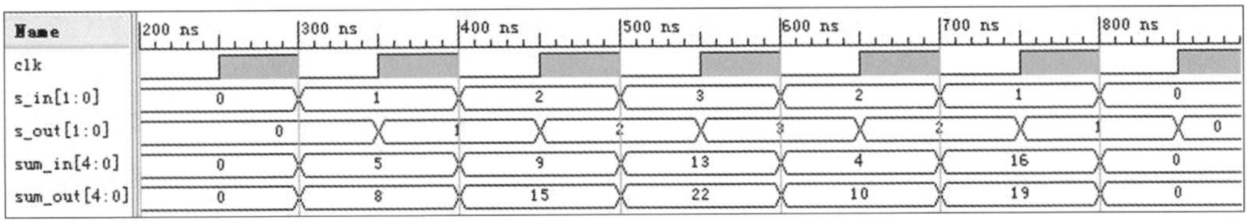

图 6.16　加乘电路仿真结果

由图 6.16 所示仿真结果可以看出,其 Verilog 描述能够正确执行预定功能。

以 jc.v 文件为支持软件输入,进行目标电路到胚胎电子阵列的映射。首先对 jc.v 进行前端综合和逻辑优化、映射,经逻辑优化后电路节点连接如图 6.17 所示。其中 sum_in0~sum_in4 为电路输入,sum_out0~ sum_out4 为电路输出,n1~n11 为电路功能节点,可由细胞内的 LUT 实现,FF_N7L、FF_N8L 为 FF。

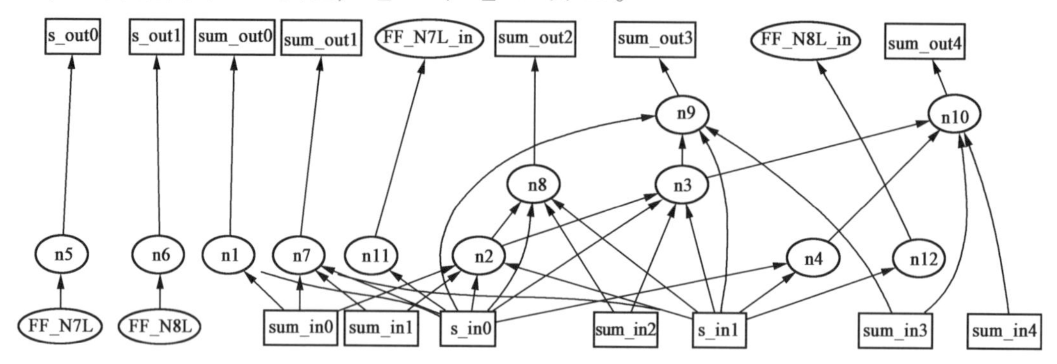

图 6.17 逻辑优化后电路节点连接

2. 胚胎电子阵列设置

利用胚胎自修复系统进行加乘电路的自修复实现时,根据目标电路规模,系统中功能层胚胎电子阵列规模设置为 4×5,即包含 4 行 5 列共 20 个电子细胞。细胞中开关盒宽度设置为 4。

细胞的基因配置主要包括 3 部分内容:LUT 功能及延时配置、LUT 输入配置、开关盒配置。

采用 4 输入 LUT,需要 16 位配置信息,延时需要 1 位配置信息,共需要 17 位配置。

局部连接和远程连接相结合的胚胎电子阵列中,细胞的输入包括周围 8 个细胞的输出及开关盒 S、E 方向的输出,则 LUT 每个输入的可选输入为 8+4×2=16,采用 4-16 多路开关控制 LUT 每个输入端的输入选择,则需要 4×4=16 位控制信息,即 4 个输入端,每个输入端由 4 位控制信息控制一个 16-1 多路开关。

开关盒结构采用 Universal 结构,每个输出端由其他 3 个方向和细胞功能输出 4 个驱动中的一个进行驱动,考虑无驱动情况,则每个输出端需要一个 8-1 多路开关,需要 3 位配置信息,开关盒有 4 个方向,每个方向有 4 个开关,则开关盒需要 4×4×3=48 位配置信息。

综上,细胞基因长度为 17+16+48=81 位,基因具体配置见表 6.2。

3. 自修复实现

当 4×5 的胚胎电子阵列上所有细胞正常时,利用 6.3 节支持软件对胚胎电子阵列进行功能分化。功能分化过程耗时 0.7 s,分化后目标电路在胚胎电子阵列上的实现如图 6.18 所示。

表 6.2　基因具体配置

基因	69~80	57~68	45~56	33~44	39~34	25~28	21~24	17~20	16	0~15
功能	开关盒控制				LUT 输入连接选择				延时选择	LUT 功能
名称	SBC				LICC				FCC	LFC
说明	12 bit	12 bit	12 bit	12 bit	16 bit				1 bit	16 bit

图 6.18 中左右两边为电路的 I/O 端口，中间为胚能电子阵列，其中灰色细胞为激活细胞，其上为所执行的图 6.17 中功能节点名称，白色细胞为空闲细胞。可以看出，阵列中包括两列空闲细胞，可以支持两次列移除自修复操作，即目标电路的自修复能力为 2。阵列中各细胞采用其位置坐标进行表示，位于 m 行 n 列的细胞用(m, n)表示，则阵列中各细胞的表达基因见表 6.3。

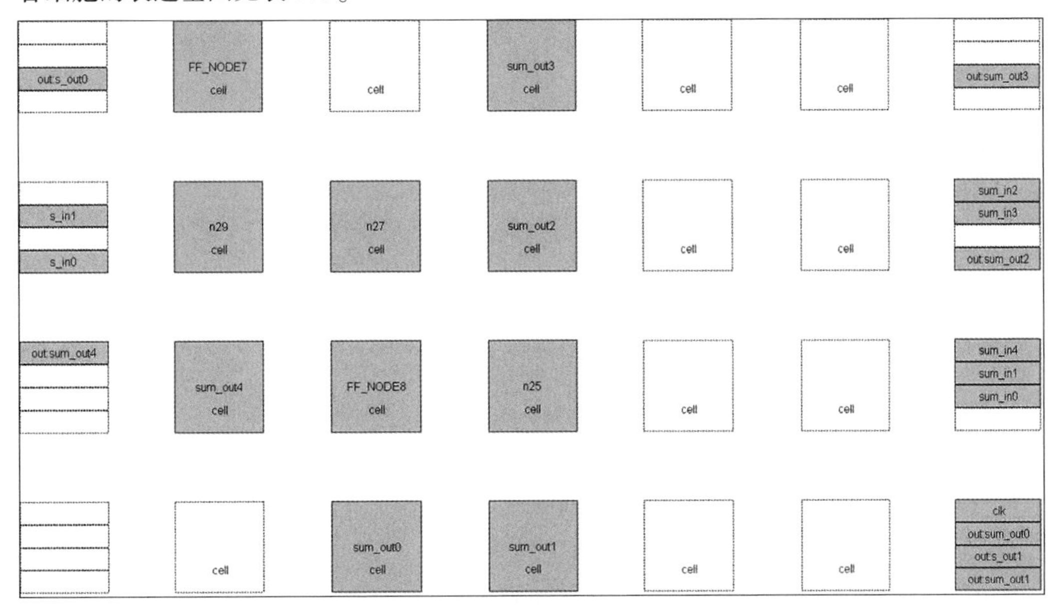

图 6.18　分化后目标电路在胚胎电子阵列上的实现

表 6.3　阵列中各细胞的表达基因

位置	表达基因
(1, 1)	111 111 111 111　111 111 111 111　111 111 111 111　111 111 111011 1000 0000 0000 0000　1　10101010 10101010
(1, 2)	111 111 111 111　111 111 111 000　010 1111 010 010　111 111 111 111 0000 0000 0000 0000　0　00000000 00000000
(1, 3)	111 111 111 111　111 111 111 111　111 111 111 001　010 010 111 011 1011 1000 1111 1001　0　10000111 01111000

续表 6.3

位置	表达基因
(1, 4)	111 111 111 111 111 111 111 111 111 111 001 111 111 111 111 111 1111 1111 1111 1111 0 00000000 00000000
(1, 5)	111 111 111 111 111 111 111 111 111 111 001 111 111 111 111 111 1111 1111 1111 1111 0 00000000 00000000
(2, 1)	010 111 111 111111 111 111 111 111 010 010 111 111 111 111 001 1111 1001 1001 1111 0 10001000 10001000
(2, 2)	111 000 000 010 111 000 111 111 111 001 111 111 111 111 010 111 1111 1000 1011 1000 0 10001000 11101000
(2, 3)	111 111 111 111 001 111 001 010 111 000 111 011 001 010 000 111 1011 1011 1011 1111 0 01100110 10010110
(2, 4)	111 111 111 111 111 111 111 111 001 111 001 111 111 111 111 111 1111 1111 1111 1111 0 00000000 00000000
(2, 5)	111 111 111 111 111 111 111 111 001 111 001 111 111 111 111 111 1111 1111 1111 1111 0 00000000 00000000
(3, 1)	000 111 000 111 111 111 111 111 111 001 111 011 111 111 111 000 1111 1010 1010 1111 0 00011110 01111000
(3, 2)	111 000 111 111 001 001 000 111 111 111 111 111 111 111 001 010 1111 1111 1001 1111 1 1010101010101010
(3, 3)	111 111 111 111 011 001 111 111 111 111 111 111 111 001 111 111 1010 1011 1010 1010 0 10001110 10100000
(3, 4)	111 111 111 111 111 111 111 111 111 111 111 111 111 111 111 111 1111 1111 1111 1111 0 00000000 00000000
(3, 5)	111 111 111 111 111 111 111 111 111 111 111 111 111 111 111 111 1111 1111 1111 1111 0 00000000 00000000
(4, 1)	111 111 111 111 111 111 111 111 111 111 111 111 111 111 111 111 1111 1111 1111 1111 0 00000000 00000000
(4, 2)	010 111 111 111 111 111 010 111 010 001 111 111111 111 111 111 1010 1111 1010 11110 01100110 01100110
(4, 3)	111 010 001 001 001 010 111 010 001 001 111 011 111 001 111 111 1010 1001 1010 1000 0 01101001 01011010
(4, 4)	111 111 111 111 111 111 111 111 111 111 111 001 111 111 111 111 1111 1111 1111 1111 0 00000000 00000000
(4, 5)	111 111 111 111 111 111 111 111 111 111 111 001 111 111 111 111 1111 1111 1111 1111 0 00000000 00000000

在3.5节胚胎电子阵列仿真模型基础上及表6.3所示基因库配置下，在Xilinx ISE Design Suite 12.2中对目标电路进行仿生自修复实现，全局时钟频率设置为10 MHz。在电路运行过程中分别向(2, 3)、(4, 2)位置细胞注入故障，其自修复过程如图6.19所示。

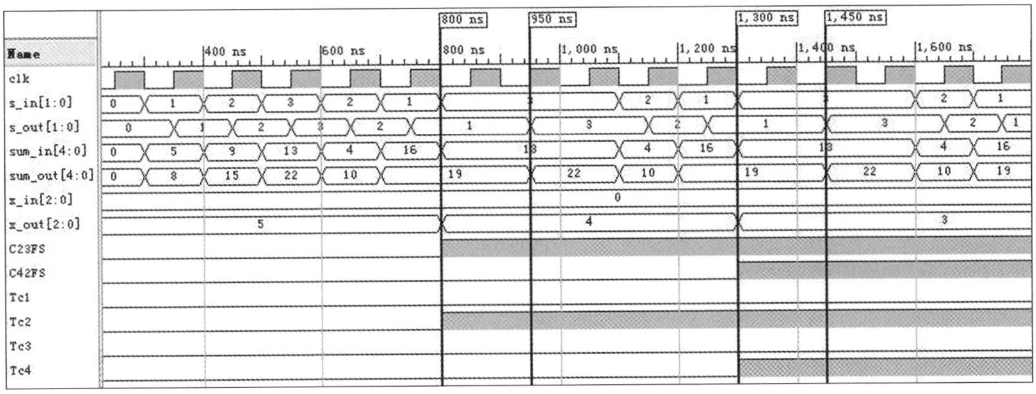

图6.19　目标电路列移除自修复过程

由图6.19可以看出，在表6.3所示基因库配置下，胚胎电子阵列能够实现目标电路功能。800 ns时刻(2, 3)位置细胞故障，细胞内自检模块检测到细胞故障向外发送细胞故障信号，其细胞故障信号C23FS被置为高电平，在该故障的驱动下，(2, 3)细胞所在列的列移除信号Tc2置为高电平，第2列变为透明，阵列中可用细胞列数x_out减少至4，细胞内基因存储进行基因信息的更新，经过两个时钟上升沿，150 ns后基因更新完成，第2、3列细胞功能移位到第3、4列上，目标电路功能保持正常，如950 ns所示；在1 300 ns，(4, 2)位置细胞注入故障，其细胞故障信号C42FS被自检单元置为高，在其驱动下通过列移除进行目标电路的自修复，经过150 ns基因更新完成后，阵列第4列的功能由第5列执行，目标电路功能得到修复，阵列中可用细胞列数x_out减少至3，此时阵列中已经没有空闲列，目标电路的自修复能力下降为零，不再具有自修复能力。

自修复过程的基因更新过程中，同时发生故障的细胞数目为1，只需要经过2个时钟上升沿便可完成细胞的基因存储内容更新，进而实现列移除自修复。实际修复过程中，第2个上升沿后自修复过程便完成，实际修复时间小于2个时钟周期。

当目标电路的自修复能力退化至零时，进化层根据胚胎电子阵列中故障细胞位置进化目标电路形式，得到更适应当前阵列的目标电路形式，提高电路的自修复能力。在(2, 3)、(4, 2)细胞故障的胚胎电子阵列上，利用6.3节支持软件进化目标电路结构。进化过程耗时0.69 s，所得目标电路实现形式如图6.20所示，其中(2, 3)、(4, 2)位置的故障细胞用“×”标记。由于进化计算在进化层进行，不影响功能层电路，因此0.69 s的进化过程中功能层上目标电路正常运行。

由图6.20可以看出，进化后阵列中具有一列冗余细胞，可以支持一次自修复，通过进化操作，提高了目标电路的自修复能力。进化自修复后阵列中各细胞的表达基因见表6.4。

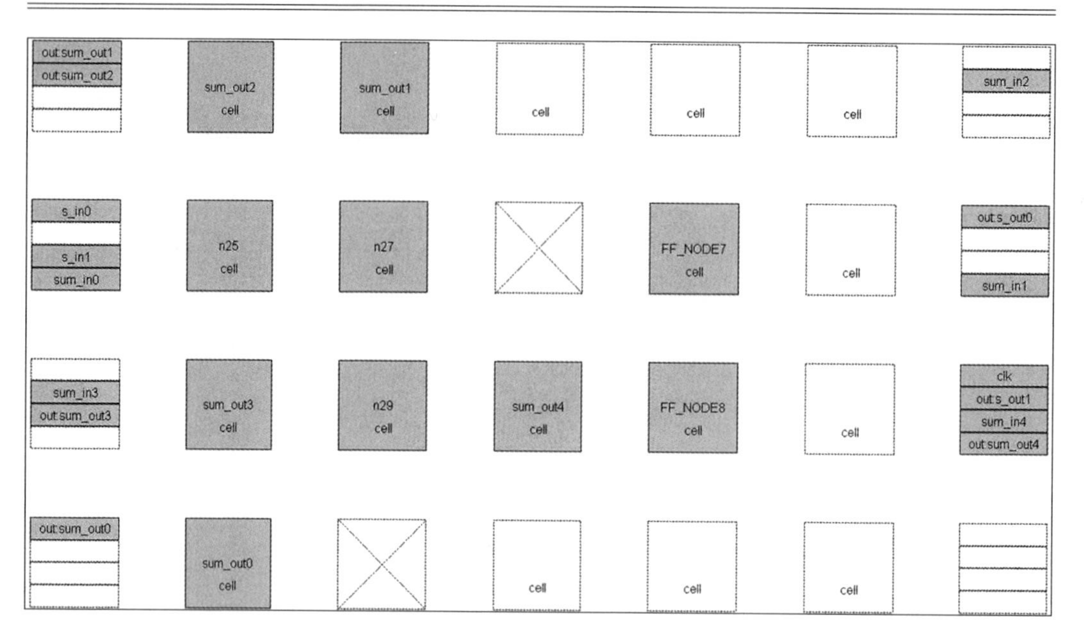

图 6.20 进化后目标电路实现形式

表 6.4 进化自修复后阵列中各细胞的表达基因

位置	表达基因
(1, 1)	111 111 111 111 111 111 111 111 010 111 111 111 111 111 111 011 1010 0000 1000 1010 0 01100110 10010110
(1, 2)	000 111 111 000 111 111 111 111 001 111 111 111 111 010 111 011 1011 1010 1010 1000 0 01101001 01011010
(1, 3)	111 000 000 111 111 111 111 111 111 111 111 111 111 111 111 111 1111 1111 1111 1111 0 00000000 00000000
(1, 4)	111 111 111 111 111 111 111 111 111 111 111 111 111 111 111 111 1111 1111 1111 1111 0 00000000 00000000
(1, 5)	111 111 111 111 111 111 111 111 111 111 111 111 111 111 111 111 1111 1111 1111 1111 0 00000000 00000000
(2, 1)	111 111 111 111 001 001 001 010 111 000 111 010 010 111 010 010 1001 1010 1010 1011 0 10001110 10100000
(2, 2)	111 000 000 010 001 010 111 111 111 111 111 111 111 010 111 111 1010 1111 1010 1000 0 10001000 11101000
(2, 3)	无
(2, 4)	001 111 111 111 111 111 111 111 111 111 111 111 000 111 111 111 1111 1111 1111 1000 1 10101010 10101010

续表 6.4

位置	表达基因
(2, 5)	111 111 111 111　111 111 111 111　111 111 111 111　111 111 111 111 1111 1111 1111 1111　0　00000000 00000000
(3, 1)	111 111 111 111　000 000 001 111　000 010 111 000　000 010 001 001 1011 1001 1001 1111　0　10000111 01111000
(3, 2)	111 111 111 000　000 111 010 000　001 001 111 001　111 001 111 111 1011 1111 1111 1011　0　10001000 10001000
(3, 3)	111 111 001 000　111 111 010 000　001 111 111 011　010 010 111 010 1010 1010 1111 1111　0　00011110 01111000
(3, 4)	111 111 001 001　000 111 111 111　000 111 111 001　000 111 111 011 1000 1111 1111 1111　1　1010101010101010
(3, 5)	111 111 111 111　111 111 111 111　111 111 111 111　111 111 111 111 1111 1111 1111 1111　0　00000000 00000000
(4, 1)	111 111 111 111　011 010 001 111　111 000 000 011　001 111 111 111 1111 1010 1111 1010　0　01100110 01100110
(4, 2)	无
(4, 3)	010 010 111 111　111 111 000 000　111 111 111 000　111 111 111 111 1111 1111 1111 1111　0　00000000 00000000
(4, 4)	111 111 111 111　111 111 111 000　000 111 111 000　111 111 111 111 1111 1111 1111 1111　0　00000000 00000000
(4, 5)	111 111 111 111　111 111 111 111　111 111 111 111　111 111 111 111 1111 1111 1111 1111　0　00000000 00000000

利用表 6.4 基因库重新配置胚胎电子阵列，阵列中正常细胞数目为 18，基因存储中基因备份数目为 4，配置过程耗时 18+4=22 个时钟周期，即 2.2 μs。配置过程迅速，时间消耗较短。在配置完成的阵列上进行功能仿真，并进行细胞故障注入，观测其自修复过程，阵列功能及其自修复过程如图 6.21 所示。

由图 6.21 可以看出，进化自修复后的阵列能够完成目标电路预定功能。在 800 ns 时刻对(3, 3)位置上的细胞进行故障注入，可以看出，经过 150 ns 的基因更新过程，阵列通过列移除完成故障自修复。

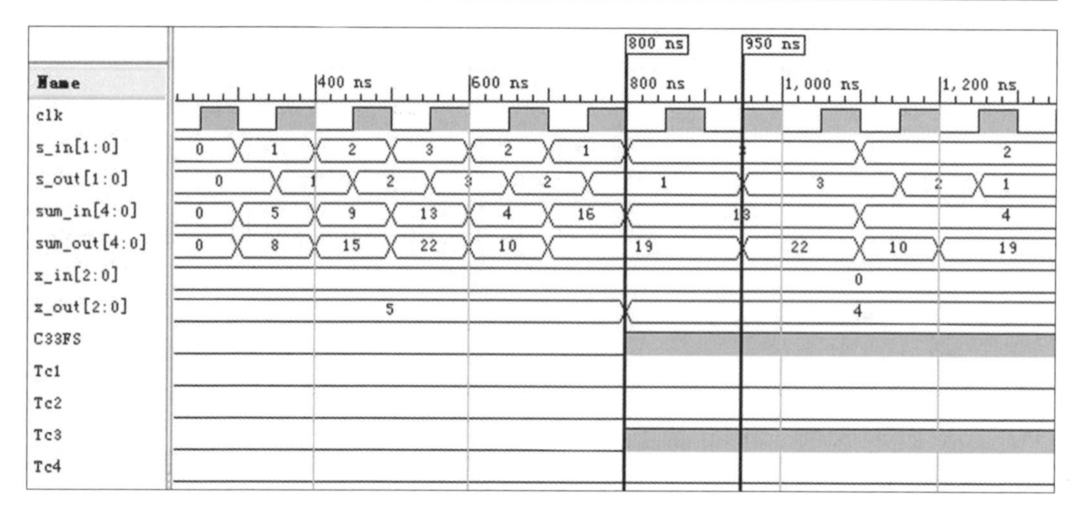

图 6.21 阵列功能及其自修复过程

6.4.3 自修复能力与硬件消耗分析

对胚胎电子阵列上所实现的目标电路进行硬件消耗分析，首先在 Xilinx ISE Design Suite 12.2 设计环境中利用 XST 对加乘电路及其胚胎电子阵列实现进行电路综合，统计所使用的 Slice、FF 及 LUT 数目。在此基础上，对胚胎电子阵列和 N 模冗余进行理论分析，建立其硬件消耗模型，分析不同目标电路规模和自修复要求下两者硬件消耗间的关系，为胚胎电子阵列的设计和应用提供了指导。

1. 硬件消耗仿真结果

当使用 FPGA 进行目标电路设计时，电路映射到 FPGA 基本单元 CLB 上。CLB 中包含多个 Slice，每个 Slice 中包括两个 LUT、两个触发器和相关逻辑，不同的 CLB 间通过开关盒进行连接。

胚胎电子阵列进行目标电路的实现时，与 FPGA 类似，目标电路映射到电子细胞上，电子细胞由 LUT、FF、开关盒和基因存储模块、自检测模块等组成。在硬件消耗上，相当于在 FPGA 基本单元上增加了基因存储模块、自检测模块及控制模块。

为了在相同级别上验证目标电路的硬件消耗，分别在设计的 FPGA 阵列上和胚胎电子阵列上进行目标电路的实现。两种阵列的功能模块、开关盒结构相同，阵列上目标电路实现方式相同。

利用 ISE 中的 XST 工具进行两种实现方式下电路综合，统计其 Slices、Slice Flip Flops 及 4 输入 LUT 使用数目，并计算胚胎电子阵列与 FPGA 阵列的硬件消耗比 P，结果见表 6.5。

由表 6.5 可以看出，在实现相同功能时，胚胎电子阵列比 FPGA 的硬件消耗大。这是由于胚胎电子阵列中电子细胞不但要具有 FPGA 中可配置功能及连接的能力，还要有自检测、自修复控制等功能，因此单个电子细胞比相同粒度 FPGA 单元的硬件消耗大，单纯地实现目标电路功能时没有硬件消耗方面的优势。

表 6.5　不同实现方式硬件消耗

消耗类型	消耗数目		P
	FPGA 阵列	胚胎电子阵列	
Slices	12	48	4.0
Slice Flip Flops	12	12	1.0
4 输入 LUT	12	84	7.1

胚胎电子阵列通过移除故障细胞或故障细胞所在列完成目标电路的自修复,而传统的 3 模冗余通过整个电路的冗余备份完成系统的修复,电路中任一单元的故障就需要整个模块的替换,且需要多余的两个备份完成目标电路的检测。当电路所需自修复能力 SRC 分别为 1、3、5、9、15 时,两种模式的硬件消耗比 P 见表 6.6。

由表 6.6 可以看出,随着自修复能力 SRC 要求的提高,两种方式的硬件消耗均增加,但硬件消耗比不断降低,这是由于 N 模冗余中修复每次故障需要消耗较多硬件。但即使自修复能力 SRC 要求增加到 30,胚胎电子阵列所消耗的 Slices 和 4 输入 LUT 依然较多,这是由目标电路规模较小造成的,对于这个问题,将在下一节中具体分析。

表 6.6　不同自修复能力要求下两种模式的硬件消耗

SRC	消耗类型	消耗数目		P
		FPGA 阵列	胚胎电子阵列	
1	Slices	36	64	1.78
	Slice Flip Flops	36	16	0.44
	4 输入 LUT	36	112	3.11
3	Slices	60	96	1.60
	Slice Flip Flops	60	24	0.40
	4 输入 LUT	60	168	2.80
5	Slices	84	128	1.52
	Slice Flip Flops	84	32	0.38
	4 输入 LUT	84	224	2.67
9	Slices	132	192	1.45
	Slice Flip Flops	132	48	0.36
	4 输入 LUT	132	336	2.55

续表 6.6

SRC	消耗类型	消耗数目		P
		FPGA 阵列	胚胎电子阵列	
15	Slices	204	288	1.41
	Slice Flip Flops	204	72	0.35
	4 输入 LUT	204	504	2.47
30	Slices	384	528	1.38
	Slice Flip Flops	384	132	0.34
	4 输入 LUT	384	924	2.41

2. 硬件消耗理论分析

在仿真分析的基础上,建立硬件消耗分析模型,对目标电路仿生自修复实现与经典的 N 模冗余进行分析比较。

假设某电路由 $m\times n$ 个基本单元组成,每个单元消耗为 ω。电子细胞在每个功能单元的基础上增加了基因存储、自检测及修复控制电路,设所增加的辅助电路与原电路的硬件消耗比(辅助电路比)为 α,其值大小取决于电路设计水平及自检测中故障覆盖率。电路由基本逻辑单元组成时,其硬件消耗为 $m\times n\times\omega$;电路由电子细胞实现时,其硬件消耗为 $m\times n\times(1+\alpha)\times\omega$。

当要求电路的自修复能力为 SRC 时,有:

(1)电路采用 N 模冗余实现,并使用模块冗余结构,此时需要 SRC+N-1 个电路通过比较器、检测器、开关完成电路输出的比较、筛选,将错误输出电路通过开关切换开,使错误电路不对电路的最终输出造成影响。忽略比较器、检测器及开关的硬件消耗,其硬件消耗为$(m\times n\times\omega)\times(\mathrm{SRC}+N-1)$。

(2)电路采用胚胎电子阵列实现,并采用列移除自修复机制进行自修复,则阵列中需要 SRC 列冗余列,硬件消耗为 $m\times(n+\mathrm{SRC})\times(1+\alpha)\times\omega$。

则胚胎电子阵列与 N 模冗余实现电路所需硬件消耗比为

$$P=\frac{m\times(n+\mathrm{SRC})\times(1+\alpha)\times\omega}{(m\times n\times\omega)\times(\mathrm{SRC}+N-1)}=\frac{(n+\mathrm{SRC})\times(1+\alpha)}{n(\mathrm{SRC}+N-1)}=\frac{\left(1+\frac{\mathrm{SRC}}{n}\right)(1+\alpha)}{\mathrm{SRC}+N-1} \tag{6.5}$$

可以看出,P 与目标电路列数 n、自修复能力 SRC、电子细胞辅助电路比 α 及 N 模冗余形式相关。N 模冗余中,N 越大其所消耗硬件越大,P 值越小。对于确定的 α 和 SRC,采用 3 模冗余时 $N=3$,P 值最大,有

$$P=\frac{\left(1+\frac{\mathrm{SRC}}{n}\right)(1+\alpha)}{\mathrm{SRC}+2} \tag{6.6}$$

当目标电路列数 n 在[10, 100]上、自修复能力 SRC 在[1, 20]上变化,电子细胞辅

助电路比 α 分别为 0. 2、1. 0、2. 0、3. 0、4. 0、5. 0 时，P 随目标电路列数和自修复能力的变化如图 6. 22 所示。

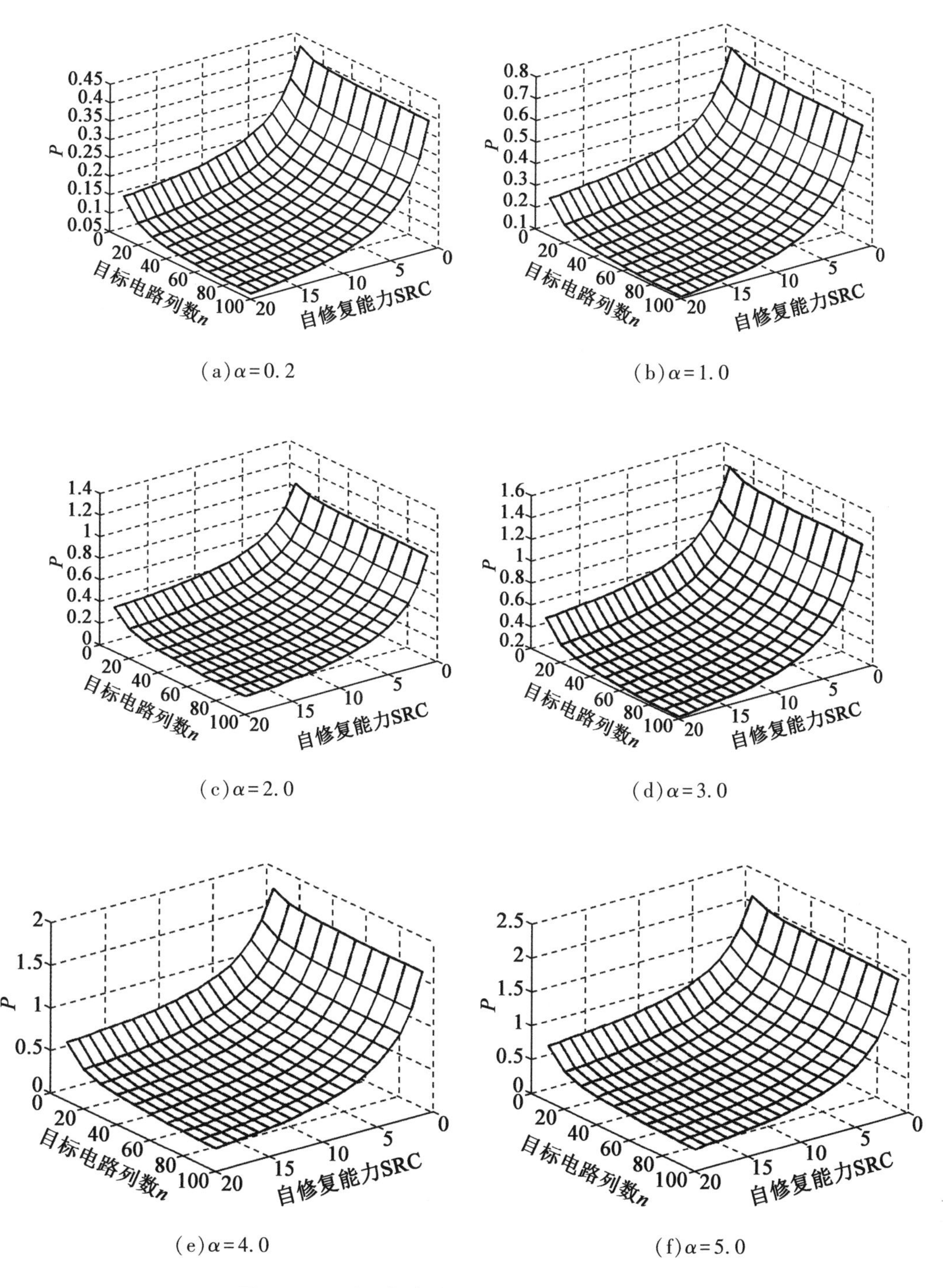

(a) α=0. 2　(b) α=1. 0

(c) α=2. 0　(d) α=3. 0

(e) α=4. 0　(f) α=5. 0

图 6. 22　P 随目标电路列数和自修复能力的变化

由图 6.22 可以看出,胚胎电子阵列与 N 模冗余实现同一目标电路时,硬件消耗比 P 随着电子细胞辅助电路比 α 的增加而增加,随着目标电路列数 n 和自修复能力 SRC 的增加而降低。在相同的电子细胞设计水平下,目标电路规模越大、自修复能力越大,P 值越小,胚胎电子阵列的优势越明显,这是由胚胎电子阵列与 N 模冗余的自修复特点不同决定的。N 模冗余中将故障模块整块移除,而胚胎电子阵列中只移除故障细胞所在列,因此胚胎电子阵列在大规模、大自修复能力要求的环境下优势更加突出。对于相同规模和自修复能力要求的目标电路,α 越大,P 值越大,且对规模较小、自修复能力要求较低的电路影响较大。当 $\alpha \geqslant 2.0$ 时,对于规模 $n \leqslant 20$、自修复能力 SRC$\leqslant 5$ 的目标电路有 $P \geqslant 1.0$,此时胚胎电子阵列的硬件消耗大于 3 模冗余的硬件消耗。但是对于规模 $n \geqslant 20$、自修复能力 SRC$\geqslant 10$ 的目标电路,即使 $\alpha = 5.0$,即电子细胞中辅助电路是细胞功能电路的 5 倍,P 值依然小于 1,即胚胎电子阵列与 3 模冗余相比依然具有优势。

为了进一步研究电子细胞辅助电路比 α 对 P 的影响,当 α 在[1, 20]上、自修复能力 SRC 在[1, 20]上变化,目标电路列数 n 分别为 10、20、30、50、100、200 时,计算胚胎电子阵列和 3 模冗余消耗硬件比例 P,计算结果如图 6.23 所示,图中黑色线条为 $P=1$ 对应位置。

由图 6.23 可以看出,在相同的辅助电路比 α 和电路自修复能力 SRC 要求下,目标电路规模 n 越大,P 值越小。同时,n 越大,使 $P<1$ 的 α 和 SRC 取值范围越大。当 $n=200$ 时,即使辅助电路比 $\alpha=20$,即电子细胞中检测、基因存储、修复控制电路规模是逻辑功能规模的 20 倍,对于自修复能力 SRC>20 的应用场合,胚胎电子阵列实现依然有硬件优势。

当目标电路规模较小时,如 $n=10$,使 $P<1$ 的 α 和 SRC 取值范围较小。此时若 $\alpha>5$,即电子细胞中检测、基因存储、修复控制电路规模是逻辑功能规模的 5 倍,则胚胎电子阵列相对于 3 模冗余没有硬件优势。

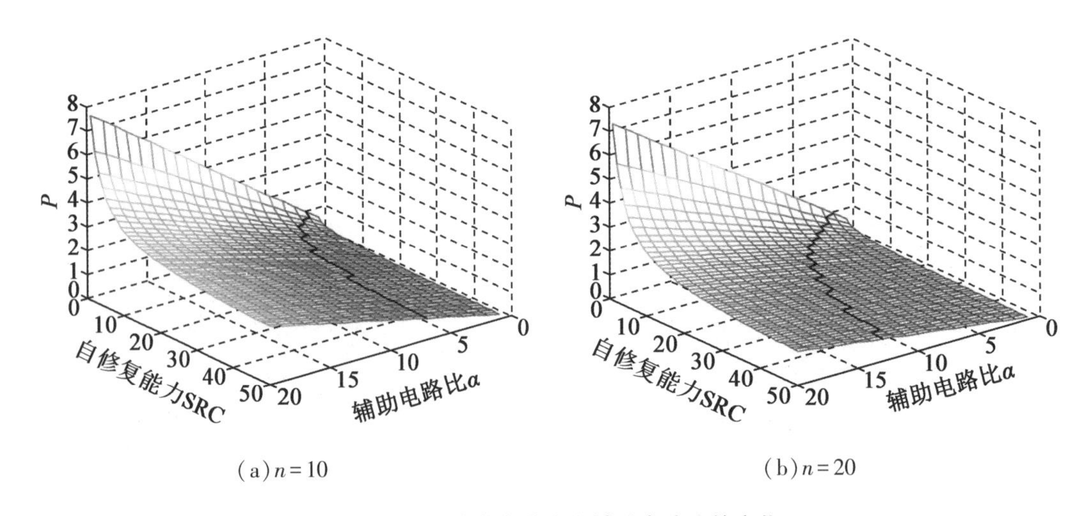

(a) $n=10$　　(b) $n=20$

图 6.23　P 随自修复能力和辅助电路比的变化

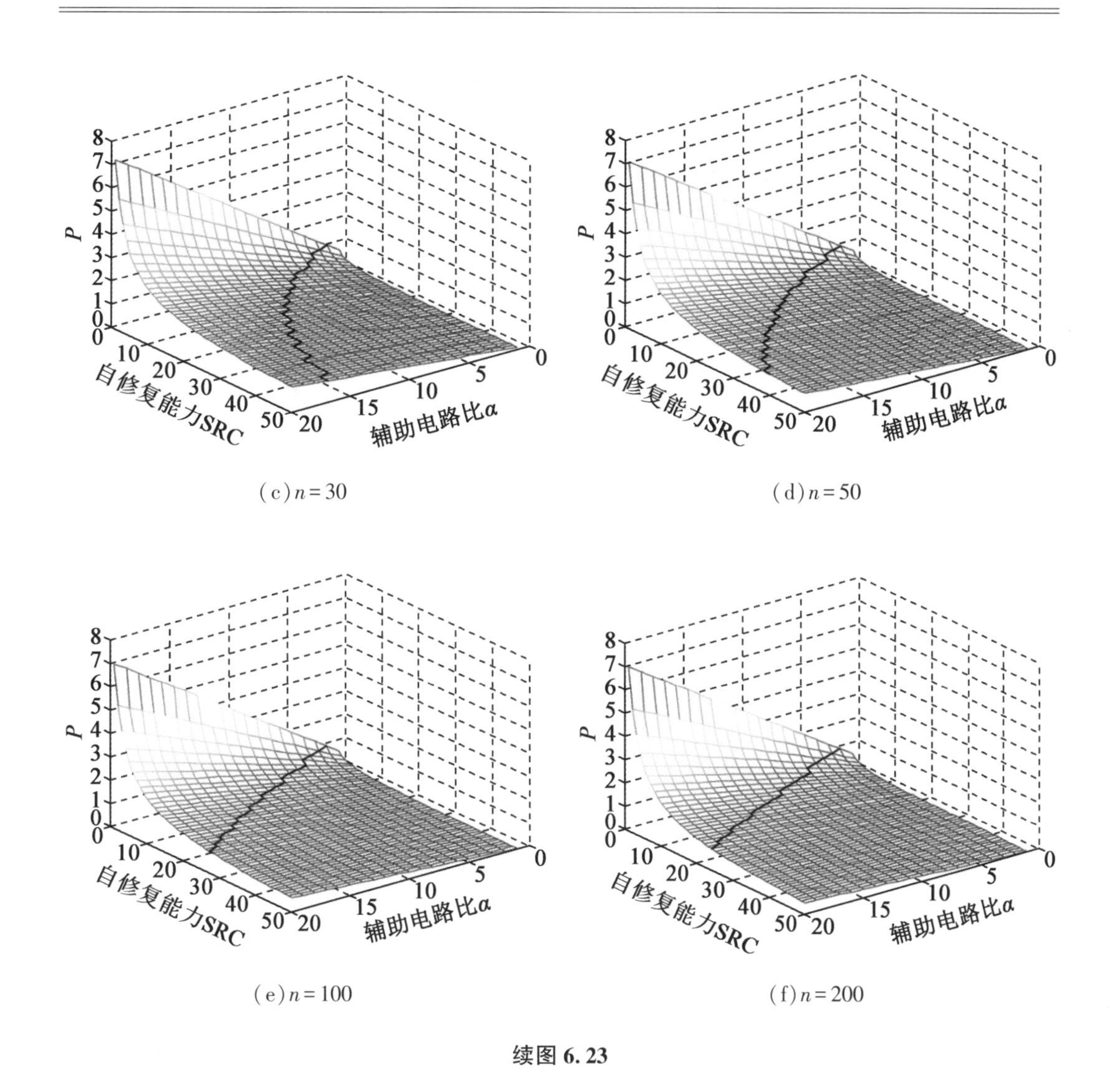

续图 6.23

通过对图 6.22 和图 6.23 的分析可知,对于大规模、自修复能力要求高的目标电路,使用胚胎电子阵列实现时更具有优势。同时,电子细胞中检测、基因存储、修复控制等辅助电路的设计影响胚胎电子阵列的硬件消耗和应用范围,辅助电路比越低,胚胎电子阵列可应用范围越大。在胚胎电子阵列设计过程中,应尽量优化电子细胞设计,降低辅助电路比。

6.5　本 章 小 结

本章设计了胚胎电子系统自修复的实验系统,对其硬件平台和支持软件进行了详细设计和实现,为移除-进化自修复方法及胚胎电子系统结构的验证提供了实验环境,也为胚胎电子系统自修复的后续研究提供了实验基础。

所设计实现的支持软件以功能分化和进化自修复理论为基础,能够根据目标电路功能描述文件和胚胎电子阵列结构描述文件快速获得系统基因库,为大规模电路的自修复实现提供了工具,具有工程应用价值。该支持软件提供了功能分化和进化自修复可视化计算环境,为后续理论研究提供了软件基础。

在所提理论及实验系统的基础上,进行了雷达脉冲压缩电路的自修复实现,仿真分析和硬件实验表明,所提理论能够完成数字电路的自修复实现,且自修复时间较短。对电路自修复实现过程中的硬件消耗进行了仿真和理论分析。分析表明,所提胚胎电子系统适用于大规模目标电路、高可靠性要求的环境。对于目标电路规模较小、自修复能力要求较低的场合,胚胎电子系统在硬件消耗上没有优势。另外,胚胎电子系统的硬件消耗与电子细胞的设计水平紧密相关,通过优化电子细胞设计,可以有效降低系统硬件消耗。

第7章 基于胚胎电子系统的阵列天线

阵列天线因其大功率、高增益、快速波束扫描等特点，广泛应用于现代雷达、通信装备中。随着电磁脉冲武器、高能微波武器的运用，战场电磁环境日益恶劣。担负电磁信号收发任务的阵列天线，时刻暴露在大量的电磁干扰、攻击之中，电磁侵入造成阵列天线内部单个或多个阵元受扰、损伤，导致阵列天线性能下降、功能降级，严重影响装备作战效能。胚胎电子系统理论为阵列天线的高可靠性设计提供了一种新思路。

本章在胚胎电子系统及移除-进化自修复方法理论基础上，结合阵列天线功能、结构，设计了具有自修复能力的阵列天线新结构，对其进行性能分析与结构优化，并通过仿真实验进行其自修复能力的验证。

7.1 阵列天线及其性能分析基础

7.1.1 阵列天线基础知识

典型有源阵列天线基本结构如图7.1所示，其由阵元阵列、TR组件、波束控制系统和功率分配/相加网络等组成，每个阵元、TR组件构成一个收发通道。

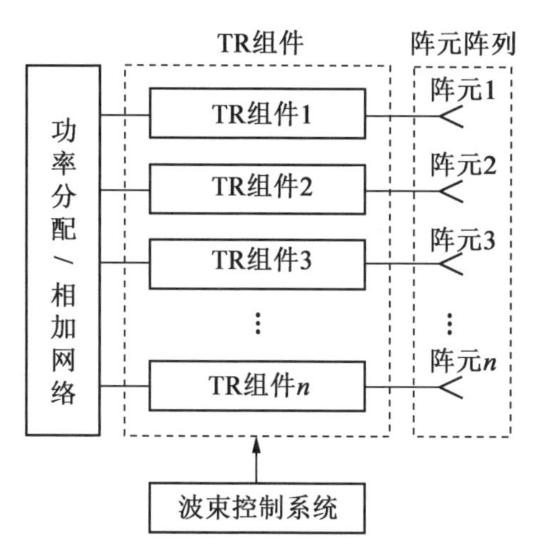

图7.1 典型有源阵列天线基本结构

阵元阵列由多个辐射阵元按照一定形式排列而成，根据阵元间网络的形式可以分为矩形阵列、圆环形阵列和三角形阵列等。若阵元按照相同的间距排列则称为均匀间隔阵列,否则称为非均匀间隔阵列。非均匀间隔阵列中,若阵元间距均不同或者是最小间距的整数倍则称为稀布阵列。

TR 组件包含功率放大器、低噪声放大器、收/发转换开关、可控移相器和衰减器,通过移相器、衰减器实现射频信号的收发和相位、幅值的调节。每个 TR 组件和一个辐射阵元构成一个收发通道。

波束控制系统根据相控阵天线波束宽度、主副瓣电平比等参数及波束指向要求,生成每个 TR 组件中移相器、衰减器的控制码,控制每个收发通道的信号相位、幅值,从而实现空中辐射波束的控制。

阵列天线由数目众多的阵元组成,每个阵元的激励信号幅值、相位均单独可控,通过调整阵列中阵元激励信号,可实现空中合成波束的高功率、快速扫描。大量阵元是阵列天线的基础,随着阵元数目的增加,阵列出现故障阵元的概率也不断升高。研究表明,对于由 6 000 个阵元组成的大规模阵列天线,若阵元的平均故障间隔时间(mean time between failure,MTBF)为 200 000 h,则阵列天线全时工作时,平均每 33 h 就会有一个阵元发生故障;阵列天线连续工作一年后,会出现 263 个故障阵元,占全部阵元的 4.4%。

现有阵列天线自修复研究以阵元激励的重配置为基础,通过修改阵列中正常 TR 组件中移相器、衰减器的控制码,以修正方向图,降低故障对波束的影响,一定程度上恢复阵列天线性能,实现阵列天线的自修复。

有学者以正常波束为目标,以故障位置为条件,通过群智能算法、迭代 FFT、矩阵束法等计算正常 TR 组件的移相器、衰减器控制码。使用计算获得的控制码重配置 TR 组件,以实现阵列天线的自修复。该自修复方法改变了阵列中各阵元激励信号,同时将故障所在通路的阵元激励置为零,导致不同阵元间互耦关系的改变,虽然计算过程以波束关键参数为目标,但计算结果受互耦影响,难以达到理论计算结果,无法满足实际修复需求。胚胎型仿生自修复理论为阵列天线的快速自修复提供了一种新思路。

7.1.2 阵列天线方向图及关键参数

阵列天线由多个天线单元按一定的排列方式组成,具体实现形式有直线阵、平面阵和立体阵,根据阵列中阵元间距相同与否可分为均匀阵列和非均匀阵列,通过阵列中各阵元辐射的叠加形成空间电磁辐射分布。

1. 均匀直线阵列天线方向图

方向图是表征天线产生电磁场及其能量空间分布的一个性能参量,表征了与天线等距离、不同方向的空间各点辐射场强变化。对于结构形状、电流分布和安装姿态都一样的相似元组成的直线阵列,不考虑阵元间耦合,其辐射场为

$$E(\theta)=F(\theta)f_c(\theta) \tag{7.1}$$

式中,$f_c(\theta)$ 为单元因子;$F(\theta)$ 为阵因子。对于含有 N 个阵元的直线阵列天线,其阵因子为

$$F(\theta)=\sum_{n=0}^{N-1}A_n\exp(\mathrm{j}\varphi_n)\exp(\mathrm{j}kx_nu) \tag{7.2}$$

式中，x_n 为阵列中第 n 个阵元的位置；k 为波长为 λ 的波数，$k=2\pi/\lambda$；$A_n\exp(\mathrm{j}\varphi_n)$ 为阵元 n 的激励复电流；u 为俯仰角，$u=\sin(\theta)$，$\theta\in[-\pi/2,\ \pi/2]$。

根据矩阵运算规则，式(7.2)可记为

$$\boldsymbol{F}=\boldsymbol{E}A \tag{7.3}$$

式中，$\boldsymbol{F}=[F(\theta_m)]_M$，$M$ 为 $F(\theta)$ 在 θ 角上的取样点数；$\boldsymbol{E}$ 为系数矩阵，$\boldsymbol{E}=[\exp(\mathrm{j}kx_nu_m)]_{M\times N}$，其中 u_m 为均匀采样，$m\in[0,\ M-1]$，A 为阵列天线中所有阵元激励的集合，$A=[A_n\exp(\mathrm{j}\varphi_n)]_N$。

2. 平面阵列天线方向图

平面阵列天线可分为常规平面阵列和非常规平面阵列。常规平面阵列包括矩形栅格、三角形栅格、同心圆环栅格等栅格形式平面阵列，非常规平面阵列主要包括单元级非周期结构和子阵级非周期结构。矩形栅格平面阵列天线是常见的阵列天线形式，下面以其为例，说明平面阵列天线的方向图。

以图7.2所示的矩形栅格平面相控阵天线为例，$M\times N$ 个阵元构成的天线阵列位于 xOy 平面上，天线单元间距分别为 d_x、d_y。设第$(m,\ n)$个阵元的单元因子为 $f_c(\theta,\ \varphi)$，其激励电流为

$$\dot{A}_{mn}=A_{mn}\exp(\mathrm{j}\varphi_{mn}) \tag{7.4}$$

则该阵元在远区辐射场为

$$E_{mn}(\theta,\varphi)=f_c(\theta,\varphi)\dot{A}_{mn}\exp(\mathrm{j}k(md_x\cos\varphi+nd_y\sin\varphi)\sin\theta) \tag{7.5}$$

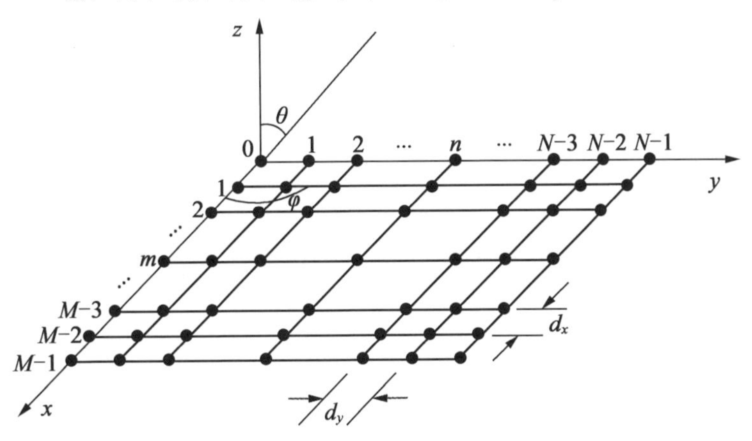

图7.2　矩形栅格平面相控阵天线

整个平面阵列的远区辐射场为

$$\begin{aligned}E(\theta,\varphi)&=\sum_{m=0}^{M-1}\sum_{n=0}^{N-1}E_{mn}(\theta,\varphi)\\&=f_c(\theta,\varphi)\sum_{m=0}^{M-1}\sum_{n=0}^{N-1}\dot{A}_{mn}\exp(\mathrm{j}k(md_x\cos\varphi+nd_y\sin\varphi)\sin\theta)\end{aligned}$$

$$=f_c(\theta,\varphi)\sum_{m=0}^{M-1}\sum_{n=0}^{N-1}A_{mn}\exp(\mathrm{j}(k(md_x\cos\varphi+nd_y\sin\varphi)\sin\theta+\varphi_{mn}))\tag{7.6}$$

则平面阵列的阵因子为

$$F(\theta,\varphi)=\sum_{m=0}^{M-1}\sum_{n=0}^{N-1}A_{mn}\exp(\mathrm{j}(k(md_x\cos\varphi+nd_y\sin\varphi)\sin\theta+\varphi_{mn}))\tag{7.7}$$

阵列天线方向图如图 7.3 所示。

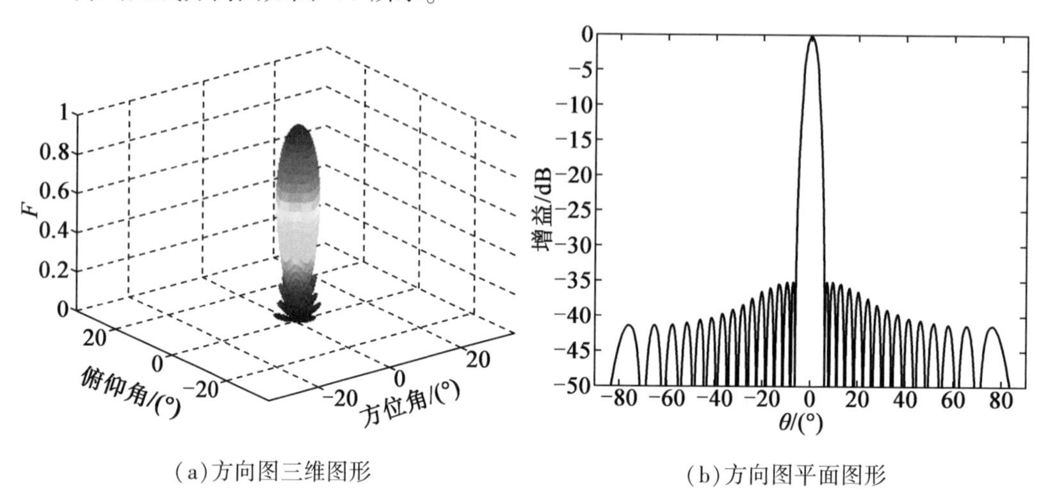

(a)方向图三维图形　　(b)方向图平面图形

图 7.3　阵列天线方向图

3. 阵列天线关键性能参数

阵列天线方向图中,最大的波瓣称为主瓣,主瓣以外任何方向的辐射瓣通称为副(旁)瓣。其关键性能参数主要有副瓣电平、半功率波瓣宽度、第一零点波瓣宽度、方向系数等。

副瓣电平(side lobe level, SLL)指副瓣峰值与主瓣最大值之比,一般指主瓣旁边第一副瓣电平(通常是最大的副瓣电平),常用分贝(dB)表示。

半功率波瓣宽度(half-power beamwidth, HPBW)又称半功率波束宽度或 3 dB 波瓣宽度,主瓣最大值两边场强等于最大场强的 $1/\sqrt{2}=0.707$ 的两辐射方向之间的夹角,也称为 3 dB 波束宽度。

第一零点波瓣宽度(first nulls beamwidth, beamwidth between first nulls, FNBW)也称零功率波瓣宽度,在包含主瓣的平面内,主瓣两侧第一零点间的夹角。

7.1.3　阵列天线可靠性

可靠性也是阵列天线的关键性能指标。现有有源阵列天线中,阵元与 TR 组件一一对应,其连接固定不变。有源阵列天线结构如图 7.4 所示。

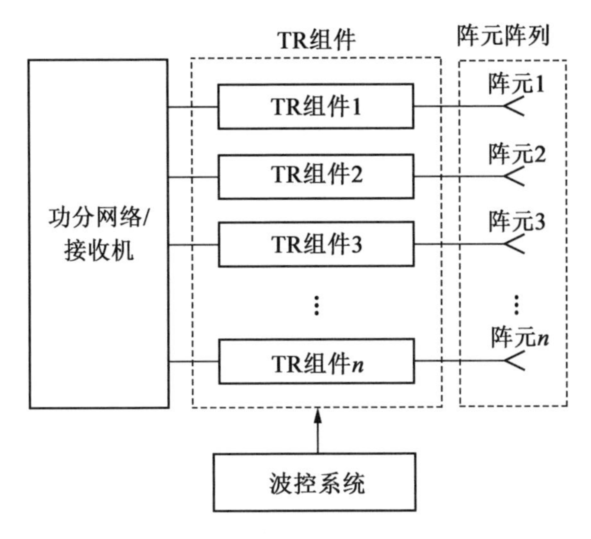

图 7.4　有源阵列天线结构

阵列天线中,单个 TR 组件的故障只影响其所连接阵元的信号辐射,其他 TR 组件、阵元所构成的通道性能保持不变,且少量 TR 组件发生故障,对阵列天线整体性能影响较小。因此有源阵列天线是典型的 n 中取 k 表决系统,即若阵列天线的 n 个 TR 组件中有 k 个正常工作,则阵列天线可完成预期功能。设 TR 组件的可靠性函数为 $r(t)$,则阵列天线的可靠性函数为

$$R(t) = \sum_{i=k}^{n} C_n^i r(t)^i (1 - r(t))^{n-i} \tag{7.8}$$

系统的平均寿命 θ,也即平均故障前时间(mean time to failure, MTTF)为

$$\theta = \int_0^{\infty} R(t)\,\mathrm{d}t \tag{7.9}$$

实际应用中,当失效 TR 组件数目小于系统中 TR 组件数目的 10%时,阵列天线性能基本不降低,即 $k=90\%\times n$,失效 TR 组件的最大数目为 $f_{\max}=10\%\times n$。

7.2　基于 TR 细胞的阵列天线自修复结构及其修复流程

7.2.1　基于 TR 细胞的阵列天线自修复结构

本节依据胚胎型仿生硬件理论,根据相控阵雷达阵列天线基本功能、结构要求,设计了基于 TR 细胞的阵列天线自修复结构,如图 7.5 所示。

图 7.5 所示结构由阵元阵列、TR 细胞阵列、功率分配/相加网络、波束控制系统组成。其中 TR 细胞阵列是基于胚胎型仿生硬件理论对原 TR 组件的重设计,可实现阵列中故障模块的移除修复,由 k 个 TR 细胞($T_0,T_1,\cdots,T_{k-1}$)、检测模块、输入切换控制模块和输出切换控制模块等构成,TR 细胞实现射频信号的收发及信号相位、幅值的调节;检测

模块实时检测 TR 细胞状态，并根据检测结果发出故障信号，控制 TR 细胞、输入切换控制模块和输出切换控制模块；输入切换控制模块根据检测模块结果，进行功率分配/相加网络和 TR 细胞输入间的连接切换；输出切换控制模块与输入切换控制模块功能相似，进行 TR 细胞输出和阵元间的连接切换；波束控制系统主要控制 TR 细胞实现收发信号的幅值、相位控制，进而实现阵列天线波束指向、波束形状的控制，通过对 TR 细胞阵列的重配置，可实现阵列天线的进化修复。

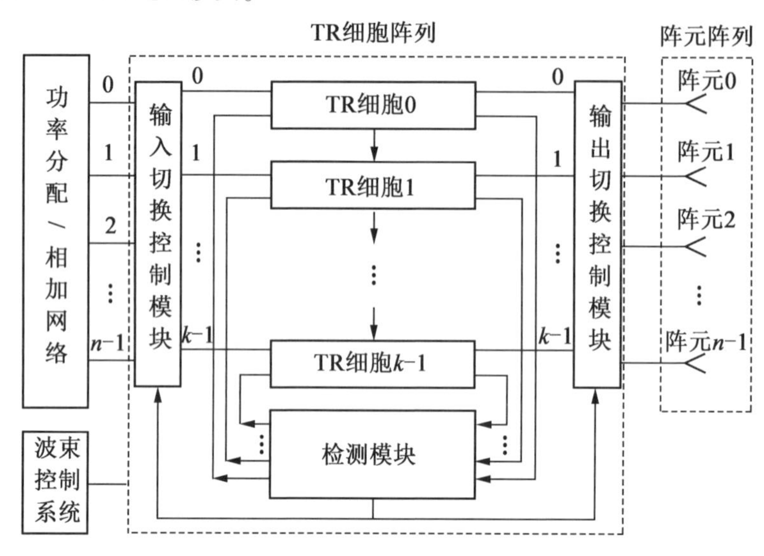

图 7.5　基于 TR 细胞的阵列天线自修复结构

TR 细胞阵列、输入/输出切换控制模块是图 7.5 所示阵列天线自修复结构中的关键模块，其功能、结构设计如下。

(1)TR 细胞阵列。

TR 细胞阵列中，k 个 TR 细胞构成细胞串，其中 $k \geqslant n$，$k-n$ 为 TR 细胞备份数目，也即修复故障次数。正常状态下，前 n 个($T_0, T_1, \cdots, T_{n-1}$)为工作细胞，进行 n 个阵元(A_0, $A_1, \cdots, A_{n-1}$)的信号收发及调节，后 $k-n$ 个($T_n, T_{n+1}, \cdots, T_{k-1}$)为备份细胞。当工作 TR 细胞故障时，故障细胞及其后细胞功能依次后移，由后一个细胞实现前一个细胞的功能，直至使用一个备份细胞。

TR 细胞结构框图如图 7.6 所示，该结构由射频收发模块、基因库和地址产生器组成。

射频收发模块由衰减器、移相器、放大器、限幅器和低噪声放大器(low noise amplifier, LNA)、开关、加法器等组成，其一端连接功率分配/相加网络，另一端连接阵元，进行发射和接收射频信号的幅值、相位调节和功率放大，其在不同的移相码、衰减码配置下，对收发信号进行不同的相位、幅值调节，以实现阵元特定的收发信号。加法器接收波束控制系统发送的相扫码，并将其与移相码相加，生成移相器控制码，实现波束的空间扫描。

基因库存储整个阵列天线的 n 个配置基因,每个基因由衰减码、移相码两部分组成,分别控制射频收发模块中的衰减器的衰减量和移相器的移相量。选择不同的基因,可配置射频收发模块实现不同的衰减功能。整个TR细胞阵列中每个细胞分别执行不同的基因,使得不同阵元的收发信号幅值、相位按一定规律分布,从而实现预期波束。

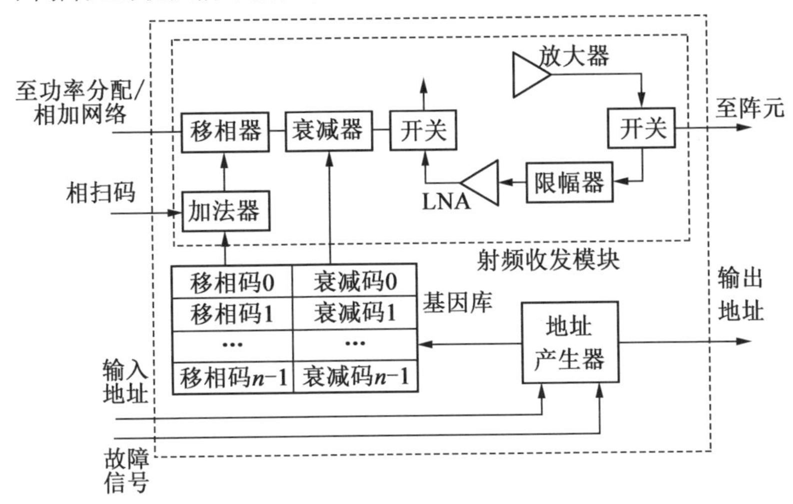

图7.6 TR细胞结构框图

地址产生器根据输入地址 A_{di} 和故障信号 F 产生本细胞地址信号 A_{do},并根据该地址选择表达基因库内相应基因。A_{di}、F、A_{do} 间的关系为

$$A_{do}=A_{di}+\overline{F} \tag{7.10}$$

即当细胞正常时,其故障信号 $F=0$,细胞地址为输入地址加1;当细胞故障时,其故障信号 $F=1$,细胞输入地址与输出地址相等。

相邻TR细胞的输出地址、输入地址相互连接,构成TR细胞串。每个TR细胞根据其状态及所处位置执行相应移相器、衰减器配置,并通过输入切换控制模块和输出切换控制模块连接至功率分配/相加网络和相应辐射阵元,对射频收发信号进行不同的相位、幅值调理。各TR细胞在细胞串中的位置依次递增,其所表达的基因库中的基因也依次递增。当出现故障TR细胞时,故障细胞的输出地址与其输入地址相等,则故障TR细胞后面的细胞计算所得地址与原故障TR细胞相同,将代替故障TR细胞执行相应的射频信号相位、幅值调节,完成阵列天线的自修复。

(2)输入/输出切换控制模块。

阵列天线中阵元、功率分配/相加网络端口均为 n,TR细胞阵列中细胞数目为 k,其中 n 个为工作细胞,且工作细胞位置随着细胞状态的变化而不断改变。输入/输出切换控制模块维持 n 个工作细胞与功率分配/相加网络、阵元的连接,当工作细胞发生故障时,及时断开故障细胞连接,并根据自修复过程中工作细胞的位置变化,及时调整切换,保证工作细胞与功率分配/相加网络、阵元的连接,完成阵列天线的自修复。

输入切换控制模块和输出切换控制模块结构相同。以输出切换控制模块为例,其进

行 k 个 TR 细胞 $T_0,T_1,\cdots,T_{k-1}$ 与 n 个阵元 $A_0,A_1,\cdots,A_{n-1}$ 间的切换控制,根据 TR 细胞阵列故障信号,控制连接方式,使阵列中 n 个工作细胞始终与对应的 n 个阵元连接。考虑 TR 细胞 T_i 与阵元间的连接,则存在以下情况:

①初始状态下,所有 TR 细胞正常,$f_j=0(j=0,\ 1,\ \cdots,\ k-1)$,则 T_i 与阵元 A_i 相连接;

②当 T_i 故障时,$f_i=1$,T_i 断开与阵元连接;

③当 T_i 正常,T_i 前 TR 细胞出现故障时,即 $f_i=0$,$f_j=1(j\in\{0,\ 1,\ \cdots,\ i-1\})$,则 T_i 连接至 A_i 前面的阵元,所连接阵元序号为 $i-\sum_{j=0}^{i-1}f_j$。

综合上述 3 种连接情况,则 T_i 的连接可表示为

$$T_i=\bar{f}_i A_{i-\sum_{j=0}^{i-1}f_j} \tag{7.11}$$

为了实现式(7.11)所示逻辑,采用多路选择器(multiplexer,MUX)、开关将 T_i 与 $k-n$ 个阵元 $A_i,A_{i-1},\cdots,A_{i-(k-n)}$ 相连,TR 细胞切换控制结构如图 7.7 所示。

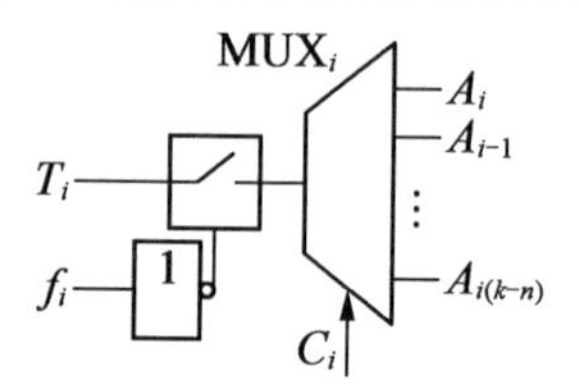

图 7.7 TR 细胞切换控制结构

图 7.7 所示 TR 细胞切换控制中,T_i 的故障信号 f_i 通过非门、开关进行 T_i 连接/断开的控制。当 T_i 正常时,$f_i=0$,非门输出 1 控制开关闭合,T_i 经多路选择器选择一个阵元连接;当 T_i 故障时,$f_i=1$,非门输出 0 控制开关断开,T_i 断开与阵元的连接,不再使用。多路开关 MUX$_i$ 控制 T_i 与 $A_i,A_{i-1},\cdots,A_{i-(n-k)}$ 的连接选择,其控制信号 C_i 为

$$C_i=\sum_{j=0}^{i-1}f_j \tag{7.12}$$

图 7.7 所示 TR 细胞切换控制中,多路选择器选择端的端口数目 $a\geqslant k-n+1$,因此控制信号 C_i 的宽度为

$$\text{width}(C_i)=\lceil\log_2(k-n+1)\rceil \tag{7.13}$$

式中,width(C_i)为信号的宽度;$\lceil\cdot\rceil$为向上取整函数,多路选择器选择端的前 $k-n+1$ 个端口连接对应阵元,后续端口置空。

对于阵列内所有 TR 细胞,按照图 7.7 所示输出切换控制结构进行设计,即 $i=1,2,\cdots,k-1$,将虚拟阵元、序号 $i-(k-n)<0$ 的阵元置为空,可得阵列输出切换控制模块,其结构如图 7.8 所示。

图 7.8 所示输出切换控制模块由 k 个开关、非门和 $k-1$ 个加法器、多路选择器组成。对于 T_0,其仅连接一个阵元 A_0,其余连接阵元序号 $0-(k-n)<0$,因此未采用多路选择器,开关直接连接至阵元 A_0;对于 $i>n-1$ 的 TR 细胞 T_i,其所连部分阵元序号大于 $n-1$,对应连接为空。

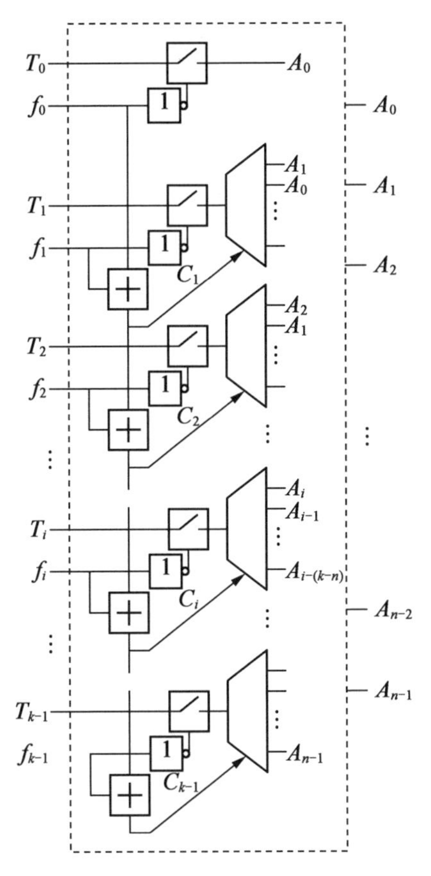

图 7.8　输出切换控制模块结构

7.2.2　故障细胞移除自修复流程

初始状态下,TR 细胞阵列中的前 n 个 TR 细胞与功率分配/相加网络、辐射阵元相连接,根据其位置表达相应的基因,在不同的衰减码、移相码配置下,使得阵列天线不同位置的阵元辐射信号幅值、相位按一定规律变化,从而在空间合成符合要求的波束。

阵列天线运行过程中,TR 细胞阵列中的检测模块实时检测各 TR 细胞状态。当某 TR 细胞发生故障时,检测模块将该细胞对应的状态标志位标记为 1,即为故障状态。

在状态标志位驱动下,故障 TR 细胞及其后细胞功能依次后移,直至使用一个备份细胞,使得工作细胞数目维持为 n;同时,输入切换控制模块、输出切换控制模块根据状态标志位变化,及时断开故障 TR 细胞与功率分配/相加网络、阵元的连接,保持工作细胞的连接状态,完成阵列天线的自修复。

以 $n=3$、$k=5$ 的阵列天线为例,由 3 个阵元 A_0、A_1、A_2 和 5 个 TR 细胞 $T_0\sim T_4$ 组成。初始状态下前 3 个细胞($T_0\sim T_2$)执行细胞基因(gene0 ~ gene2),连接辐射阵元,如图 7.9(a)所示,T_3、T_4 为备份细胞。

当细胞 T_1 发生故障时,其地址产生器的输出与 T_0 的相同,在地址控制下 T_2 选择表达基因 gene1，执行 T_1 功能；备份细胞 T_3 表达基因 gene2，代替执行 T_2 功能；同时输出切换控制模块断开 T_1 与阵元 A_1 的连接，而将 T_2、T_3 代替 T_1、T_2 连接至阵元 A_1、A_2，修复完成后，阵元 A_0、A_1、A_2 输入/输出信号功能正常，如图 7.9(b)所示。

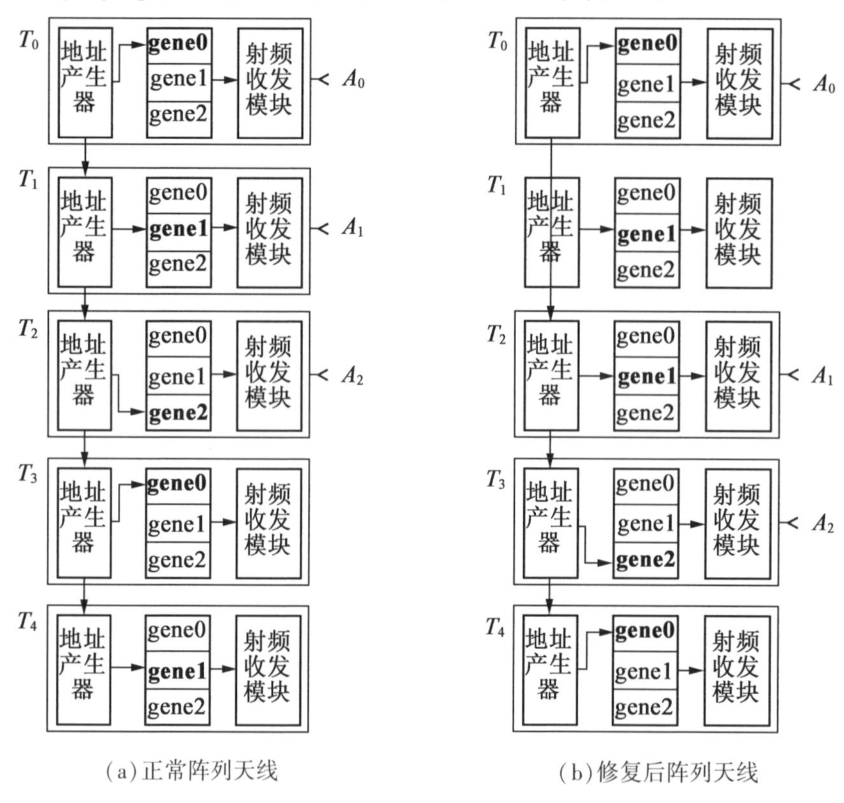

图 7.9 阵列天线自修复过程

7.2.3 阵列天线的进化自修复流程

受阵列天线阵面设计限制、辐射电磁波空间叠加要求，辐射单元数目有限且位置固定，无法采用胚胎型仿生硬件理论进行自修复设计，因而针对辐射单元的故障，无法通过故障细胞移除自修复方法进行修复；同时，当阵列天线中正常 TR 细胞数量小于阵元数量时，移除自修复无法达到修复如新的目的，设置修复效果无法满足使用要求。针对以上情况，采用现有研究的进化自修复方法，通过进化计算连接阵元的正常 TR 细胞的配置，获得能够提升阵列天线性能、降低故障影响的优化配置方法，并根据计算结果重配置阵列天线，实现阵列天线的进化自修复。

进化自修复模式以连接阵元的正常 TR 细胞配置为求解空间，以阵列天线方向图、性能参数为评估指标，以正常状态下阵列天线的方向图、性能参数为目标，进行 TR 细胞配置的优化计算，其流程如图 7.10 所示。

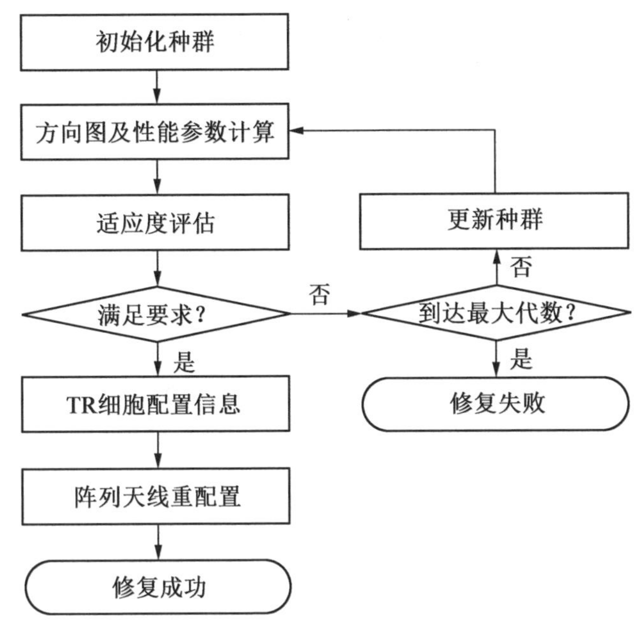

图7.10 进化自修复模式流程

进化自修复模式主要包括6个步骤:

①根据阵列天线中TR细胞的移相、衰减等可重构配置,设计计算空间的个体编码,生成进化计算空间的种群,并根据阵列天线当前配置信息初始化种群,种群中每个个体是一个潜在解,表示一种阵列天线配置方式;

②根据种群中每个个体配置,计算阵列天线方向图及其性能参数;

③根据个体方向图及性能参数,进行个体、种群适应度评估;

④若种群中所有个体均不满足进化目标要求,则转至④,若种群中个体满足进化目标要求,则转至⑤;

⑤更新种群,获得子代种群,转至②继续计算;

⑥根据进化计算空间中的最优个体信息,获得阵列天线中TR细胞配置,获得阵列天线配置;

⑦根据计算所得配置信息,进行阵列天线的重配置,完成进化自修复。

7.2.4 移除-进化自修复过程

以某1×8的阵列天线自修复过程为例,以胚胎电子细胞为基础进行阵列天线设计,该阵列天线由10个TR细胞和8个辐射阵元组成,TR细胞序号分别记为1~10,其功能用$F_1,F_2,\cdots,F_8$和$G_1,G_2,\cdots,G_7$表示,代表TR细胞中幅值、相位等功能的配置,其移除-进化自修复过程如图7.11所示。其中工作细胞表示连接至辐射阵元、正常执行信号幅值/相位调节功能的TR细胞;备份细胞表示功能正常、未连接至辐射阵元的TR细胞;故障细胞表示发生故障、无法进行信号幅值/相位调节的细胞。

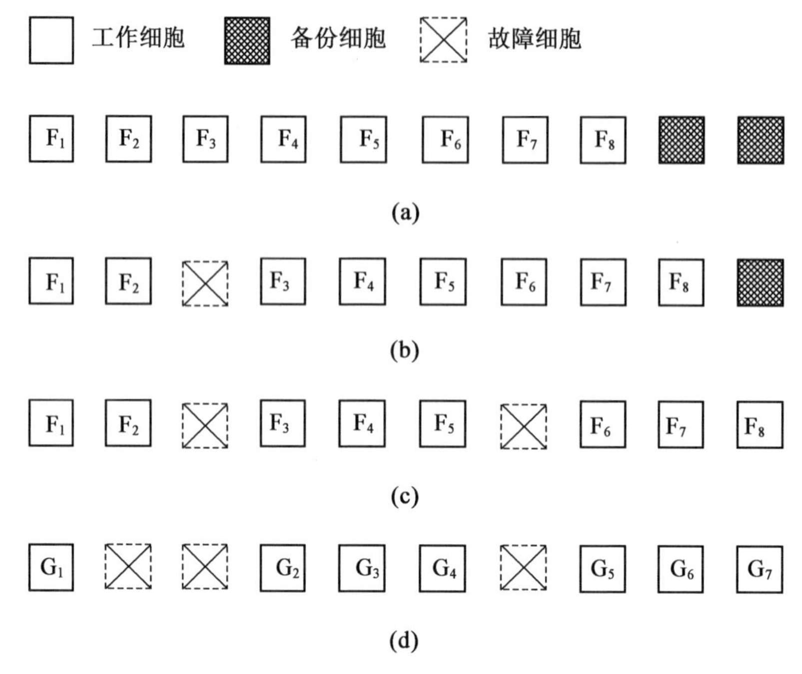

图 7.11　某 1×8 阵列天线移除-进化自修复过程

初始状态下，阵列天线中所有 TR 细胞正常，细胞 1～8 与阵元连接，执行 F_1，F_2，…，F_8 功能，细胞 9、10 为备份细胞，如图 7.11(a)所示。当细胞 3 发生故障时，采用移除自修复方法实时移除故障细胞，并启用备份细胞 9，此时细胞 1、2、4～9 与阵元连接，执行 F_1～F_8 功能，完成阵列天线的移除自修复，如图 7.11(b)所示。当细胞 7 继续发生故障时，继续采用移除自修复，完成阵列天线的修复，如图 7.11(c)所示。当细胞 2 发生故障时，阵列天线中无备份 TR 细胞，但移除自修复模式仍然进行，修复完成后，阵元 1～7 连接 TR 细胞 1、3～5、7～9，在此基础上，利用阵列天线中的正常 TR 细胞，通过进化自修复方法，获得工作细胞的进化功能 G_1，G_2，…，G_7，实现阵列天线的进化自修复，如图 7.11(d)所示。此后，当继续有 TR 细胞故障时，继续采用先移除自修复、后进化自修复的方法进行阵列天线的修复。

图 7.11 所示阵列天线采用 Taylor 综合，设计最大副瓣电平为-25.13 dB。当阵列天线中的 TR 细胞 3、7、2 依次发生故障时，分别采用进化自修复方法和图 2.14 所示移除-进化自修复方法进行阵列天线的自修复，并记录两种自修复方法的修复结果，采用最大副瓣电平表示修复结果。

采用遗传算法进行阵列天线的进化自修复，分别进行{TR 细胞 3 故障}、{TR 细胞 3、7 故障}、{TR 细胞 3、7、2 故障}等 3 种故障情况下的进化修复计算，并记录故障、修复后的最大副瓣电平。

采用移除-进化自修复方法进行阵列天线的自修复时，如图 7.11 所示，若 TR 细胞 3、7 依次发生故障，可通过故障细胞移除、备份细胞切换保证每个阵元辐射信号的正常，达到修复如新的目的。当 TR 细胞 2 发生故障时,通过移除自修复,使得阵元 1~7 连接至正常 TR 细胞,最终阵元 8 无法连接至正常 TR 细胞,通过进化自修复算法,对阵元 1~7 的配置进行优化。同样采用遗传算法进行计算,并记录故障、修复后的最大副瓣电平。

两种修复方法修复过程中最大副瓣电平变化如图 7.12 所示。

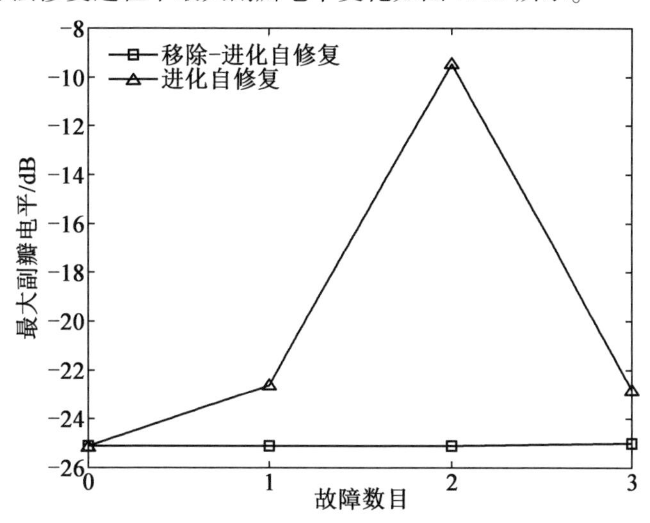

图 7.12　两种修复方法修复过程中最大副瓣电平变化

由图 7.12 所示修复结果可以看出,移除-进化自修复方法的修复效果优于进化自修复方法。采用移除-进化自修复方法进行阵列天线修复时,在阵列中具有备份 TR 细胞时,阵列天线性能可修复至正常状态;当阵列天线中无备份 TR 细胞时(TR 细胞 2 故障时),通过移除自修复操作,可将故障位置移至阵列天线的边缘,此时故障状态下最大副瓣电平为-19.91 dB,降低了故障的影响,在此基础上通过进化计算,修复后阵列天线最大副瓣电平为-25.0 dB,进一步恢复阵列天线性能。

采用进化自修复方法时,在 TR 细胞 3 故障的情况下,故障阵列天线方向图最大副瓣电平为-12.15 dB、修复后最大副瓣电平为-22.68 dB;在 TR 细胞 3、7 故障的情况下,故障最大副瓣电平为-9.0 dB、修复后最大副瓣电平为-9.51 dB;在 TR 细胞 3、7、2 故障的情况下,故障最大副瓣电平为-7.67 dB、修复后最大副瓣电平为-22.89 dB。可以看出,当 TR 细胞 3 故障时,阵列天线最大副瓣电平已严重恶化,通过进化自修复修复至-22.68 dB;当故障 TR 数目继续增加时,通过进化自修复所得优化配置性能较差,无法达到预期修复效果。

阵列天线的移除-进化自修复方法中,故障细胞移除自修复为硬件级修复,通过 TR 细胞冗余、故障细胞移除、功能切换等硬件执行方法,可实现故障的实时修复,但其仅能修复 TR 细胞故障,无法修复辐射阵元的故障,且在修复过程中,连接阵元的 TR 细胞配置保持不变,当工作阵元数目发生变化时,已有配置无法保证阵列天线性能的最优化。进化自修复为软件重配置修复,通过阵列天线的整体重配置,可修复辐射单元、TR 细胞故障,但计算量较大,修复速度慢。移除-进化自修复方法将硬件级、软件级两种不同的自修复方法结合在一起,提高了阵列天线自修复速度、自修复能力,为相控阵雷达阵列天线的自修复提供了一种新方法。

7.3 自修复阵列天线的可靠性分析

图 7.5 所示阵列天线自修复结构中,每个阵元通过切换控制模块连接至多个 TR 细胞,当 TR 细胞故障时,可通过开关控制模块的连接切换,将阵元的连接从故障细胞切换至紧随故障细胞的正常细胞,完成阵列天线的修复。当系统中正常 TR 细胞数目大于阵元数目时,可修复系统至初始状态,达到理想修复效果;当系统中正常 TR 细胞小于阵元数目时,通过自修复的切换,可将“大故障”转换为“小故障”,降低故障的影响,提升阵列天线性能。

本节为了分析比较所提阵列天线自修复结构与现有阵列天线自修复结构,进行所提阵列天线自修复结构与现有阵列天线自修复结构的可靠性分析计算。

7.3.1 考虑性能影响的阵列天线可靠性分析方法

阵列天线基于 n/k 系统的可靠性模型中,只考虑了失效 T/R 组件的数目,而未考虑失效 T/R 组件的位置。当失效 T/R 组件的位置不同时,其对阵列天线性能,特别是对副瓣性能的影响不同。因此,即使故障 T/R 组件数目 $f<f_{\max}$,若故障 T/R 组件集中于某一区域,阵列天线性能恶化,也将不满足使用要求而处于不可用状态。因此,使用该可靠性模型进行阵列天线的可靠性评估,存在高估问题。

为提高阵列天线可靠性分析精度,需准确计算阵列天线各状态下的性能,根据性能阈值确定状态是否可用,进而确定可用状态或不可用状态数目,以此计算阵列天线的可靠性,其计算步骤如图 7.13 所示。

图 7.13 所示阵列天线可靠性计算过程中,对阵列天线的每一种工作状态进行评估,并根据该状态下阵列天线性能进行状态是否可用判断,精确确定阵列中可用状态数目,据此进行阵列天线可靠性函数、平均寿命的计算。该计算过程可精确计算阵列天线的可靠性,且考虑了故障位置对性能的影响。

由于图 7.13 所示计算过程中需对每一种工作状态进行分析,因此阵列状态及其性能评估和可用状态、不可用状态划分两个步骤的计算量随阵列天线规模而快速增加。对于小规模阵列天线,可通过该方法精确获得其可靠性及平均寿命。对于大规模阵列天线,由于其状态急剧增多,计算量大幅增加,因此计算时间代价将难以承受。

为提高可靠性计算精度,同时降低大规模阵列天线可靠性计算量,提高计算速度,在式(7.17)所示 n 中取 k 系统可靠性模型基础上,剔除其中的故障状态概率,获得较为精准的可靠性函数。

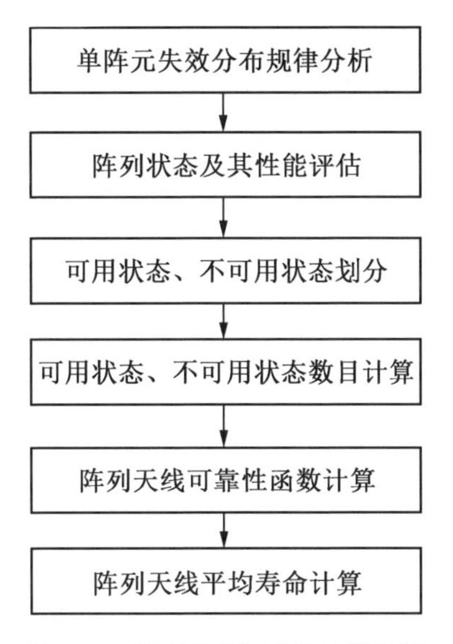

图 7.13　阵列天线可靠性计算步骤

图 7.14 所示大规模阵列天线可靠性计算步骤，包括阵列天线性能分析、子阵划分及最小故障 TR 组件数目确定、故障状态函数计算、阵列天线可靠性函数及平均寿命计算等步骤，具体如下。

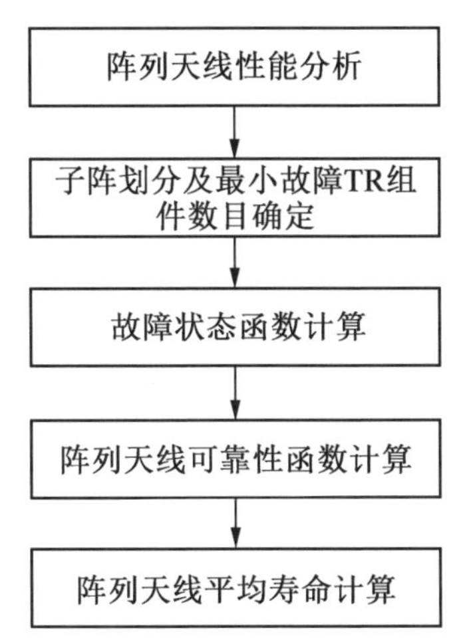

图 7.14　大规模阵列天线可靠性计算步骤

(1)阵列天线性能分析。

阵列天线性能分析即确定阵列中不同规模的子阵中出现不同数目的故障 TR 组件时，阵列天线性能的变化。为子阵划分及最小故障 TR 组件数目确定提供基础。

阵列天线性能分析过程中，以阵列天线中心为圆心，以固定长度 r 为半径，确定分析范围。在分析范围内，设置故障数目 $f\in[1,f_{\max})$，随机分配故障 TR 位置，计算阵列天线性能。性能分析过程中，重点分析阵列的增益、最大副瓣电平变化。各分析范围性能计算过程中，对于固定故障数目 f，可进行多次随机故障下的性能计算，将计算结果的均值

作为该分析范围 r 在该故障数目 f 下的性能。

(2)子阵划分及最小故障TR组件数目确定。

根据不同分析范围、不同故障数目下的阵列天线性能,参照阵列天线工作性能要求,将阵列天线划分为多个子阵,并确定该子阵下,导致阵列天线性能退化至无法满足工作要求的最小故障TR组件数目。若阵列天线可划分为 m 个子阵,对于子阵 $i(i\in[0, m-1])$,其半径、TR组件数目、最小故障TR组件数目分别记为 r_i、n_i、f_i,见表7.1。

表7.1　子阵划分

子阵序号	半径	子阵内TR组件数目	最小故障TR组件数目
0	r_0	n_0	f_0
1	r_1	n_1	f_1
2	r_2	n_2	f_2
⋮	⋮	⋮	⋮
$m-1$	r_{m-1}	n_{m-1}	f_{m-1}

阵列天线中,越靠近阵列中心的TR组件、阵元,对阵列天线性能影响越大,因此对于子阵序号为 i、j 的两个子阵,若其半径 $r_i<r_j$,则通常会有 $n_i<n_j$、$f_i<f_j$。

(3)故障状态函数计算。

故障状态函数计算即计算当故障TR组件数目 $f<f_{\max}$ 时,f 个TR组件故障导致阵列天线不可用的概率函数 $F(t)$,其为各子阵导致阵列不可用的故障概率之和。以子阵 i 为例,其导致阵列不可用的最小故障TR组件数目为 f_i,则其导致阵列不可用的概率函数为

$$F_i(t)=r(t)^{n-n_i}\sum_{j=f_i}^{f_{\max}}C_{n_i}^{j}r(t)^{n_i-j}(1-r(t))^{j}-r(t)^{n-n_{i-1}}\sum_{j=f_i}^{f_{\max}}C_{n_{i-1}}^{j}r(t)^{n_{i-1}-j}(1-r(t))^{j} \tag{7.14}$$

则故障状态函数为

$$F(t)=\sum_{i=0}^{m-1}F_i(t)=\sum_{i=0}^{m-1}\left[r(t)^{n-n_i}\sum_{j=f_i}^{f_{i+1}-1,f_{\max}}C_{n_i}^{j}r(t)^{n_i-j}(1-r(t))^{j}\right] \tag{7.15}$$

(4)阵列天线可靠性函数及平均寿命计算。

在式(7.8)的 n 中取 k 可靠性模型基础上,减去故障状态函数,可得阵列天线可靠性函数为

$$\begin{aligned}R(t)&=\sum_{i=k}^{n}C_n^i r(t)^i(1-r(t))^{n-i}-F(t)\\&=\sum_{i=k}^{n}C_n^i r(t)^i(1-r(t))^{n-i}-\sum_{i=0}^{m-1}\left[r(t)^{n-n_i}\sum_{j=f_i}^{f_{i+1}-1,f_{\max}}C_{n_i}^{j}r(t)^{n_i-j}(1-r(t))^{j}\right]\end{aligned} \tag{7.16}$$

式中，$k=0.9n$；$f_{max}=0.1n$。

将式(7.16)代入式(7.9)，可通过计算获得阵列天线平均寿命。

以包含64个阵元的直线阵列天线为例，进行可靠性分析。根据不同位置故障对阵列性能的影响，将该阵列天线划分为3个子阵，其范围分别为[21, 44]、[12, 53]、[5, 60]，子阵内最小故障数目分别为3、4、5。可以看出，不同的子阵最小故障数目不同，对于范围[21, 44]，当其中故障数目达到3时，阵列天线的性能就会严重恶化。

设TR组件的故障概率为 $\lambda=4.5\times10^{-6}\ h^{-1}$，分别采用式(7.8)、式(7.15)、式(7.16)对阵列天线理想可靠性、子阵故障概率、考虑故障影响的可靠性进行分析，结果如图7.15所示。

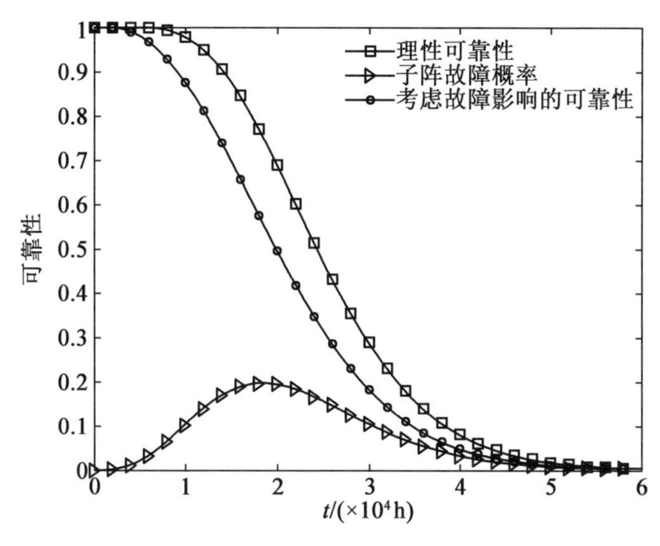

图7.15 自修复阵列天线中阵元可靠性

由图7.15可以看出，由于不同位置的故障对阵列天线的影响不同，即使阵列中故障数目小于阵元的10%，阵列天线仍然有较大的概率发生故障，因此阵列整体可靠性较理想计算模型有较大偏差。采用式(7.8)进行阵列天线可靠性分析时，阵列天线平均寿命为25 531 h，考虑不同子阵上的故障影响时，阵列天线平均寿命为21 158 h。

图7.5所示自修复阵列天线中，通过开关控制模块，使 k 个TR细胞与 n 个阵元间构成如图7.16所示的连接网络。

图7.16所示TR细胞与阵元间连接中，每个阵元可连接TR细胞数目记为 L，$L\geqslant k-n+1$。初始情况下，阵元 A_i 连接至TR细胞 T_i。修复过程中，通过切换控制也可连接至TR细胞 $T_{i+1},T_{i+2},\cdots,T_{i+L-1}$。TR细胞 $T_{i+1},T_{i+2},\cdots,T_{i+L-1}$ 为阵元 A_i 的备用TR细胞，同时TR细胞 $T_i,T_{i+1},T_{i+2},\cdots,T_{i+L-2}$ 也是阵元 $A_{i-(L-1)},A_{i-L+2},\cdots,A_{i-1}$ 的备用细胞。而阵元 $A_{i-(L-1)},A_{i-L+2},\cdots,A_{i-1}$ 的初始连接TR细胞分别为 $T_{i-(L-1)},T_{i-L+2},\cdots,T_{i-1}$。阵元与TR细胞间构成了一个多对多的连接网络，每个阵元有多个备用TR细胞，每个TR细胞也是多个阵元的备用细胞。

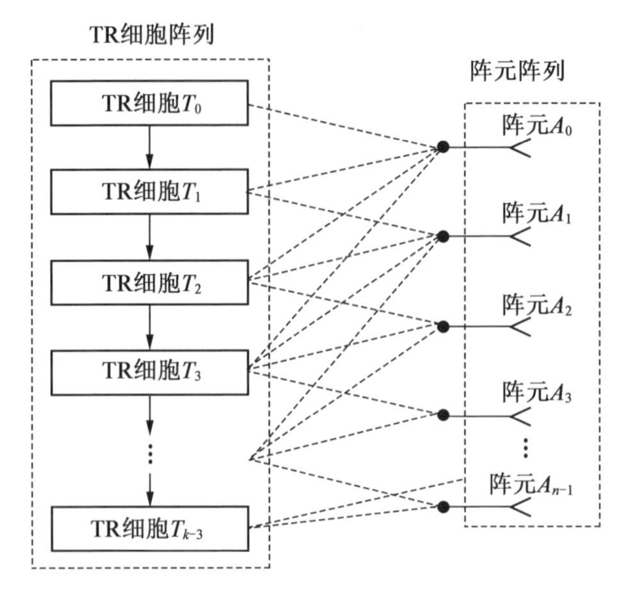

图 7.16 TR 细胞与阵元间的连接网络

根据所提自修复结构的修复策略,当 TR 细胞故障时,故障 TR 细胞及其后细胞功能依次后移,直至使用一个备份细胞。阵元 A_i 的工作状态,不仅与其所连接的 L 个 TR 细胞,即 $T_i, T_{i+1}, T_{i+2}, \cdots, T_{i+L-1}$ 的状态相关,还与其上 $L-1$ 个 TR 细胞($T_{i-(L-1)}, T_{i-L+2}, \cdots, T_{i-1}$)的状态相关。当 $T_{i-(L-1)}, T_{i-L+2}, \cdots, T_{i-1}$ 中 1 个 TR 细胞发生故障时,阵元 A_{i-1} 将连接至 T_i,阵元 A_i 将连接至 T_{i+1};当 $T_{i-(L-1)}, T_{i-L+2}, \cdots, T_{i-1}$ 中 1 个 TR 细胞发生故障时,阵元 A_{i-1} 将连接至 T_{i+1},阵元 A_i 将连接至 T_{i+2};依次类推。因此,A_i 的备用 TR 细胞 T_{i+1}, $T_{i+2}, \cdots, T_{i+L-1}$,对阵元 A_i 的备份情况也不相同,其中 T_{i+L-1} 对 A_i 的备份作用最高,只要 T_{i+L-1} 正常,阵元 A_i 就会正常工作。若 T_{i+L-1} 故障,且此时 $T_0, T_1, \cdots, T_{i+L-2}$ 中有 $L-1$ 个以上 TR 细胞发生故障,则阵元 A_i 将无法连接至正常 TR 细胞而发生故障。

设 TR 细胞的可靠性函数为 $r(t)$,则阵元 A_i 发生故障的函数为

$$p_i(t) = (1 - r(t)) \cdot \sum_{j=L-1}^{i+L-1} C_{i+L-1}^{j} r(t)^{i+L-1-j}(1 - r(t))^{j} \tag{7.17}$$

则阵元 A_i 的可靠性函数为

$$r_i(t) = 1 - p_i(t) = 1 - (1 - r(t)) \cdot \sum_{j=L-1}^{i+L-1} C_{i+L-1}^{j} r(t)^{i+L-1-j}(1 - r(t))^{j} \tag{7.18}$$

对于修复链中前、中部的大部分阵元 A_i,其可连接 TR 细胞为 L,即 $T_i, T_{i+1}, T_{i+2}, \cdots$, T_{i+L-1},其中 T_{i+L-1} 仅连接至 A_i(对于阵元 A_i 及其前部阵元 $A_0, A_1, \cdots, A_{i-1}$),其可靠性可按式(7.18)计算。对于修复链末端的阵元,其可连接 TR 细胞数目可能与修复链前端的阵元不同,需要特殊分析。

对于修复链后端的阵元,当 $L=k-n$ 时,其可靠性可按式(7.18)计算;当 $L>k-n$ 时,由于阵列内备份空闲细胞不足,其所连接 TR 细胞数目小于 L,此时其所连接 TR 细胞均同时连接至其上的阵元,不满足式(7.18)的计算条件。以修复链中最后一个阵元 A_{n-1} 为

例，其所连接的最后一个 TR 细胞 T_{k-1} 不仅连接至阵元 A_{n-1}，还连接 A_{n-2} 或其他阵元，此时若 $T_0, T_1, \cdots, T_{k-1}$ 中有 $k-n$ 个以上 TR 细胞发生故障，阵元其他正常 TR 细胞数目小于阵元数目，则 A_{n-1} 将因无法连接至正常 TR 细胞而发生故障。对于阵元 A_i，若 $i+L-1>k-1$，即阵元 A_i 连接至修复链中最后一个 TR 细胞，且所有连接 TR 细胞数目小于 L，则其发生故障的函数为

$$p_i(t) = \sum_{j=k-i}^{k} C_k^j r(t)^{k-j}(1 - r(t))^j \tag{7.19}$$

则阵元 A_i 的可靠性函数为

$$r_i(t) = 1 - p_i(t) = 1 - \sum_{j=k-i}^{k} C_k^j r(t)^{k-j}(1 - r(t))^j \tag{7.20}$$

综合式(7.18)、式(7.20)，对于包含 n 个阵元、k 个 TR 细胞、每个阵元连接 L 个 TR 细胞的自修复阵列天线，阵元 A_i 的可靠性为

$$r_i(t) = \begin{cases} 1 - (1 - r(t)) \cdot \sum\limits_{j=L-1}^{i+L-1} C_{i+L-1}^j r(t)^{i+L-1-j}(1 - r(t))^j, & i + L - 1 \leqslant k - 1 \\ 1 - \sum\limits_{j=k-i}^{k} C_k^j r(t)^{k-j}(1 - r(t))^j, & i + L - 1 > k - 1 \end{cases} \tag{7.21}$$

7.3.2　自修复阵列中阵元可靠性分析

1. 不同位置 i 的阵元可靠性分析

以包含 16 个阵元的阵列天线为例，TR 细胞数目为 19，每个阵元连接的 TR 细胞数目为 $L=4$。设 TR 细胞的故障概率为 $\lambda=4.5\times10^{-6}\ \mathrm{h}^{-1}$，采用式(7.18)进行阵列天线中各阵元可靠性函数计算，则阵元 0、5、10、15 的可靠性如图 7.17 所示。

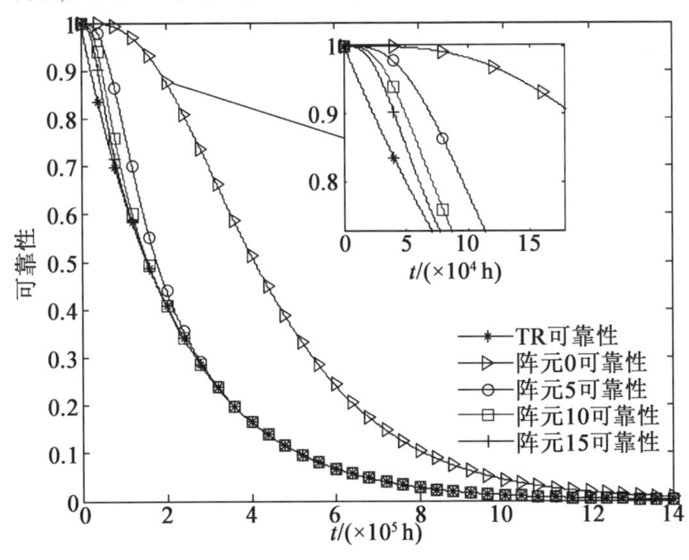

图 7.17　不同阵元的可靠性

由图 7.17 可以看出,每个阵元都连接至多个 TR 细胞,使得阵元的可靠性高于 TR 细胞的可靠性,即与阵元、TR 固定连接结构相比,所提自修复结构使得每个阵元、每路收发通道的可靠性得到了提升。

由图 7.17 中阵元 0、阵元 5、阵元 10、阵元 15 等不同阵元的可靠性曲线可以看出,所提自修复阵列中,不同位置阵元的可靠性不同,阵元 0 的可靠性最大,阵元 15 的可靠性最小,但所有阵元的可靠性均大于 TR 细胞的可靠性。由于每个阵元都连接至多个 TR 细胞,在故障发生时,可通过连接 TR 细胞的调整,保持阵元正常工作,使阵元可靠性增加;同时,每个阵元还受其上故障 TR 细胞数目的影响,因此随着其上 TR 细胞数目的增加,即阵元序号的增加,阵元可靠性降低。

2. 不同连接数目 L 时阵元可靠性分析

在上述分析基础上,分析不同的连接数目 L 对阵元可靠性的影响。以上述包含 16 个阵元、19 个 TR 细胞的阵列天线为例,设 TR 细胞的故障概率为 $\lambda=4.5\times10^{-6}\ h^{-1}$。每个阵元连接的 TR 细胞数目 L 分别为 2、4、6、8 时,采用式(7.18)进行阵列天线阵元 5 的可靠性函数计算,结果如图 7.18 所示。

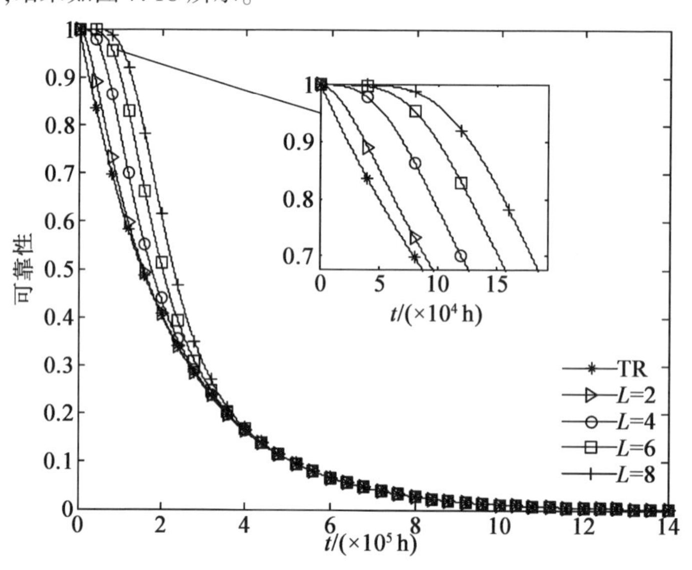

图 7.18 不同连接数目 L 时阵元 5 的可靠性

由图 7.18 可以看出,当阵列天线中阵元、TR 细胞数目固定时,若每个阵元所能连接的 TR 细胞数目 L 不同,则其可靠性也不相同。连接 TR 细胞数目 L 越大,阵元可靠性越大。当 L 增加时,阵元对故障的容错能力也相应增加,其可靠性随之增加。

3. 不同细胞数目 k 时阵元可靠性分析

在上述分析基础上,分析阵列天线中不同 TR 细胞数目 k 对阵元可靠性的影响。自修复阵列天线中,阵元数目 n、TR 细胞数目 k、阵列连接 TR 细胞数目 L 满足:

$$k-n-1\leqslant L \tag{7.22}$$

即 $k\leqslant n+L-1$。

以上述包含 16 个阵元的阵列天线为例，即 $n=16$。设 TR 细胞的故障概率为 $\lambda=4.5\times10^{-6}\ \mathrm{h}^{-1}$，每个阵元连接的 TR 细胞数目 $L=4$，当阵列天线中 TR 细胞数目分别设置为 19、18、17、16 时，采用式(7.18)进行修复链末端的阵元 15、14 的可靠性函数计算，结果如图 7.19 所示。

图 7.19(a)所示为阵列天线中位于修复链最后的阵元 15 在不同细胞数目 k 时的可靠性，图 7.19(b)所示为阵元 14 在不同细胞数目 k 时的可靠性。由图 7.19 可以看出，当 $k=n+L-1=19$ 时，此时阵元 15、14 连接的 TR 细胞数目为 4，与阵列天线中其他阵元连接数目 L 相同，阵元可靠性大于 TR 细胞可靠性；当 $k=18<n+L-1$ 时，阵元 15 连接细胞数目为 $3<L$，阵元 14 连接细胞数目为 $4=L$，此时阵元 15 可靠性下降，小于 TR 细胞可靠性，阵元 14 可靠性仍然保持大于 TR 细胞可靠性；当 $k=17$、16 时，阵元 15、14 所连接的 TR 细胞数目进一步下降，其可靠性也随之下降。

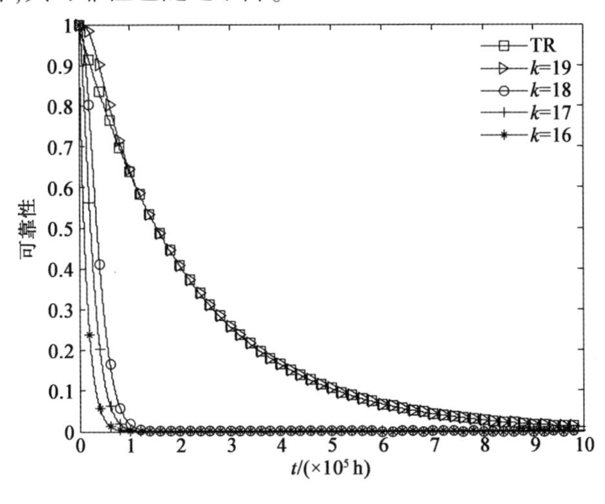

(a) $i=15$ 处阵元可靠性

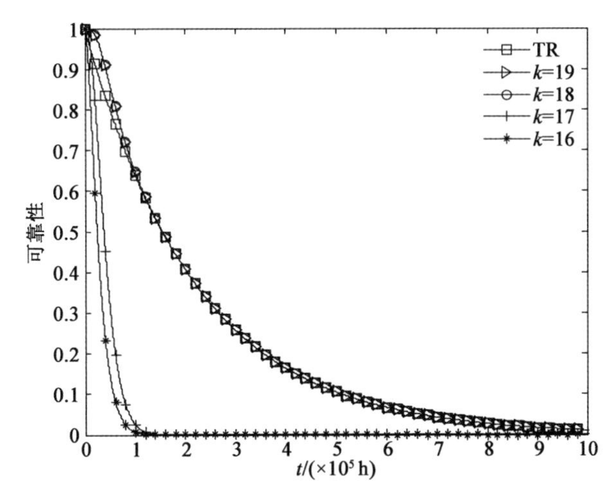

(b) $i=14$ 处阵元可靠性

图 7.19　不同 TR 细胞数目 k 时阵元的可靠性

由图 7.19 可以看出,当 $k < n+L-1$ 时,阵列天线中处于修复链末端的阵元可靠性降低,且小于 TR 细胞的可靠性。这是由修复链中 TR 细胞的共用特性决定的,当前面的 TR 细胞故障时,细胞功能后移,直至占用修复链后端的 TR 细胞。因此,当 $k < n+L-1$ 时,阵元可靠性降低,且小于 TR 细胞可靠性。

7.3.3 自修复阵列天线的可靠性分析概述

由 7.3.2 节分析可知,自修复阵列中,阵元的可靠性受阵元位置、可连接 TR 细胞数目的影响,因此不同位置的阵元可靠性不同。所以,自修复阵列的可靠性不能直接使用 7.3.1 节的可靠性计算方法。

由于自修复阵列中不同位置的阵元可靠性不同,因此无法采用 n 中取 k 表决系统模型进行阵列可靠性计算,需要采用图 7.13 所示方法对每个状态的性能、出现概率进行计算。但采用图 7.13 所示方法进行可靠性评估时,计算量随着阵列天线规模的增加而快速增加。为提高计算速度,在图 7.14 所示计算流程的基础上,通过子阵中阵元可靠性的计算和估值,进行自修复阵列天线的可靠性快速计算,其分析流程如图 7.20 所示。

图 7.20 所示自修复阵列天线可靠性分析流程中,在图 7.14 分析流程基础上,增加了子阵阵元可靠性分析。在子阵阵元分析中,进行子阵中所有阵元的可靠性计算,并以所有阵元可靠性的均值作为子阵中每个阵元的可靠性,在此基础上,采用 n 中取 k 表决系统模型进行子阵可靠性计算。

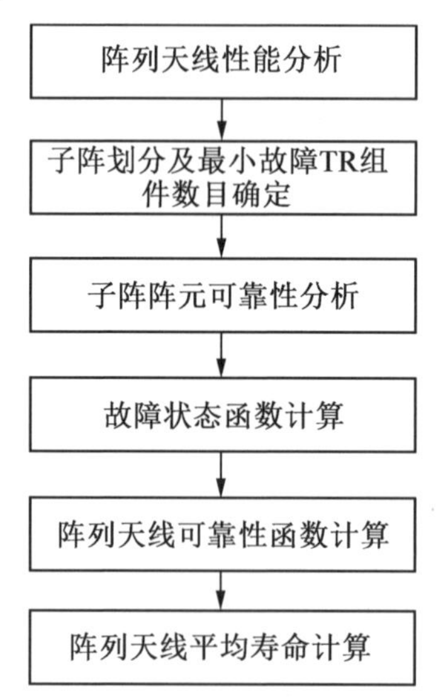

图 7.20 自修复阵列天线可靠性分析流程

以 7.3.1 节包含 64 个阵元的直线阵列天线为例,采用自修复结构进行重新组织时,设计 TR 细胞数目为 67,每个阵元可连接 TR 数目 $L=4$。基于图 7.19 所示流程进行阵列天线可靠性计算,子阵阵元可靠性分析过程中,首先根据式(7.21)进行阵列中所有阵元的可靠性计算,而后分别计算子阵[21, 44]、[12, 53]、[5, 60]范围内阵元可靠性平均值,而后根据式(7.16)计算阵列天线的可靠性,其结果如图7.21所示。

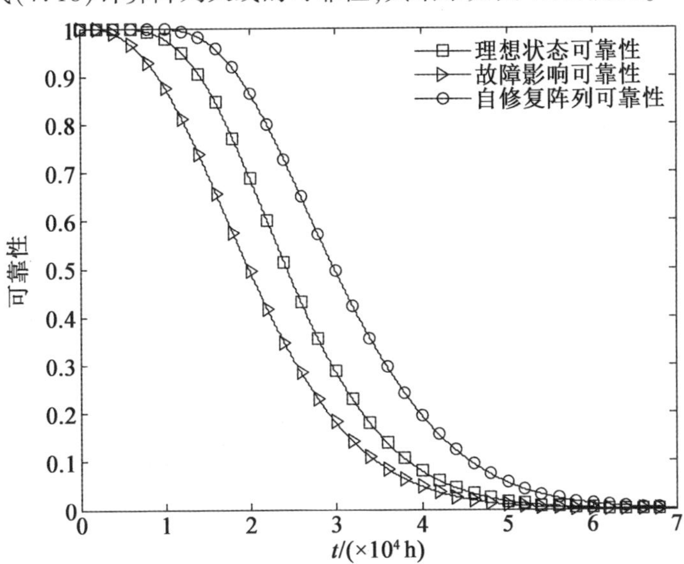

图7.21 自修复阵列天线可靠性

图7.21中,分别为阵列天线不考虑故障影响的可靠性(理想状态可靠性)、考虑故障影响的阵列天线可靠性(故障影响可靠性)和自修复阵列天线且考虑故障影响的可靠性(自修复阵列可靠性)。由图7.21可以看出,采用所设计自修复阵列天线结构,通过增加3个TR细胞,使得阵列天线中每个阵元的可靠性得到提升,从而提高了阵列天线的可靠性,其平均寿命时间由理想状态下的25 533 h和故障影响下的21 158 h,增加至31 273 h。

采用图7.20所示分析流程,进行不同可连接TR数目下自修复阵列天线可靠性分析。令阵元可连接TR数目L分别为1、2、4、6、8、10,其中$L=1$,即每个阵元连接一个TR细胞,是现有阵列天线结构,计算获得阵列天线可靠性如图7.22所示。

由图7.22所示不同可连接TR数目下阵列天线可靠性可以看出,随着连接数目L的增加,阵列天线可靠性越来越高,其寿命也由$L=1$时的21 158 h增加至24 517 h($L=2$)、31 273 h($L=4$)、37 821 h($L=6$)、44 160 h($L=8$)、50 307 h($L=10$)。

根据上述分析可知,随着阵元可连接TR数目L的增加,阵列天线中阵元可靠性随之增加,且L越大,阵元可靠性越大。而阵元可靠性的增加,使阵列天线可靠性相应增加。

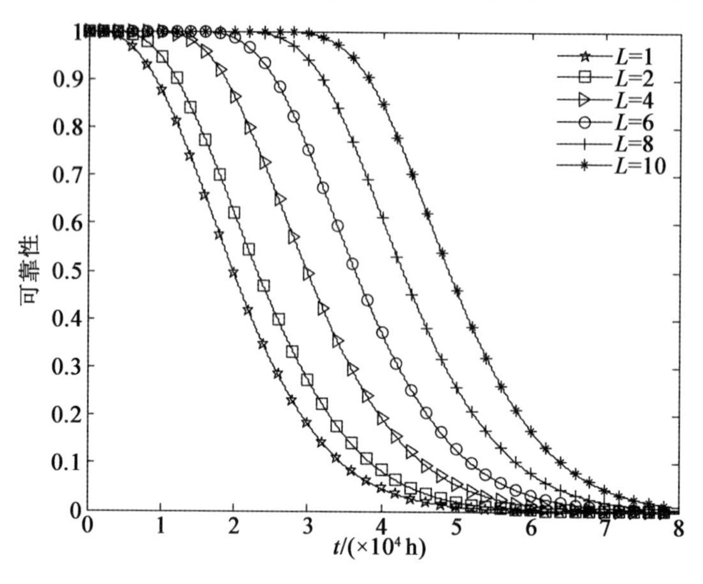

图 7.22 不同连接数目 L 下自修复阵列天线可靠性

7.4 自修复阵列天线的优化设计

7.4.1 自修复阵列天线优化模型

采用 TR 细胞阵列进行阵列天线自修复时，阵列内的 TR 细胞组成修复链，修复链内的故障细胞通过移除操作，将断开与阵元的连接，其功能及连接被修复链中其后的正常细胞替代，而其后的正常细胞的功能、连接也依次后移，直至使用一个冗余空闲细胞，完成阵列天线的修复。对于二维面阵，根据修复链数目不同，存在不同的修复方式，如图 7.23 所示。

图 7.23 所示二维面阵修复中，对于工作 TR 细胞，细胞位置也代表了其初始连接阵元的位置。图 7.23(a)所示为行/列修复，即每行/列的所有 TR 细胞构成一个修复链，链内的冗余空闲细胞只能用于该行/列的故障细胞修复；图 7.23(b)所示为全阵修复，即阵列内所有 TR 细胞构成一个修复链，此时冗余空闲细胞可用于阵列内所有故障的修复。

在基于 TR 细胞的阵列天线设计中，以下因素影响阵列天线修复效果。

(1)阵列中备份空闲 TR 细胞数目，即 $k-n$ 值。

$k-n$ 值决定了阵元连接 TR 数目 L 的最小值，也决定了阵列天线中修复链末端阵元的可靠性，备份空闲细胞数目越多，阵列天线整体可靠性越高，同时硬件代价也越大。

(2)每个阵元能够连接的 TR 细胞数目 L，$L \geqslant k-n+1$。

当 $L=k-n+1$ 时，修复链中的每个阵元都连接 $k-n+1$ 个 TR 细胞；当 $L>k-n+1$ 时，修复链前端的阵元连接 TR 细胞数目为 L，修复链末端的阵元连接数目将小于 L。当阵元数目与 TR 数目相等，即 $k=n$ 时，修复链前端阵元可连接至 L 个 TR 细胞，而修复链最后的阵元,只连接一个 TR 细胞。通过 7.3.3 节分析可知,L 越大,阵元可靠性越高,阵列天线整体可靠性也越高。但 L 个 TR 细胞需要通过开关网络与阵元连接,因此 L 越大,开关消耗也越多,在阵列天线可靠性与硬件代价之间,需要根据设计要求,进行优化配置。

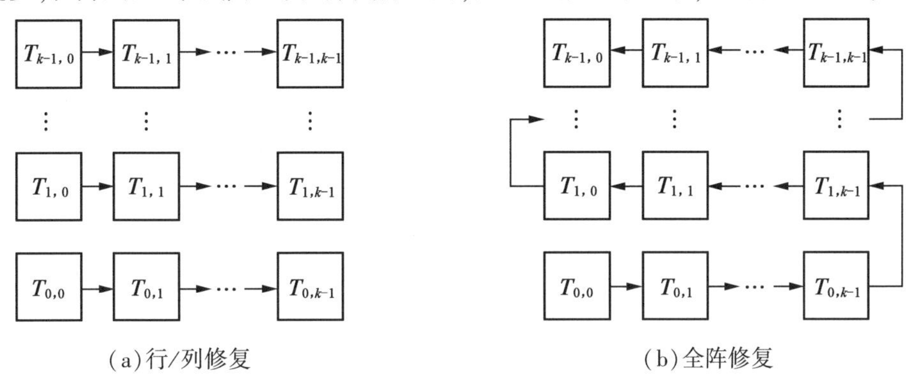

图 7.23　二维面阵的修复方式

(3)修复链中阵元排列顺序。

细胞移除自修复过程中,采取从前到后依次移除的修复策略。阵元所连 TR 细胞故障时,故障细胞功能可由其后相邻细胞替代执行,完成修复。同时,根据 7.3.3 节分析可知,阵元处于修复链前端时,其上 TR 数目较少,阵元可靠性较高;当阵元处于修复链末端时,若备份空闲细胞数量不足,则其可连接的 TR 数目较少,阵元可靠性降低。因此,修复链中阵元可靠性随着其位置的增加而降低。阵元越靠近修复链顶端,其可靠性越高;阵元位置越靠后,其可靠性越低。同时,阵列天线中,不同位置的阵元、TR 细胞故障对阵列天线的性能影响不同,发生故障的阵元、TR 细胞越靠近阵列中心位置,对阵列天线性能影响越大,因此在阵元排列时,要使阵元在阵列天线中的位置与修复链中的位置相匹配,靠近阵列中心的阵元,要排列在修复链中的前端。

(4)阵列中修复链数目 N。

如图 7.22 所示,阵列天线设计过程中,采用不同的设计方案,阵列中存在的修复链数目不同,修复链中阵列天线可靠性也不同。需要根据阵列天线性能指标要求,合理选择修复链数目,确定修复链形式。

综合以上分析,在 TR 细胞阵列设计过程中,需要根据阵列天线性能要求,确定备份空闲 TR 细胞数目,即 TR 细胞总数目 k、阵元能够连接的 TR 细胞数目 L、修复链数目 N。3 个参数中,k、L、N 决定阵列天线的可靠性,可利用式(7.21)、式(7.16)计算阵列天线的可靠性;k、L 决定了阵元中所需配置 TR 细胞数量和所用开关切换规模,决定了阵列天线的硬件代价。

对于 TR 细胞总数目 k、阵元能够连接的 TR 细胞数目 L 的阵列天线,根据图 7.5 所示结构进行设计实现时,每个 TR 细胞需要一个 $1-L$ 的射频开关,进行 TR 细胞与阵元间的切换。若以 1-2 的开关为基本单元,采用多个 1-2 开关级联构成 $1-L$ 的开关,则所需 1-2 开关的数目为

$$H_{\mathrm{S}} = \sum_{i=1}^{\lfloor \log_2(L-1) \rfloor + 1} \lceil L/2^i \rceil \tag{7.23}$$

式中,$\lfloor \cdot \rfloor$为向下取整函数;$\lceil \cdot \rceil$为向上取整函数。

若每个1-2开关的代价为C_{S},每个TR细胞的代价为C_{TR},则具有k个TR细胞的阵列天线的硬件代价为

$$H = kH_{\mathrm{S}}C_{\mathrm{S}} + kC_{\mathrm{TR}} = k\sum_{i=1}^{\lfloor \log_2(L-1) \rfloor + 1} \lceil L/2^i \rceil C_{\mathrm{S}} + kC_{\mathrm{TR}} \tag{7.24}$$

在式(7.21)、式(7.16)所示可靠性和式(7.24)所示硬件代价基础上,可进行阵列天线的优化配置。

优化配置的基本思想是,在规定的平均寿命、硬件代价指标下,获得满足硬件代价且平均寿命最高的配置方式(以最大可靠性为目标),或者获得满足平均寿命要求且硬件代价最低的配置方式(以最小硬件代价为目标)。

7.4.2 以最大平均寿命为目标的阵列天线优化设计

系统可靠性要求一般为平均寿命时间要求,阵列天线的平均寿命越大,其性能越优。设计过程中,通常要求平均寿命大于一定门限,即要求阵列天线平均寿命的下限,记其下限为θ_{D};阵列天线的硬件代价通常要求越小越好,设计过程中通常对赢家代价有上限要求,记其上限为H_{U}。则阵列天线设计过程中,以最大平均寿命为目标的优化过程可描述为

$$\begin{cases} \max(\theta(k,L,N)) \\ H(k,L) \leqslant H_{\mathrm{U}} \\ k \geqslant n, L \geqslant 2, N \geqslant 1 \end{cases} \tag{7.25}$$

式(7.25)所示求解模型,是在TR细胞数目满足$k \geqslant n$、阵元连接数目$L \geqslant 2$、修复链数目$N \geqslant 1$的求解空间中,寻找使阵列天线的硬件代价$H(k, L)$小于H_{U},且阵列天线的平均寿命$\theta(k, L, N)$最大的k、L、N组合,从而确定了阵列天线的修复链数目、TR细胞数目和阵元连接数目,完成阵列天线的优化设计。

将式(7.21)、式(7.16)、式(7.9)及式(7.24)代入式(7.25),可以得到以最大可靠性为优化目标的阵列天线优化模型:

$$\begin{cases} \max\limits_{k \geqslant n, L \geqslant 2, N \geqslant 1} \left(\int_0^{\infty} \left\{ \sum_{i=k}^{n} C_n^i r(t)^i (1-r(t))^{n-i} - \sum_{i=0}^{m-1} \left[r(t)^{n-n_i} \cdot \sum_{j=f_i}^{f_{i+1}-1, f_{\max}} C_{n_i}^j r(t)^{n_i-j} (1-r(t))^j \right] \right\} \mathrm{d}t \right) \\ r_i(t) = \begin{cases} 1 - (1-r(t)) \cdot \sum\limits_{j=L-1}^{i+L-1} C_{i+L-1}^j r(t)^{i+L-1-j} (1-r(t))^j, & i+L-1 \leqslant k-1 \\ 1 - \sum\limits_{j=k-i}^{k} C_k^j r(t)^{k-j} (1-r(t))^j, & i+L-1 > k-1 \end{cases} \\ k \sum\limits_{i=1}^{\lfloor \log_2(L-1) \rfloor + 1} \lceil L/2^i \rceil C_{\mathrm{S}} + kC_{\mathrm{TR}} \leqslant H_{\mathrm{U}} \end{cases} \tag{7.26}$$

式(7.26)的求解,可采用遍历计算、门限比较、最优搜索的方法进行。在潜在解空间中,进行 k、L、N 组合的遍历计算,针对每一个 k、L、N 组合进行其硬件代价计算,并在所有硬件代价满足最大硬件代价 H_{U} 要求的组合中,选择使阵列天线平均寿命最大的 k、L、N 组合,即为最优配置方式。以最大可靠性为目标的阵列天线优化流程如图 7.24 所示。

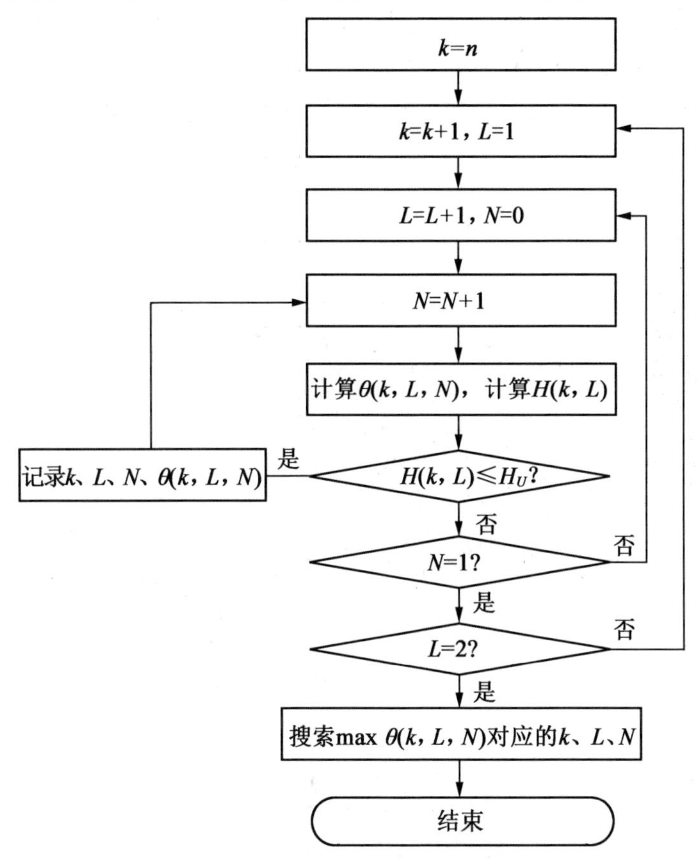

图 7.24　以最大可靠性为目标的阵列天线优化流程

图 7.24 所示优化流程中,从 $k=n$、$L=2$、$N=1$ 的初始条件出发,进行 $k\geqslant n$、$L\geqslant 2$、$N\geqslant 1$ 解空间内的阵列天线平均寿命 $\theta(k,\ L,\ N)$、硬件代价 $H(k,\ L)$ 的遍历计算,并记录符合硬件代价要求的解及其对应平均寿命,遍历完成后,选择最大平均寿命对应的 k、L、N 值为最优解,完成阵列天线在最大可靠性目标下的优化。

以 7.3.1 节、7.3.3 节包含 64 个阵元的直线阵列天线($n=64$)为例,进行优化配置分析。对于该直线阵列天线,当 $N=1$ 时,整个阵列中的阵元构成一个修复链;当 $N=2$ 时,为提高阵列中心位置阵元的可靠性,从中心位置向两边构成两个修复链,且中心位置天线在修复链的顶端。

设开关代价 C_{S} 为 1,TR 细胞代价 C_{TR} 为 50,设最大硬件代价 $H_{\mathrm{U}}=4\ 500$,采用图 7.24 所示优化流程进行以最大平均寿命为目标的阵列天线优化求解。

当 $N=1$ 时,在 $k\geqslant n$、$L\geqslant 2$ 解空间内,满足最大硬件代价 $H_{\mathrm{U}}=4\ 500$ 要求的阵列天线

平均寿命 $\theta(k, L, N)$、硬件代价 $H(k, L)$ 如图 7.25 所示。随着 TR 细胞数目 k、可连接数目 L 的增加,阵列天线的平均寿命 θ、硬件代价 H 随之上升。在相同 TR 细胞数目 k 下,可连接数目 L 越大,阵列天线的平均寿命 θ、硬件代价 H 越高;在相同可连接数目 L 下,TR 细胞数目 k 越大,阵列天线的平均寿命 θ、硬件代价 H 越高。

当 $N=2$ 时,在 $k \geqslant n$、$L \geqslant 2$ 解空间内,满足最大硬件代价 $H_U = 4\ 500$ 要求的阵列天线平均寿命 $\theta(k, L, N)$、硬件代价 $H(k, L)$ 如图 7.26 所示。阵列天线的平均寿命 θ、硬件代价 H 随着 TR 细胞数目 k、可连接数目 L 的变化规律与图 7.25 相同。

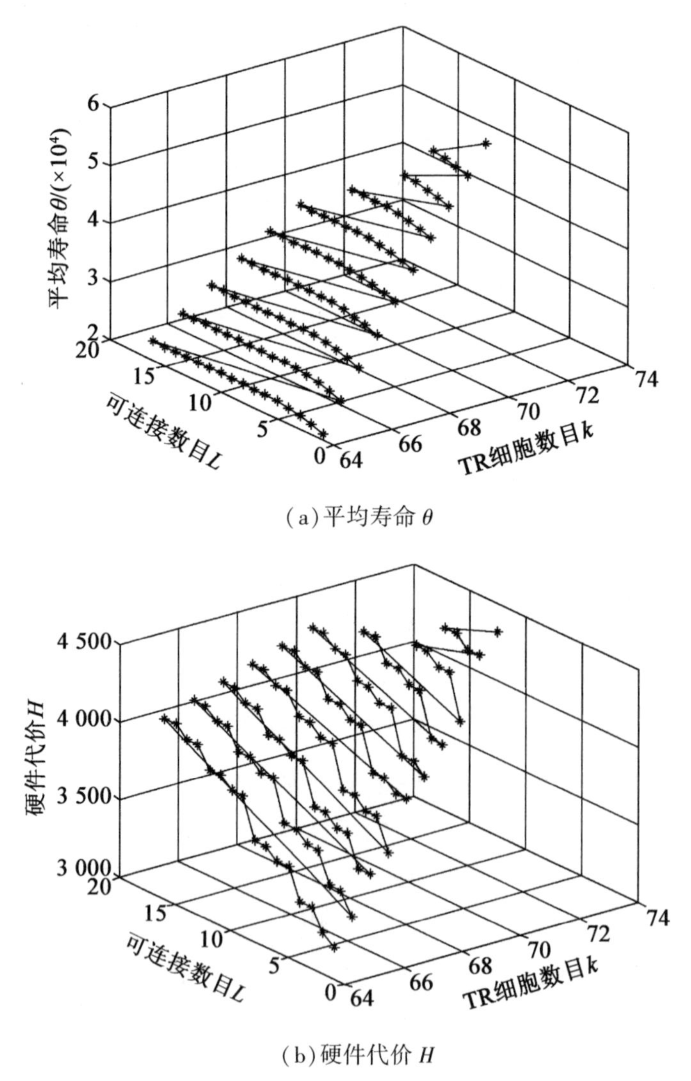

(a) 平均寿命 θ

(b) 硬件代价 H

图 7.25　阵列天线可靠性、硬件代价($N=1$,以最大平均寿命为目标)

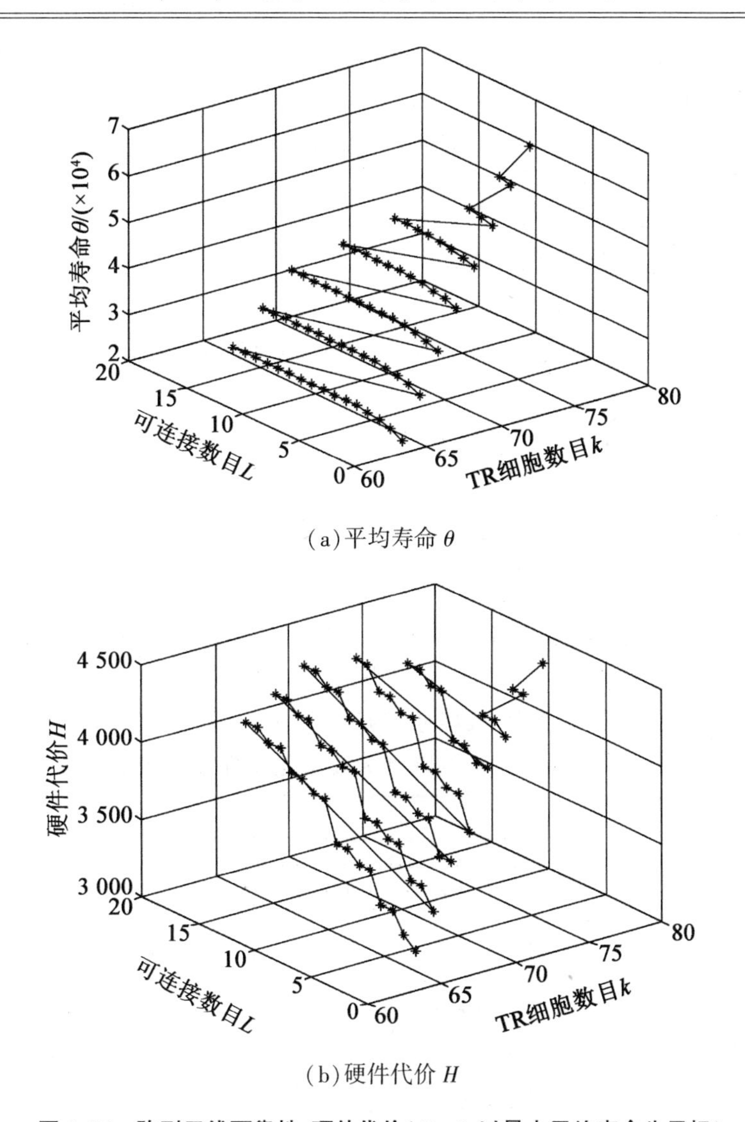

(a)平均寿命 θ

(b)硬件代价 H

图 7.26　阵列天线可靠性、硬件代价($N=2$,以最大平均寿命为目标)

由图 7.25、图 7.26 所示阵列天线可靠性、硬件代价规律,根据阵列天线最大硬件代价 $H_U=4\ 500$ 的要求,通过最优搜索,获得的最优配置为 $N=2$、$k=78$、$L=8$,即阵列天线中存在 2 个修复链、78 个 TR 细胞、每个阵元连接 8 个 TR 细胞,此时,阵列天线的硬件代价为 4 446,满足最大硬件代价 $H_U=4\ 500$ 的要求,所设计阵列天线的平均寿命为 64 159 h。

7.4.3　以最小硬件代价为目标的阵列天线优化设计

阵列天线设计过程中,当确定了阵列天线平均寿命的下限 θ_D,进行阵列天线硬件代价最小化设计,即以最小硬件代价为优化目标时,优化过程可描述为

$$\begin{cases}\min(H(k,L))\\ \theta(k,L,N)\geqslant\theta_D\\ k\geqslant n,L\geqslant 2,N\geqslant 1\end{cases}\tag{7.27}$$

式(7.27)所示求解模型,是在 $k \geqslant n$、$L \geqslant 2$、$N \geqslant 1$ 的求解空间中,寻找平均寿命大于 θ_D 且硬件代价最小的 k、L、N 组合。

将式(7.21)、式(7.16)、式(7.9)及式(7.24)代入式(7.27),可以得到以最小硬件代价为优化目标的阵列天线优化模型。

$$\begin{cases} \min\limits_{k \geqslant n, L \geqslant 2, N \geqslant 1} \left(k \sum\limits_{i=1}^{\lfloor \log_2(L-1) \rfloor + 1} \lceil L/2^i \rceil C_S + kC_{TR} \right) \\ r_i(t) = \begin{cases} 1 - (1 - r(t)) \cdot \sum\limits_{j=L-1}^{i+L-1} C_{i+L-1}^j r(t)^{i+L-1-j} (1 - r(t))^j, & i + L - 1 \leqslant k - 1 \\ 1 - \sum\limits_{j=k-i}^{k} C_k^j r(t)^{k-j} (1 - r(t))^j, & i + L - 1 > k - 1 \end{cases} \\ \int_0^{\infty} \left\{ \sum\limits_{i=k}^{n} C_n^i r(t)^i (1 - r(t))^{n-i} - \sum\limits_{i=0}^{m-1} \left[r(t)^{n-n_i} \cdot \sum\limits_{j=f_i}^{f_{i+1}-1, f_{\max}} C_{n_i}^j r(t)^{n_i-j} (1 - r(t))^j \right] \right\} dt \geqslant \theta_D \end{cases} \tag{7.28}$$

采用与式(7.26)相同的遍历计算、门限最优搜索的计算方法,在潜在解空间中,进行 k、L、N 组合的遍历计算,对每一个 k、L、N 组合进行平均寿命计算,并在所有平均寿命满足最小平均寿命 θ_D 要求的组合中,选择使阵列天线硬件代价最小的 k、L、N 组合,即为最优配置方式。以最小硬件代价为目标的阵列天线优化流程如图 7.27 所示。

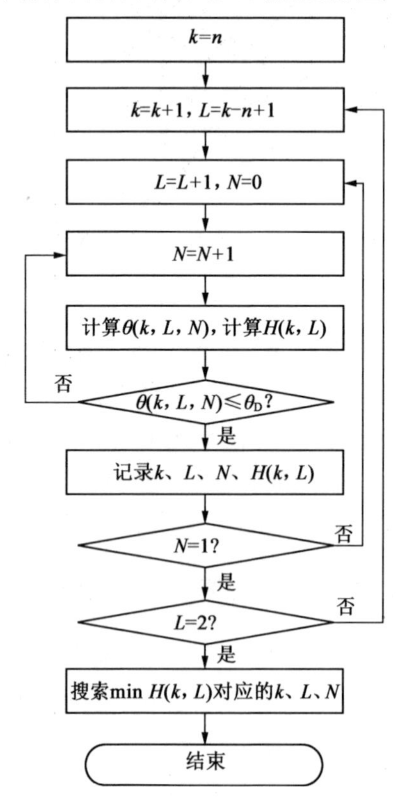

图 7.27 以最小硬件代价为目标的阵列天线优化流程

图7.27所示优化流程与图7.23相同，在求解空间中遍历、记录使平均寿命高于θ_D的所有潜在解，并选择使硬件代价最小的k、L、N作为最优解，完成阵列天线以最小硬件代价为目标的阵列天线优化。

以7.4.2节中包含64个阵元的直线阵列天线($n=64$)为例，进行以最小硬件代价为目标的优化设计，设其最小平均寿命要求为$\theta_D=50\ 000$ h，采用图7.26所示优化流程进行优化求解。

当$N=1$时，在$k\geq n$、$L\geq 2$解空间内，满足最小平均寿命$\theta_D=50\ 000$ h要求的阵列天线平均寿命$\theta(k, L, N)$、硬件代价$H(k, L)$如图7.28所示。

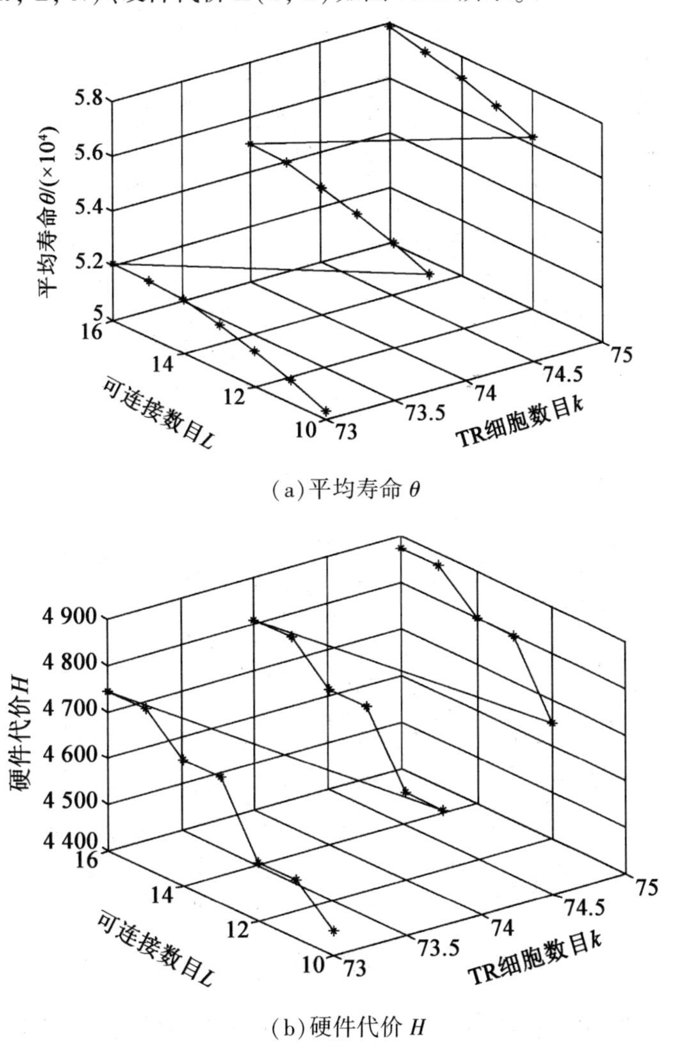

(a) 平均寿命θ

(b) 硬件代价H

图7.28　阵列天线可靠性、硬件代价($N=1$，以最小硬件代价为目标)

当 $N=2$ 时，在 $k\geqslant n$、$L\geqslant 2$ 解空间内，满足最小平均寿命 $\theta_D=50\ 000$ h 要求的阵列天线平均寿命 $\theta(k, L, N)$、硬件代价 $H(k, L)$ 如图 7.29 所示。

根据图 7.28、图 7.29 所示阵列天线可靠性、硬件代价规律，通过最优搜索，获得使阵列天线硬件代价最小的配置为 $N=2$、$k=74$、$L=6$，即阵列天线中存在 2 个修复链、74 个 TR 细胞、每个阵元连接 6 个 TR 细胞，此时阵列天线的平均寿命为 52 843 h，满足最小平均寿命 $\theta_D=50\ 000$ h 要求，所设计阵列天线硬件代价为 4 144。

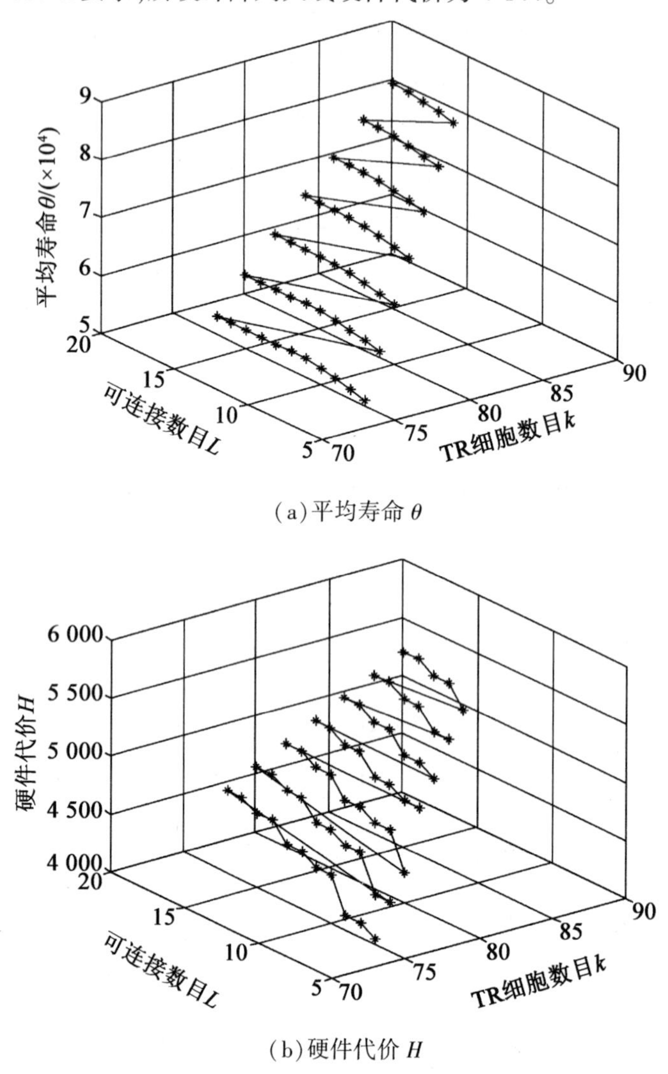

(a)平均寿命 θ

(b)硬件代价 H

图 7.29　阵列天线可靠性、硬件代价($N=2$，以最小硬件代价为目标)

7.5　仿真实验

以包含 16 个阵元的直线阵列天线的自修复为例,对本章所提自修复结构进行仿真验证。以本章所提 TR 细胞为基本单元,构建新型自修复阵列。为了进行 TR 细胞的移除自修复,在 16 个 TR 细胞完成阵列功能外,配置 6 个冗余 TR 细胞,为自修复过程提供冗余资源。各细胞编号分别为 TRC_0 ~ TRC_21。

在 Xilinx ISE 12.2 环境中对阵列天线修复控制部分进行实现,并利用 ISE 自带的仿真软件 ISim 进行自修复过程的仿真。根据 Xilinx ISE 仿真结果中各 TR 细胞移相器、衰减器配置码,在 Matlab 中计算阵列天线方向图及其主副瓣比、最大副瓣电平等关键技术指标,以分析自修复效果。

仿真实验中,分析单 TR 细胞故障、连续多 TR 细胞故障、多 TR 细胞次序故障等情况下的阵列天线自修复成果。

7.5.1　阵列天线状态及仿真设置

对于包含 16 个阵元、阵元间距为 0.5λ(λ 为辐射电磁波波长)的直线阵,各阵元分别为 0,1,…,15。采用 Dolph-Chebyshev 幅值加权综合,其阵元 j 的归一化激励 I_j 见表 7.2。

表 7.2　阵元 j 的归一化激励

j	I_j	j	I_j	j	I_j	j	I_j
0	0.179 1	4	0.700 5	8	1.000 0	12	0.544 2
1	0.249 6	5	0.839 6	9	0.944 0	13	0.388 8
2	0.388 8	6	0.944 0	10	0.839 6	14	0.249 6
3	0.544 2	7	1.000 0	11	0.700 5	15	0.179 1

TR 细胞中采用 6 位数控衰减器进行各阵元幅值控制。衰减器控制码为 000000~111111,对应衰减量为 0~31.5 dB,以 0.5 dB 为间隔。数控衰减器的衰减量是步进非连续的,各阵元选择与激励归一化值最接近的衰减量。本章仅采用 Dolph-Chebyshev 幅值加权,未进行相位加权,因此各移相器控制码均为 000000(采用 6 位数控移相器),则 22 个 TR 细胞的控制码见表 7.3。

表 7.3　22 个 TR 细胞的控制码

i	TRC_i	i	TRC_i
0	000000011110	11	000000000110

续表 7.3

i	TRC_i	i	TRC_i
1	000000011000	12	000000001011
2	000000010000	13	000000010000
3	000000001011	14	000000011000
4	000000000110	15	000000011110
5	000000000011	16	000000000000
6	000000000001	17	000000000000
7	000000000000	18	000000000000
8	000000000000	19	000000000000
9	000000000001	20	000000000000
10	000000000011	21	000000000000

表 7.3 中各控制码的低 6 位为衰减器控制码、高 6 位为移相器控制码；TR 细胞 16~21 为冗余细胞，其控制码均为 000000000000。

在表 7.3 所示配置下，由 22 个 TR 细胞、16 个阵元构成的直线阵方向图如图 7.30 所示，其最大副瓣电平（maxSLL）、平均副瓣电平（avSLL）、半功率波瓣宽度（HPBW）、第一零点波瓣宽度（FNBW）等关键技术指标见表 7.4。

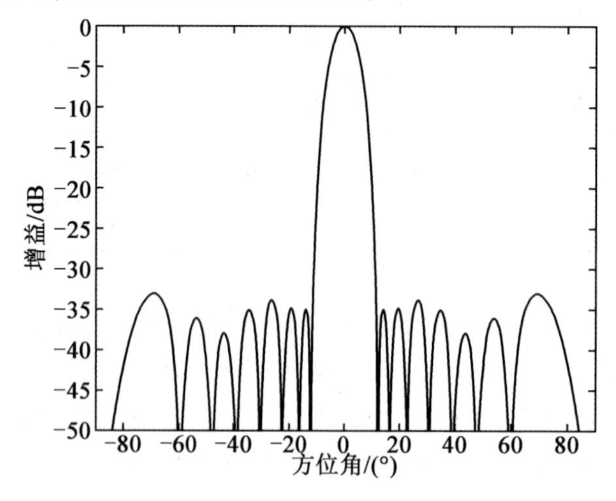

图 7.30　正常状态直线阵方向图

表 7.4　正常状态直线阵方向图关键技术指标

指标	maxSLL/dB	avSLL/dB	HPBW/(°)	FNBW/(°)
数值	−33.17	−35.14	8.48	23.95

仿真中 $k=22$，$n=16$，输出切换模块中多路选择器选择端的端口数目 $m \geq k-n+1=7$，因此选择 1-8 多路选择器，其控制信号宽度为 $\lceil \log_2(k-n+1) \rceil=3$。

Xilinx ISE 能够进行 TR 细胞存储、地址、自修复结构的切换控制等数字电路的仿真，而包含射频信号的射频收发模块、检测模块、阵元无法在 Xilinx ISE 中仿真实现。为了验证阵列天线自修复控制过程，在仿真过程中手动设置各 TR 细胞故障信号值 f_i，为修复过程提供启动信号；将各 TR 细胞的衰减器控制码通过输出切换控制开关送入所连接阵元，在 Matlab 中根据各阵元上衰减器控制码计算阵列天线方向图及关键参数。通过各 TR 细胞状态、表达基因及各阵元上衰减码变化，验证所设计自修复结构的修复能力，并通过 Matlab 的方向图计算，进行自修复能力的确认。

7.5.2　单 TR 细胞故障自修复

系统运行过程中，设置单个 TR 细胞 TRC_4 故障，故障 TR 细胞所连接阵元的辐射信号为 0，即阵元 4 辐射信号变为 0，则此时阵列天线方向图如图 7.31 所示，其最大副瓣电平（maxSLL）、平均副瓣电平（avSLL）、半功率波瓣宽度（HPBW）、第一零点波瓣宽度（FNBW）等关键技术指标见表 7.5。

由图 7.31、表 7.5 可以看出，TRC_4 细胞故障使得阵列天线方向图发生较大畸变，最大副瓣电平由 −33.17 dB 升高至 −22.00 dB，平均副瓣电平由 −35.14 dB 升高至 −23.15 dB，同时半功率波瓣宽度、第一零点波瓣宽度均变宽。

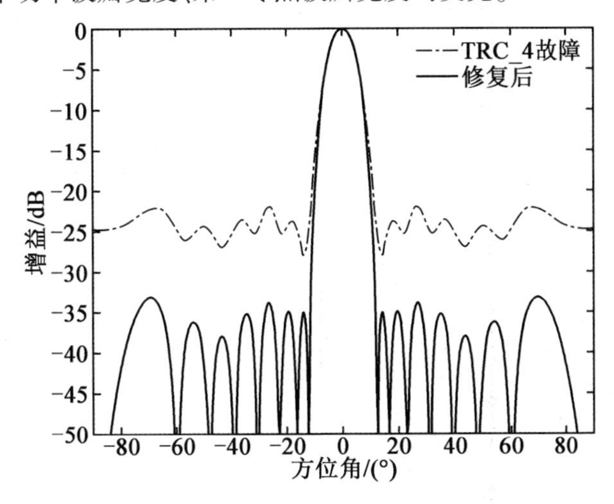

图 7.31　TRC_4 故障及修复后阵列天线方向图

表 7.5　TRC_4 故障及修复后阵列天线方向图关键技术指标

指标		maxSLL/dB	avSLL/dB	HPBW/(°)	FNBW/(°)
数值	故障	−22.00	−23.15	8.71	27.14
	修复	−33.17	−35.14	8.48	23.95

本章所设计自修复结构使得阵列天线在发生故障时能及时进行 TR 细胞功能、阵元连接的调整，进行阵列天线自修复，单 TR 细胞故障自修复过程如图 7.32 所示。

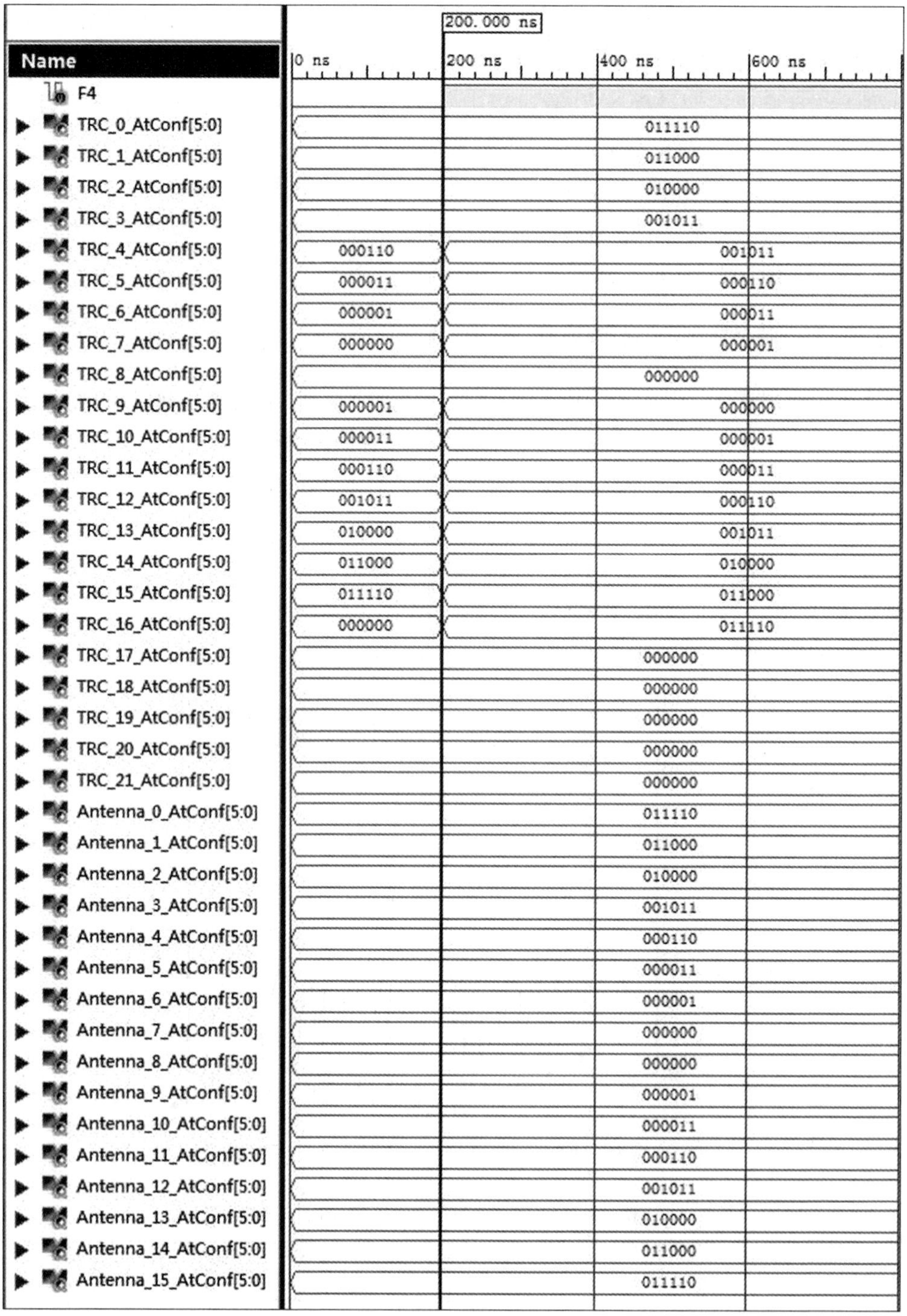

图 7.32　单 TR 细胞故障自修复过程

图 7.32 中，TRC_*i*_AtConf(i=0, 1, …, 21)为系统中第 i 个 TR 细胞 TRC_*i* 所输出衰减器控制码；F*i* 为第 i 个 TR 细胞的状态信号；Antenna_*j*_AtConf(j=0, 1, …, 15)为系统中第 j 个阵元 Antenna_*j* 所连接 TR 细胞的衰减器控制码，即阵元辐射信号所经衰减器的控制码。

在 200 ns，TRC_4 细胞发生故障，其故障信号置高，即 F4 = 1。TRC_4 及其后细胞的位置信息发生变化，细胞功能依次后移，所输出衰减器控制码 TRC_*i*_AtConf(i=0, 1, …, 21)发生变化。TRC_5 输出原 TRC_4 衰减器控制码 000110，TRC_6 输出原 TRC_5 衰减器控制码 000011……直至使用一个备份细胞 TRC_16，TRC_16 输出原 TRC_15 衰减器控制码 011110。

在输出切换控制模块控制下，TRC_4 细胞所连接阵元 Antenna_4 断开与其连接，连接至执行原 TRC_4 功能的 TRC_5 细胞，其后阵元所连接 TR 细胞也依次后移，保证每个阵元上所配置衰减器控制码 Antenna_*j*_AtConf(j=0, 1, …, 15)保持不变。修复完成后，各阵元对应衰减器的控制码与表 7.3 所示初始衰减器控制码相同，在此配置下，阵列天线方向图、关键技术指标如图 7.31、表 7.5 所示，与图 7.30、表 7.4 所示初始状态相同，完成了阵列天线在单 TR 细胞故障下的自修复，且阵列天线性能修复如初始状态。

7.5.3　连续多 TR 细胞故障自修复

系统运行过程中，设置连续两个 TR 细胞 TRC_7、TRC_8 同时故障，则此时阵元 Antenna_7、Antenna_8 对应辐射信号为 0，此时阵列天线方向图如图 7.33 所示，其最大副瓣电平(maxSLL)、平均副瓣电平(avSLL)、半功率波瓣宽度(HPBW)、第一零点波瓣宽度(FNBW)等关键技术指标见表 7.6。

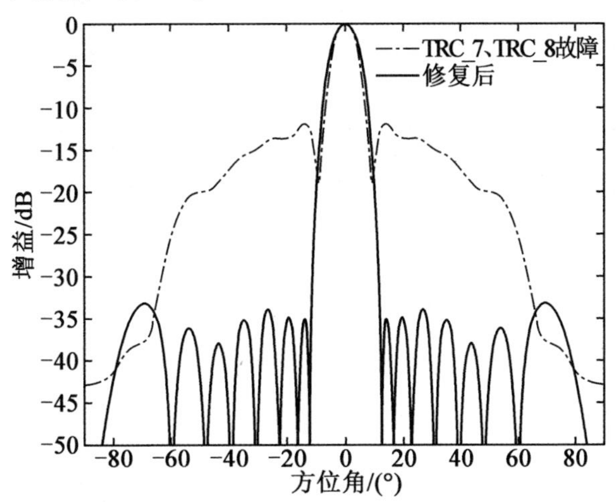

图 7.33　TRC_7、TRC_8 故障及修复后阵列天线方向图

表 7.6 TRC_7、TRC_8 故障及修复后阵列天线方向图关键技术指标

指标		maxSLL/dB	avSLL/dB	HPBW/(°)	FNBW/(°)
数值	故障	-12.01	-12.84	7.59	17.44
	修复	-33.17	-35.14	8.48	23.95

由图 7.33、表 7.6 所示阵列天线方向图及其关键技术指标可以看出,当 TRC_7、TRC_8 两个相邻 TR 细胞发生故障时,阵列天线方向图发生了严重畸变,其最大副瓣电平、平均副瓣电平分别升高至-12.01 dB、-12.84 dB。这是由于 TRC_7、TRC_8 处于阵列天线中间,其归一化激励电流均为 1.0,即其信号在阵列天线所有阵元中最大,因此 TRC_7、TRC_8 故障对阵列天线性能影响较大。

故障驱动下,其自修复过程如图 7.34 所示。在 200 ns,TRC_7、TRC_8 两个相邻 TR 细胞同时故障,其故障信号同时为高,即 F7 = 1,F8 = 1。在故障信号驱动下,TRC_7、TRC_8 及其后 TR 细胞的位置信息发生变化,故障的 TRC_7、TRC_8 细胞功能被其后正常细胞执行,细胞功能依次后移,直至使用两个正常的备份细胞 TRC_16、TRC_17。

由图 7.34 所示修复过程可以看出,在 TRC_7、TRC_8 发生故障后,TRC_7、TRC_8 及其后 TR 细胞所输出衰减器控制码发生变化,TRC_9 输出原 TRC_7 衰减器控制码 000000,TRC_10 输出原 TRC_8 衰减器控制码 000000……备份细胞 TRC_16 输出原 TRC_14 衰减器控制码 011000,备份细胞 TRC_17 输出原 TRC_15 衰减器控制码 011110。

在输出切换模块控制下,与 TRC_7、TRC_8 相连接的阵元 Antenna_7、Antenna_8 断开与故障细胞连接,而连接至执行 TRC_7、TRC_8 功能的 TRC_9、TRC_10 细胞,其后阵元所连接 TR 细胞也依次后移,直至阵元 Antenna_15 连接至 TRC_17。

通过 TR 细胞执行功能的后移、阵元连接 TR 细胞的后移,保证了每个阵元所配置衰减器控制码 Antenna_j_AtConf($j=0, 1, \cdots, 15$)保持不变。修复完成后,各阵元上所配置衰减器控制码与初始衰减器控制码相同,此时阵列天线方向图如图 7.33 所示,与图 7.30 所示初始状态方向图相同。方向图关键技术指标见表 7.6,与表 7.4 所示初始状态相同。可以看出,该自修复结构完成了阵列天线在相邻两个 TR 细胞故障下的自修复,且其性能修复至阵列天线初始状态。

200.000 ns

Name	0 ns	200 ns	400 ns	600 ns
F7				
F8				
TRC_0_AtConf[5:0]	011110			
TRC_1_AtConf[5:0]	011000			
TRC_2_AtConf[5:0]	010000			
TRC_3_AtConf[5:0]	001011			
TRC_4_AtConf[5:0]	000110			
TRC_5_AtConf[5:0]	000011			
TRC_6_AtConf[5:0]	000001			
TRC_7_AtConf[5:0]	000000	000001		
TRC_8_AtConf[5:0]	000000	000001		
TRC_9_AtConf[5:0]	000001	000000		
TRC_10_AtConf[5:0]	000011	000000		
TRC_11_AtConf[5:0]	000110	000001		
TRC_12_AtConf[5:0]	001011	000011		
TRC_13_AtConf[5:0]	010000	000110		
TRC_14_AtConf[5:0]	011000	001011		
TRC_15_AtConf[5:0]	011110	010000		
TRC_16_AtConf[5:0]	000000	011000		
TRC_17_AtConf[5:0]	000000	011110		
TRC_18_AtConf[5:0]	000000			
TRC_19_AtConf[5:0]	000000			
TRC_20_AtConf[5:0]	000000			
TRC_21_AtConf[5:0]	000000			
Antenna_0_AtConf[5:0]	011110			
Antenna_1_AtConf[5:0]	011000			
Antenna_2_AtConf[5:0]	010000			
Antenna_3_AtConf[5:0]	001011			
Antenna_4_AtConf[5:0]	000110			
Antenna_5_AtConf[5:0]	000011			
Antenna_6_AtConf[5:0]	000001			
Antenna_7_AtConf[5:0]	000000			
Antenna_8_AtConf[5:0]	000000			
Antenna_9_AtConf[5:0]	000001			
Antenna_10_AtConf[5:0]	000011			
Antenna_11_AtConf[5:0]	000110			
Antenna_12_AtConf[5:0]	001011			
Antenna_13_AtConf[5:0]	010000			
Antenna_14_AtConf[5:0]	011000			
Antenna_15_AtConf[5:0]	011110			

图 7.34　连续多 TR 细胞故障自修复过程

7.5.4　多 TR 细胞次序故障自修复

当多 TR 细胞次序发生故障时,其自修复过程如图 7.35 所示。

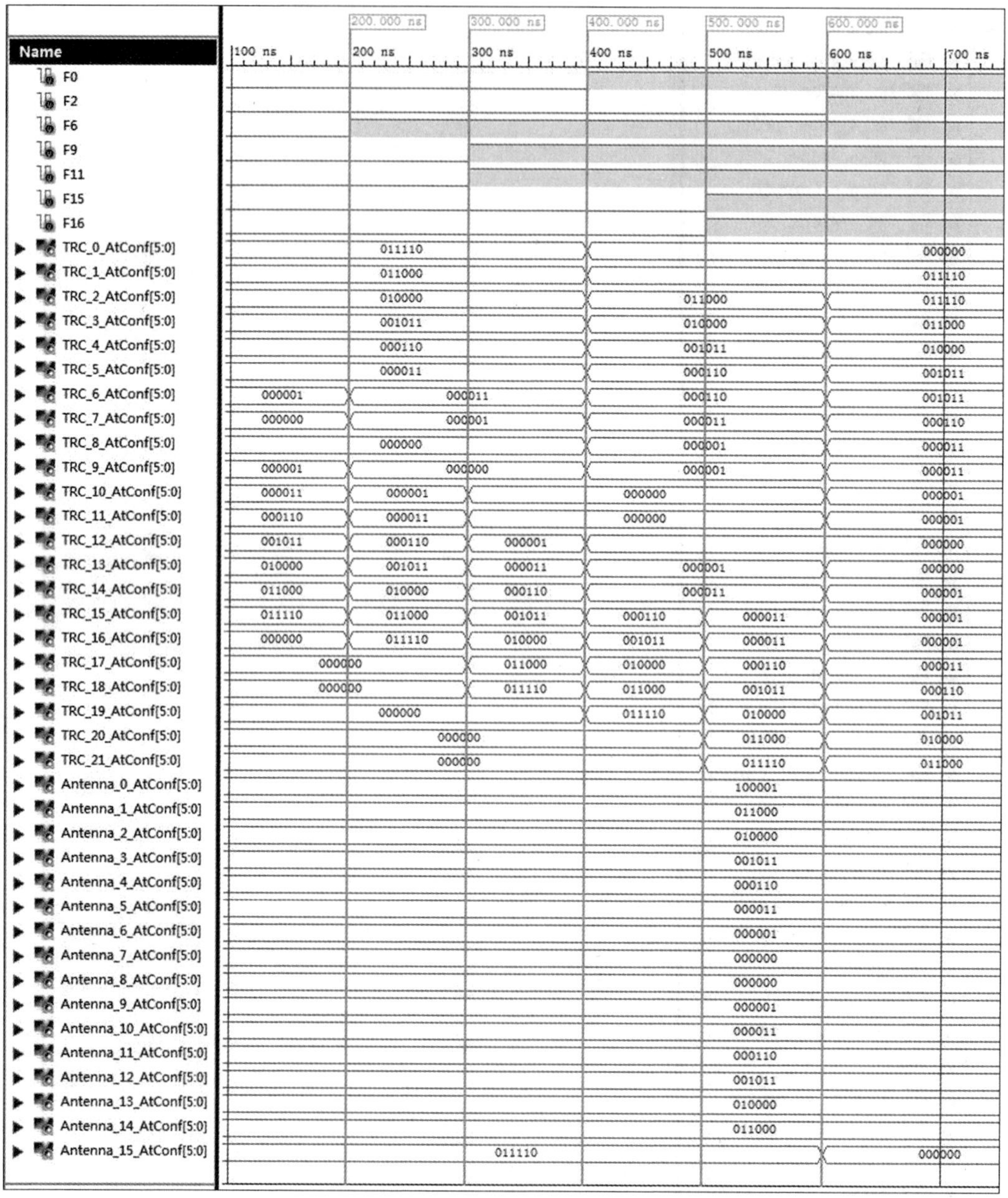

图 7.35　多 TR 细胞次序故障自修复过程

在 200 ns,TRC_6 发生故障,其故障信号 F6=1;在 300 ns,TRC_9、TRC_11 同时故障,其故障信号 F9=1、F11=1;在 400 ns,TRC_0 发生故障,其故障信号 F0=1;在 500 ns,

TRC_15、TRC_16同时故障，其故障信号F15=1、F16=1；在600 ns，TRC_2发生故障，其故障信号F2=1。

由图7.35所示修复过程可以看出，在200 ns、300 ns、400 ns、500 ns等细胞故障时刻，故障TR细胞后的细胞功能依次后移，阵元在输出切换控制模块控制下，所连接TR细胞也依次后移，使得阵元始终连接至正常TR细胞，且其所配置衰减器控制码保持不变，完成了阵列天线在单TR细胞故障、相邻TR细胞同时故障、非相邻TR细胞同时故障、多TR细胞次序故障等多种条件下的自修复。

在500 ns TRC_15、TRC_16两个TR细胞故障后，系统累计故障细胞数目为6，与系统冗余TR细胞数目相等。因此，阵列天线在完成TRC_15、TRC_16故障修复后，系统中已没有冗余备份TR细胞。在600 ns，TRC_2细胞故障时，阵列天线中的TR细胞根据修复规则，TRC_2及其后的TR细胞功能依次后移，阵列天线所连接TR细胞也依次后移，阵元Antenna_14连接至系统中最后一个正常TR细胞TRC_21，使得阵元Antenna_15失去对应TR细胞连接，虽然仿真显示器衰减器控制码为000000，但实际上由于缺少所连接TR细胞，阵元Antenna_15无输入射频信号，其激励信号为0。此时，阵列天线中各阵元j对应衰减控制码[Antenna_j_AtConf(AC_j)]、衰减量(AS_j)及归一化激励(I_j)见表7.7。

表7.7　修复后阵元衰减控制码、衰减量及归一化激励

j	AC_j	AS_j/dB	I_j	j	AC_j	AS_j/dB	I_j
0	011110	15.0	0.177 8	8	000000	0.0	1.000 0
1	011000	12.0	0.251 2	9	000001	0.5	0.944 1
2	010000	8.0	0.398 1	10	000011	1.5	0.841 4
3	001011	5.5	0.530 9	11	000110	3.0	0.707 9
4	000110	3.0	0.707 9	12	001011	5.5	0.530 9
5	000011	1.5	0.841 4	13	010000	8.0	0.398 1
6	000001	0.5	0.944 1	14	011000	12.0	0.251 2
7	000000	0.0	1.000 0	15	—	—	0

在表7.7所示配置下(无冗余TR细胞)，阵列天线方向图如图7.36所示。

图7.36所示阵列天线方向图最大副瓣电平(maxSLL)、平均副瓣电平(avSLL)、半功率波瓣宽度(HPBW)、第一零点波瓣宽度(FNBW)等关键技术指标见表7.8。

由图7.36所示方向图、表7.8所示关键技术指标可以看出，阵列天线的方向图已经畸变，最大副瓣电平由-33.17 dB上升至-29.17 dB，平均副瓣电平由-35.14 dB上升至-32.69 dB，半功率波瓣宽度、第一零点波瓣宽度均有增加，分别由8.48 dB、23.95 dB增加至8.77 dB、23.78 dB。

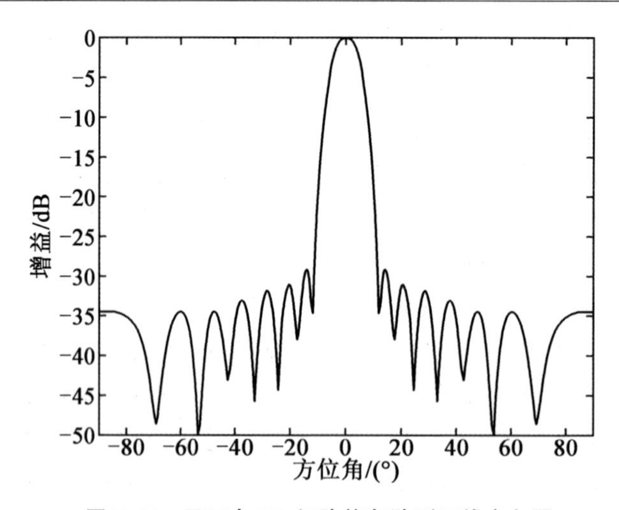

图 7.36 无冗余 TR 细胞修复阵列天线方向图

表 7.8 无冗余 TR 细胞修复阵列天线方向图关键技术指标

指标	maxSLL/dB	avSLL/dB	HPBW/(°)	FNBW/(°)
数值	-29.17	-32.69	8.77	23.78

在 500 ns 后,阵列天线中已无冗余 TR 细胞,使得 600 ns TRC_2 故障时,虽然阵列天线各部分按照自修复操作进行了细胞功能、阵元连接的依次后移,保证了阵元 Antenna_0 ~ Antenna_14 的衰减器控制码的正常,但阵元 Antenna_15 失去连接 TR 细胞,导致阵列天线自修复失败,阵列天线各项性能下降。

7.5.5 修复结果分析

通过单 TR 细胞故障、连续多 TR 细胞故障、多 TR 细胞次序故障等不同故障情况下阵列天线自修复实验可以看出,所设计阵列天线自修复结构能够完成不同故障情况下的阵列天线自修复。自修复过程中,在 TR 细胞、切换控制模块共同控制下,完成了 TR 细胞功能、阵元连接 TR 细胞的同时下移,实现了故障 TR 细胞的移除,消除了故障对阵列天线性能的影响。项目组研究提出的阵列天线自修复方法、结构具有以下特点。

(1)所设计自修复方法、结构能够完成不同故障情况下的阵列天线自修复,当系统中具有备份 TR 细胞时,可修复系统至初始状态,达到理想修复效果;当系统中没有备份 TR 细胞时,通过自修复,仍可提升阵列天线性能。

(2)修复过程在组合电路控制下完成,通过 TR 细胞与功率合成/分配网络、辐射单元间的快速切换,实现阵列天线的快速自修复,在理想情况下,可达到实时修复效果。实际系统中,修复速度受输入/输出切换控制模块中的开关限制,修复时间等于开关切换时间,在微秒、纳秒级别,提高了阵列天线修复速度。

(3)通过故障 TR 细胞移除、备份 TR 细胞替换实现自修复,修复完成后,各阵元辐射信号与阵列天线初始状态相同。各 TR 细胞高度一致的理想状态下,阵元间互耦情况与初始状态保持一致,避免了阵元互耦变化对修复结果的影响。实际系统中,由于 TR 细胞存在一定的移相、幅值衰减偏差,因此修复后阵元间互耦情况发生变化,系统设计中,通过 TR 细胞调试、补偿降低不一致性来减小互耦的改变,提高了自修复效果。

(4)所提自修复结构通过冗余 TR 细胞代替故障 TR 细胞实现自修复,修复次数受冗余 TR 细胞数量限制,实际应用中,可根据 TR 细胞规模、阵元阵列规模及阵列天线自修复需求,进行 TR 细胞数量配置。随着技术的进步,TR 组件集成度不断提高,其体积也不断降低,为 TR 细胞集成设计奠定了基础。同时,阵元阵列规模受阵元数量、阵元间距、辐射信号频率限制,而 TR 细胞的集成化设计为在阵元阵列相同空间内配置一定数量的冗余 TR 细胞提供了基础。

通过仿真实验对所提相控阵雷达阵列天线自修复方法、自修复结构进行了初步实现,实验结果验证了所提自修复方法、结构的可行性,为下一步研究奠定了基础。

7.6 本章小结

本章参考胚胎型仿生硬件中电子细胞结构,结合阵列天线中 TR 组件功能,设计了 TR 细胞,用以实现阵列天线中收发信号调节、自检测、修复控制等功能。在 TR 细胞基础上,设计了阵列天线结构,实现了阵列天线的故障细胞移除自修复。通过仿真实验,验证了所设计结构的正确性,修复结果表明,所设计基于 TR 细胞的阵列天线结构,能够实现故障细胞的实时移除,消除故障对阵列天线的影响,完成阵列天线的自修复,且修复如新。当阵列天线中无备份 TR 细胞时,通过故障细胞的移除,可将阵列中间阵元对应故障移至边缘阵元对应故障,将"影响较大的故障"转换为"影响较小的故障",保证了阵列天线性能,同时也为后续进化自修复获得较好修复效果提供了基础。

根据自修复阵列天线修复过程、特点,考虑不同位置、数量故障对阵列天线性能的影响,建立了阵列天线可靠性模型,考虑自修复阵列天线中增加切换控制模块的硬件代价,建立了其硬件代价模型。根据阵列天线设计过程中对可靠性、硬件代价的不同要求,建立了以最高可靠性为目标的阵列天线优化模型和以最小硬件代价为目标的阵列天线优化模型,建立了模型求解流程,为自修复阵列天线的优化设计提供了分析、计算方法。

第8章 阵列天线仿生自修复实验系统

8.1 实验系统总体结构

本节为进行所提移除-进化自修复方法、多层次仿生结构、进化自修复方法的实验验证,设计相控阵雷达阵列天线仿生自修复实验系统。基于图 7.5 所示阵列天线结构,所设计实验系统结构如图 8.1 所示。

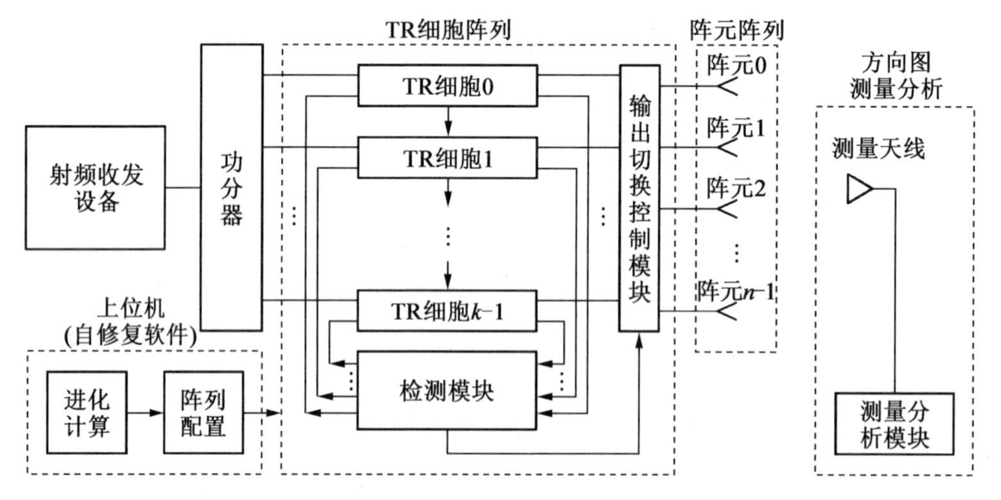

图 8.1 阵列天线自修复实验系统结构

图 8.1 所示实验系统由实验系统硬件平台、上位机(自修复软件)、方向图测量分析及辅助设备等组成:

①射频收发设备和功分器提供相位一致的射频信号,为相控阵天线提供发射信号;

②TR 细胞阵列是基于细胞移除的相控阵天线自修复结构而设计的,由 TR 细胞按照一定的分块方式排列而成,通过不同位置细胞执行不同移相码、衰减码,实现激励相位、幅值的改变,并根据 TR 细胞状态进行细胞移除自修复;

③阵元阵列是相控阵天线中的辐射天线;

④上位机(自修复软件)执行进化自修复过程,自修复软件由进化计算和阵列配置组成,其中自修复软件执行所提进化自修复方法,计算阵元激励,阵列配置根据修复计算结果配置发射通道;

⑤方向图测量分析由测量天线、测量分析模块组成,可进行相控阵天线发射方向图

的测量、分析,以验证自修复效果。

实验系统设计过程中,将上位机、TR 细胞阵列、阵元阵列设计为实验系统硬件平台,将上位机运行的进化计算、阵列配置功能设计为进化修复软件。

8.2　实验系统硬件平台的设计与实现

本节为进行所提移除-进化自修复方法、多层次仿生结构、进化自修复方法的实验验证,设计相控阵雷达阵列天线仿生自修复实验系统硬件平台,为阵列天线自修复实验提供硬件平台。

8.2.1　实验系统硬件结构设计

阵列天线修复实验系统开发主要完成阵列天线修复实验系统的开发、调试工作,为阵列天线的修复实验提供硬件平台和波束控制软件,为阵列天线修复方法的验证提供实验基础。

阵列天线修复实验系统开发包括阵列天线实验系统和波束控制软件。

阵列天线实验系统部分包括天线、TR 组件、开关网络、波控、电源、天线罩、天线框架等,系统工作原理框图如图 8.2 所示。

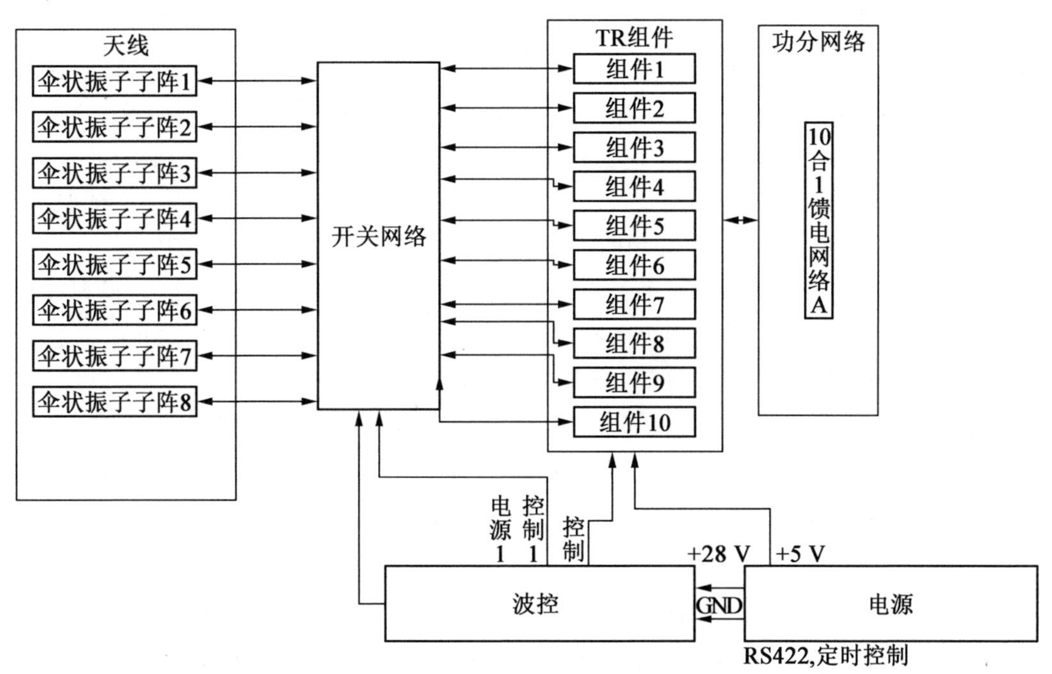

图 8.2　阵列天线实验系统工作原理框图

图 8.2 中天线完成对射频信号的空间辐射和接收,开关网络在波控的控制下完成 TR 通道的切换,TR 组件主要完成对射频信号的放大、滤波、移相、衰减等功能。功分网络完

成对发射信号的功分及接收信号的合路。波控及电源完成所有模块的供电及系统的控制。

系统发射状态下,上位机通过 422 串口向波控发送频率、指向、通道选择等指令,波控根据收到的指令内容计算所有通道所需的相位码字,波控通过同步串口向 TR 组件发送各通道所需要的移相码字,此时波控输出给 TR 组件的发射使能信号均为高电平,输出给 TR 的接收使能为低电平,收发切换为高电平,对应开关网络开通路的信号为高电平。相控阵系统工作时,射频信号通过功分器分别馈电给各个 TR 组件,各个 TR 组件根据波控的控制对输入的射频信号进行移相、放大后馈电给天线,通过各单元天线将电磁波辐射到空间并合成特定指向的波束。

系统接收状态时,上位机通过 422 串口向波控发送频率、指向、加权方式、通道选择等指令,波控根据收到的指令内容计算所有通道所需的相位码字、幅度码字,此时波控输出给 TR 组件的发射使能信号均为低电平,输出给 TR 的接收使能为高电平,收发切换为低电平,对应开关网络开通路的信号为高电平。相控阵系统工作时,天线将空间接收到的射频信号送入 TR 组件,各个 TR 组件根据波控的控制对接收到的射频信号低噪声进行放大,通过功分网络进行合成。

8.2.2 天线设计

1. 单元天线设计

印刷偶极子天线不仅拥有宽频带、宽波束、质量轻、体积小、成本低的特点,而且还易于集成。因此这种微带巴伦馈电的印刷偶极子天线能够很好地满足本项目的技术要求。

天线单元选择伞状天线,在单根垂直导线的顶部,向各个方向引下几根倾斜的导体,这样构成的天线形状像张开的雨伞,故称伞状天线。它也是垂直接地天线的一种形式。其特点和用途与倒 L 形、T 形天线相同。带宽比贴片天线大,易于设计调节仿真。

伞状印刷偶极子与普通偶极子天线一样,当天线宽度长度约为 0.5λ 时可得到较好的辐射和输入阻抗特性。但是因为印刷偶极子是印制在厚度为 1 mm,相对介电常数 ε_r 为 4.6 的介质基板上,并且为了展宽天线工作频带而加宽的天线臂,都使得天线臂长在小于半个波长,约为 0.46λ 时的性能最佳。单元天线 HFSS 仿真模型如图 8.3 所示,微带继承巴伦在介质基板的正面,偶极子臂在背面,并通过与天线臂之间的接地臂实现单向辐射,从而提高天线增益。

2. 天线阵列设计

天线阵列选择伞状天线,组成 4×8 的天线阵面,10 个 TR 组件(40 通道),收发组件通过波控控制开关网络,确定所连接的天线。射频开关由对应收发组件的控制板控制。天线阵列工作设计图如图 8.4 所示。

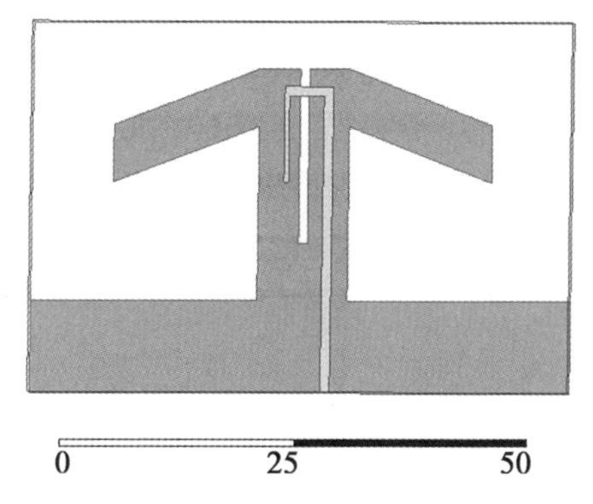

图8.3 单元天线HFSS仿真模型(mm)

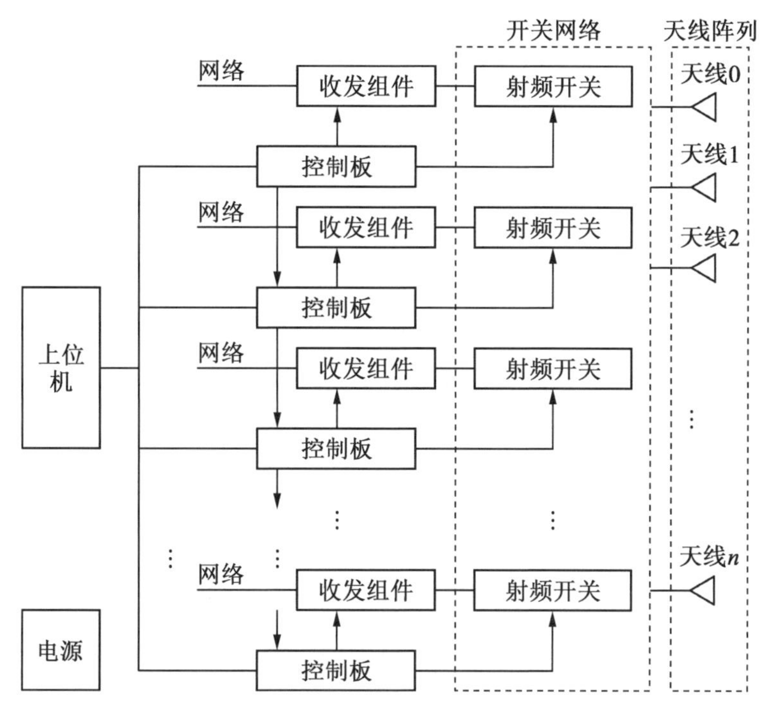

图8.4 天线阵列工作设计图

根据方位面波束宽度、尺寸等要求,只要这些栅瓣不出现在方位±32°观察区域,同时不出现在天线波束主瓣内,该接收栅瓣对雷达性能的影响就可以接受。

当天线间距54 mm高频点大角度扫描面仿真时,32°指向方向图如图8.5所示,出现栅瓣,选择天线间距$D<54$ mm,且得考虑TR通道尺寸、天线要求,满足天线整体尺寸和质量要求。考虑波束宽度要求在15°±2°,间距确定为45 mm。

采用不加权时,间距为45 mm,天线方向图如图8.6所示,3 dB波束宽度为14.22°,能满足大角度扫描及波束宽度要求。

采用阵元加权时,间距为45 mm,天线方向图如图8.7所示。在加权情况下,间距为45 mm,3 dB波束宽度为16.45°,能满足大角度扫描及波束宽度要求。

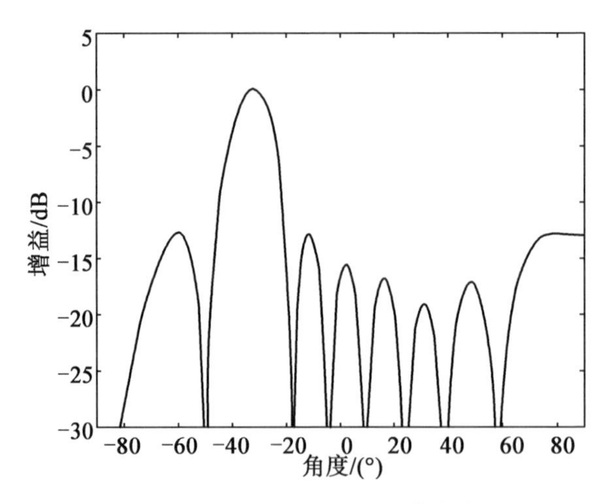

图 8.5 天线间距 54 mm 32°指向方向图

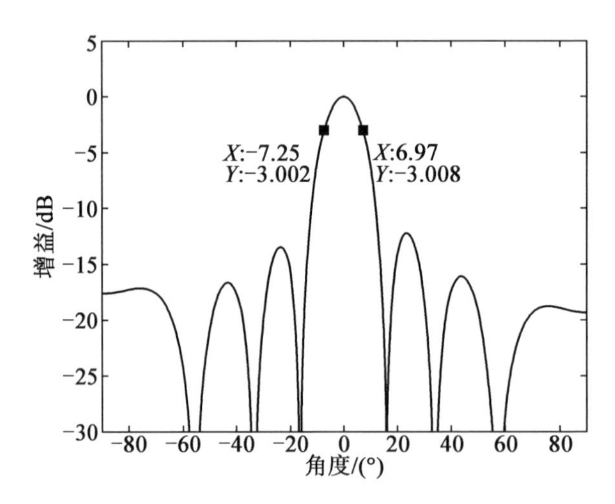

图 8.6 天线间距 45 mm 不加权方向图

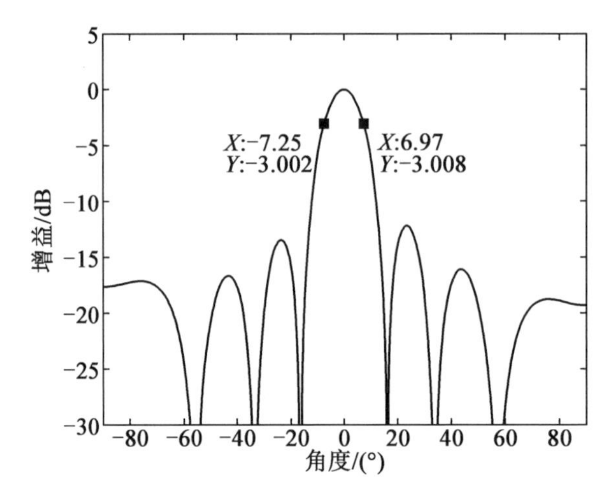

图 8.7 天线间距 45 mm 阵元加权方向图

选定天线阵面由 8 个伞状印刷偶极子天线组成,其模型如图 8.8 所示。方位间距为 45 mm,俯仰间距为 45 mm,俯仰天线单元个数为 4。天线的净口径为 360 mm×180 mm。由天线方向性系数计算公式可计算出,天线方向性系数为 19.49 dB,满足指标要求。

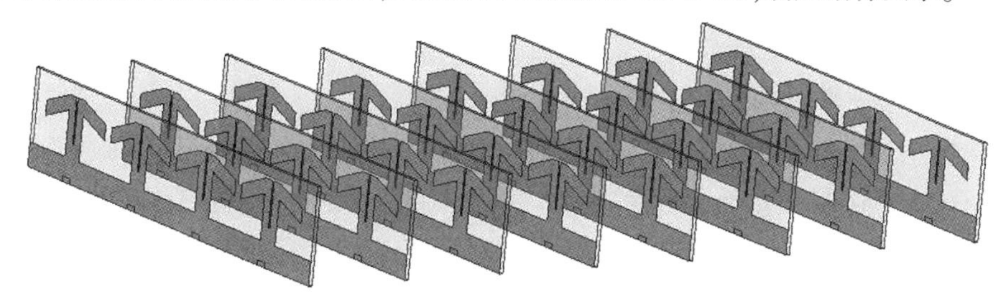

图 8.8　天线阵面模型

在 2.9 GHz、3.1 GHz 工作频率下,阵列天线方向图如图 8.9 所示。

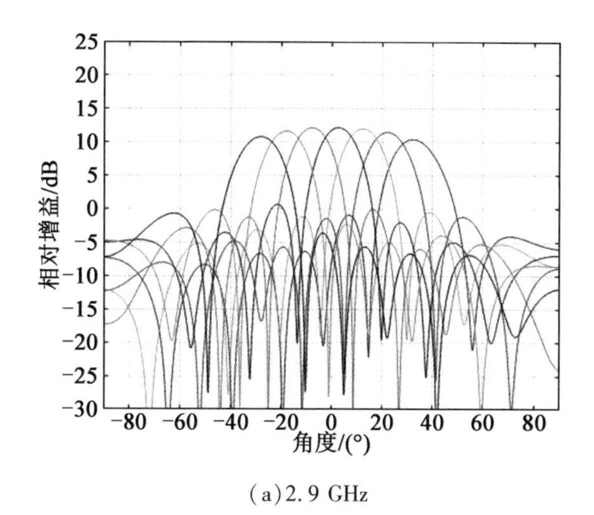

(a)2.9 GHz

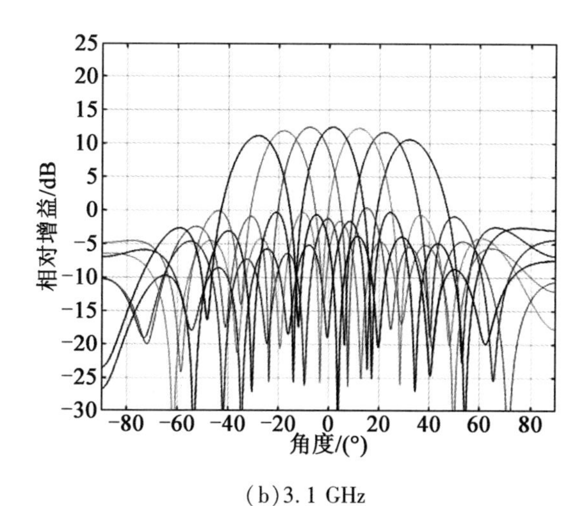

(b)3.1 GHz

图 8.9　阵列天线(−35°~35°)方向图

由图 8.9 所示方向图可知,天线在 2.9~3.1 GHz 下满足技术要求,保证了 200 MHz 带宽的要求。

8.2.3 波控设计

1. 波控单元硬件设计

控制板控制收发组件的发射/接收状态、移相器状态、衰减器状态,控制板同时控制开关切换网络的状态。每行天线所对应的 10 个控制板功能相同,保存该行 8 个天线的移相器、衰减器配置信息。控制板间能够进行信息交互,并根据控制板所在位置、收发组件状态等信息,调整输出对应收发组件的移相器、衰减器配置信息及开关切换控制信息,控制板与收发组件间连接关系如图 8.10 所示。

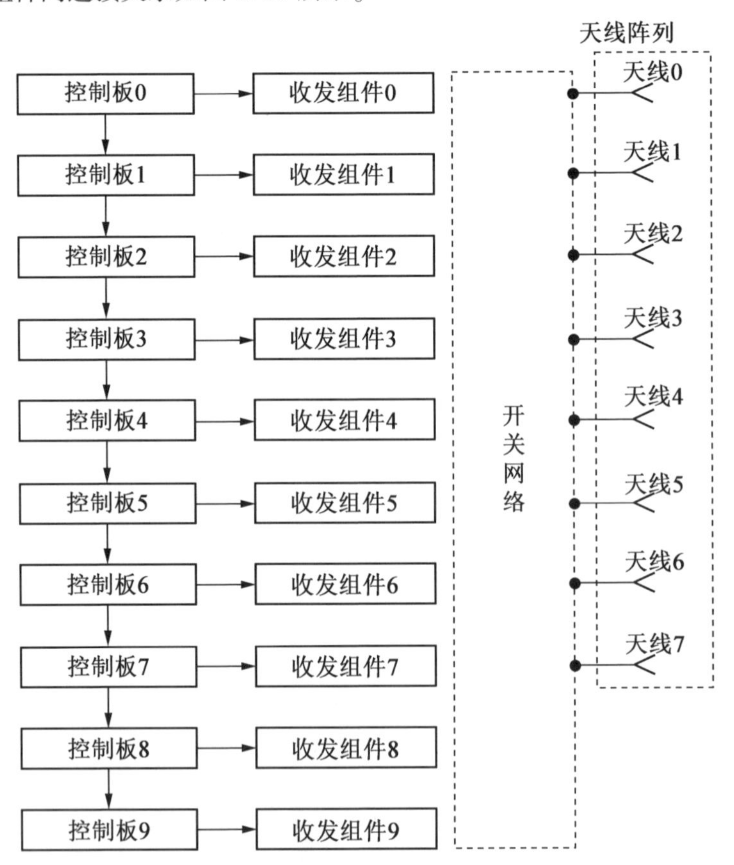

图 8.10 控制板与收发组件间连接关系

为进行集成化设计,利用大规模 FPGA 的计算能力,将控制板 0~9 设计在同一波束控制(波控)单元内。波控单元硬件功能框图如图 8.11 所示。功能单元主要包括输入模块、电源模块、运算控制模块、输出模块等。

(1)输入模块设计。

输入模块硬件主要由差分转换芯片(包括差分转单端和单端转差分两类芯片)、驱动芯片、隔离芯片及其外围电路组成。

输入模块的主要功能是将从信号处理器输入的差分信号转换为单端信号,并进行隔离。信号处理器发送的时序信号速率较低,采用 SJ26LV32MF 接口芯片实现差分转单端转换;信号处理器发送的通信速率较高,采用 LVDS 接口芯片 B90LV032TO 实现差分转单端转换。波控单元回送信号单端转差分,采用 LVDS 接口芯片 B90LV031TO 实现。信号隔离采用 PB3216 型磁珠,可以有效地实现信号处理器和波束控制器之间的信号隔离,避免二者相互干扰。

输入模块设计过程中,充分考虑波控与输入信号来源之间的接口匹配,保证接口电平一致,接口通信速率留足余量。在接口信号出现开路、短路等硬件故障时,确保波控和信号来源方不损坏。

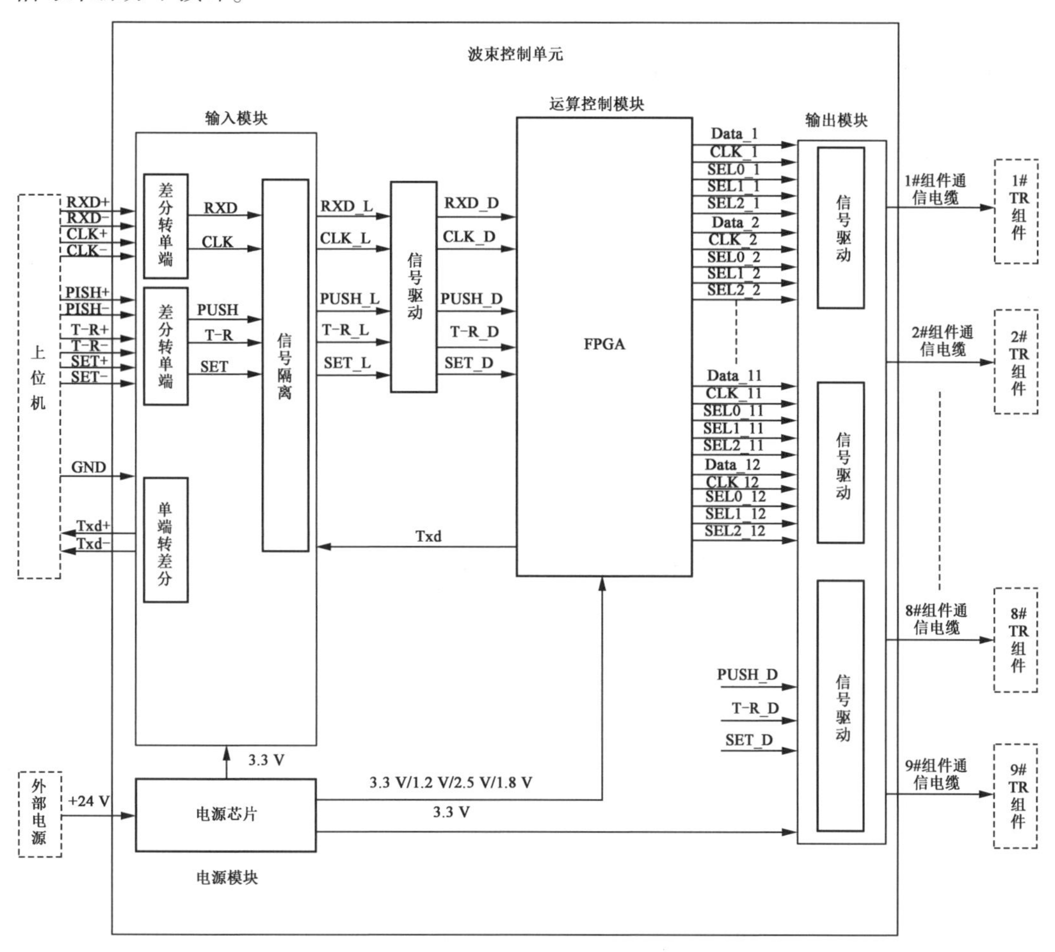

图 8.11　波控单元硬件功能框图

(2)电源模块设计。

电源模块主要由保护电路及电源芯片组成。LYM4644IY 电源芯片及其配置网络、输入/输出蓄能滤波网络组成波控单元二次电源功能模块,为接口电路和运算控制模块供电。LYM4644IY 单片输出 4 路电源,单路输出电流 4 A。其电压输入范围为 4~36 V,电压输出范围为 0.6~5 V。设置器输出电压为 3.3 V、2.5 V、1.8 V、1.2 V 时,其配置电阻分别为 13.3 kΩ、19.1 kΩ、30.1 kΩ、60.4 kΩ。外部电源模块+5 V 输入电源经过蓄能、滤波、抗浪涌、防反接、过流保护等措施后进入 LYM4644IY,转换为 3.3 V VCCIO 和 1.2 V VCCINT、VCC2V5、VCC1V8 分别进行蓄能、滤波处理后送往负载单元。

(3)运算控制模块设计。

运算控制模块核心为 FPGA 系统,硬件包括时钟源、FPGA 芯片、FPGA 配置芯片。

采用 JXCLX25-363(塑封)型 FPGA 芯片和 SM32PF S48 型配置芯片搭建子阵运算控制模块,该型 FPGA 芯片集成 48 个 DSP 模块,内部 BlockRAM 存储空间高达 72×18 KB,用户 I/O 管脚 240 Pin。天线工作频点 11 个,频率间隔设定为 60 MHz。天线方位扫描范围为-40°~+40°,波束跃度为 0.1°,方位面 801 个波位;FPGA 主要控制对象包括 36(4 行×8 列)个 TR 通道。所需存储空间要求如下:

统计所需存储空间需求共计 114 560 bit,BlockRAM 资源占用率约为 9%。根据控制规模仿真计算过程,统计 DSP 资源使用率约 58%。

(4)输出模块设计。

输出模块主要由 SM164245 型总线驱动器及其外围电路组成。输出模块将计算控制模块产生的 TR 组件控制信号进行驱动和隔离,增强输出信号的带载能力。驱动器芯片未用管脚下拉或上拉固定电平,确保输出状态稳定;驱动输出信号考虑阻抗匹配和物理损坏保护。

(5)波控接口。

波束控制与上位机及组件接口定义见表 8.1、表 8.2。

表 8.1　波束控制与上位机接口定义

端子号	定义	端子号	定义
1	RXD+	6	TXD+
2	RXD-	7	TXD-
3	NC	8	NC
4	NC	9	GND
5	GND		

表 8.2　波束控制与组件接口定义

序号	端子号	定义	序号	端子号	定义	序号	端子号	定义
1	1	CLK-1	14	14	SET-4	27	27	LD-1
2	2	CLK-2	15	15	GND	28	28	LD-2

续表 8.2

序号	端子号	定义	序号	端子号	定义	序号	端子号	定义
3	3	CLK-3	16	16	TR1-1	29	29	LD-3
4	4	CLK-4	17	17	TR1-2	30	30	LD-4
5	5	GND	18	18	TR1-3	31	31	GND
6	6	DEN-1	19	19	TR1-4	32	32	DIN-1
7	7	DEN-2	20	20	GND	33	33	DIN-2
8	8	DEN-3	21	21	TR2-1	34	34	DIN-3
9	9	DEN-4	22	22	TR2-2	35	35	DIN-4
10	10	GND	23	23	TR2-3	36	36	GND
11	11	SET-1	24	24	TR2-4	37	37~51	NC
12	12	SET-2	25	25	GND			
13	13	SET-3	26	26	NC			

2. 波控软件设计

波控软件设计主要内容是 FPGA 程序设计。FPGA 芯片上电后，首先进行 AS 模式配置，将用户程序引导进入 FPGA，初始化完成后进入待命状态。波控接收信号处理器发送的配相控制数据，检取配相参数(包括波束指向数据、频率码及波束赋形模式)，按照配相方程快速计算产生配相码、查询获取接收衰减码，并将其实时传送至天线阵 FPGA，从而实现天线波束扫描控制。FPGA 程序设计遵循“面积换速度”原则，并采用流水线技术实现配相码快速计算。FPGA 程序主要包括 3 个软件模块：与上位机通信模块、配相计算模块、配相发送模块。

(1)与上位机通信模块设计。

与上位机通信模块完成波控与上位机之间的交互通信，解析配相参数和控制命令。控制数据帧接收结束后，将通信状态信息、子阵温度信息、电源信息等打包上报至信号处理器。与上位机通信模块程序流程图如图 8.12 所示。

(2)配相计算模块设计。

配相计算模块是 FPGA 程序设计的重点和难点。配相计算包含正弦三角函数计算、余弦三角函数计算、乘法运算、取模运算、加减运算等，运算流程相对比较复杂。配相计算模块遵循“面积换速度”原则，充分利用 FPGA 并行运算优势，在每个计算节拍中安排 9 个相移单元计算，并通过部分查表简化运算过程，利用 FPGA 逻辑单元面积优势突破计算速度瓶颈。配相计算模块程序流程图如图 8.13 所示。

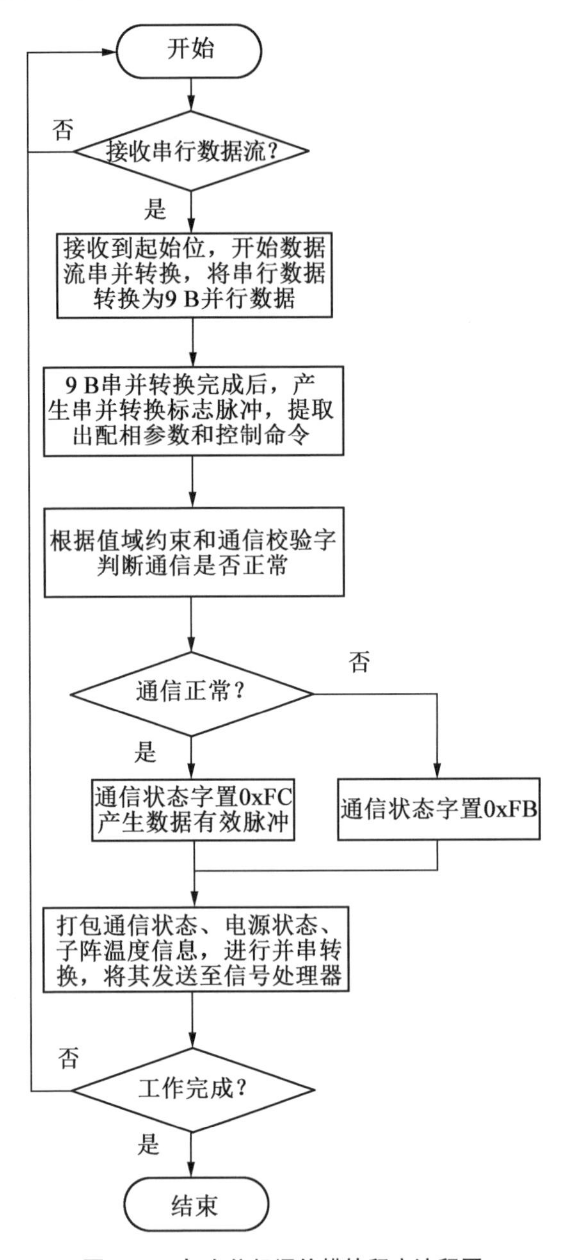

图 8.12　与上位机通信模块程序流程图

计算节拍时钟 25 MHz,全阵所有通道配相计算时间为 36÷9÷25 MHz=0.16 μs。考虑数据缓冲和稳定时间,配相计算模块可在配相控制指令接收完毕后 0.5 μs 内完成配相计算。

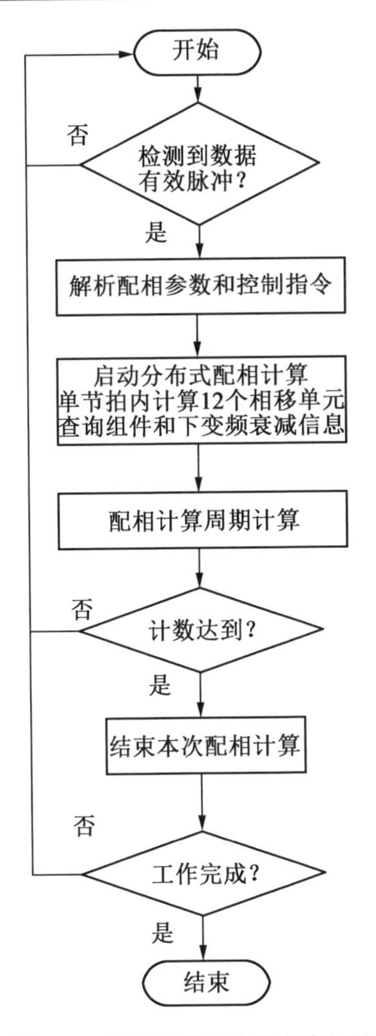

图 8.13　配相计算模块程序流程图

(3)配相发送模块设计。

配相发送模块程序将配相计算生成的配相码和查询获得的衰减码进行分配打包,形成符合波控与子阵通信协议要求的数据帧。配相发送模块以通信数据线划分 TR 组件模块,共包含 9 个配相发送子模块。每个子模块封装 4 个 TR 通道的控制数据,按照组件通信协议将每个通道的相位、幅度等信息打包为数据帧。配相发送模块程序流程图如图 8.14 所示。

配相数据发送过程中,每通道控制数据 26 bit,通道数据之间额外增加 2 bit 空闲保护位,每帧控制数据共 112 bit。按 5 Mbit/s 通信速率计算,波控单元配相控制数据传输时间为 112 bit÷5 Mbit/s=22.4 μs。

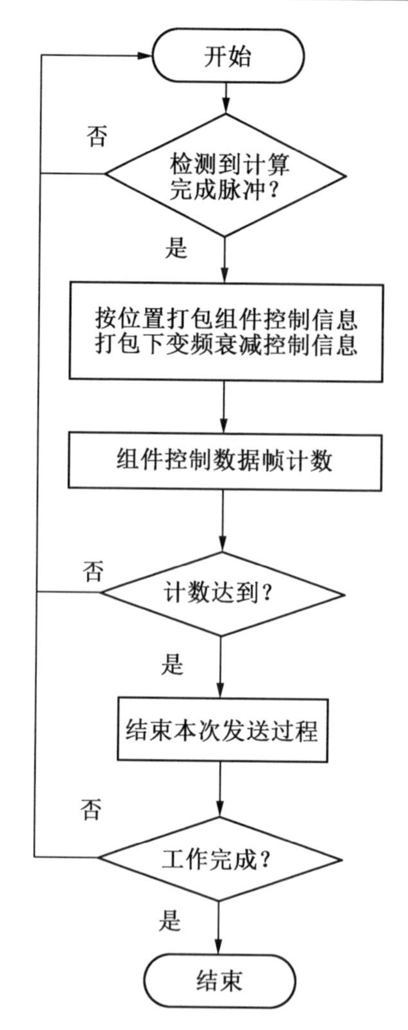

图 8.14 配相发送模块程序流程图

(4)波束配置时间。

根据数据处理机与波控的通信协议,数据包长度为 172 B,其中包括各通道相位及幅度数据。通过串口发送指令,波特率为 11 520,计算可得每包数据发送所需时间约为 172 B×1 000/11 520=15 ms。

波控内置时钟频率为 25 MHz,根据波控与 TR 组件间的通信协议,数据包长度为 26 bit,每 6 个时钟周期发送 1 bit,数据包发送结束后需要 150 个时钟周期发送打入信号,经过计算可得配置时间约为(26 bit×6+150)÷25 MHz=12 μs。

3. 波控单元配相及数据传输时间

波控单元接收到同步串口发送的控制指令后,根据指令字提供的频率和方位、俯仰角信息,计算 36 个 TR 通道的收发配相码和幅度控制码。波控单元采用 FPGA 架构实现,在每个计算时钟节拍安排 9 个通道并行开展配相计算。计算时钟节拍频率 25 MHz,波控单元完成全阵配相计算时间为 36÷9÷25 MHz=0. 16 μs。

波控单元 FPGA 同时向 9 个 TR 模块发送配相控制数据信息,每通道控制数据 26 bit,通道数据之间额外增加 2 bit 空闲保护位,每帧控制数据共 112 bit。按 5 Mbit/s 通信速率计算,波控单元配相控制数据传输时间为 112 bit/5 Mbit/s=22.4 μs。

综合考虑 FPGA 程序设计的时序衔接延迟,波控单元配相时间不大于 10 μs。

8.2.4 组件设计

1. 组成

四通道 S 波段 TR 组件由收发电路、功分合成网络、电源及控制电路等单元组成。TR 组件的主要功能分下行及上行部分:下行部分主要用于将接收到的微弱射频信号经限幅 LNA、放大器、幅相控制后送出;而上行部分是将发射的射频信号经幅相控制、驱动放大器、功率放大器后送收发电路向外辐射。TR 组件原理框图如图 8.15 所示。

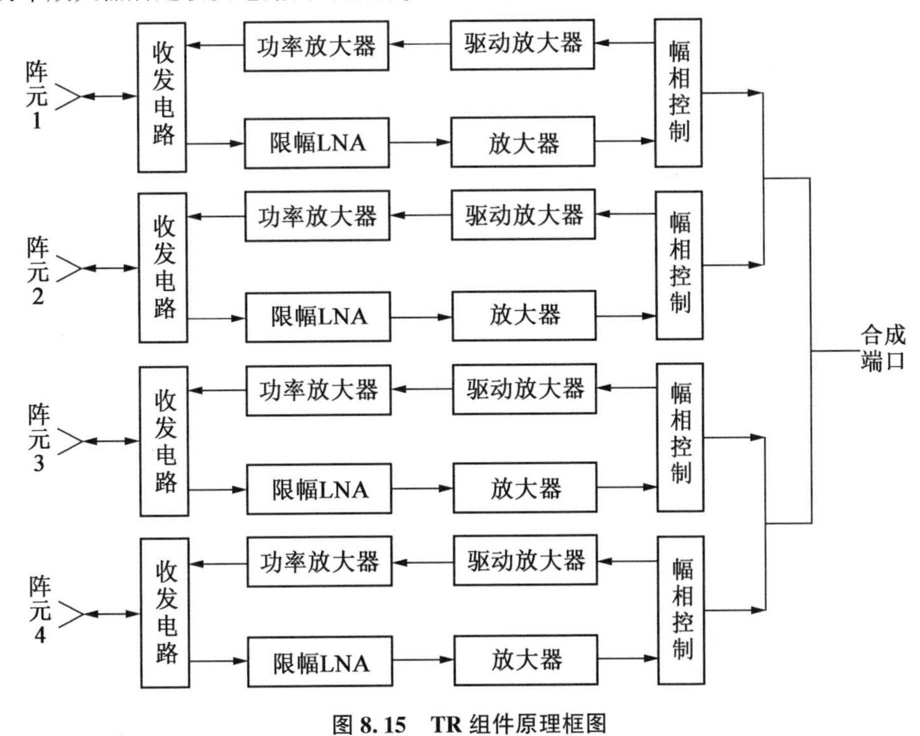

图 8.15 TR 组件原理框图

实际设计时,为提高集成度,保证电讯指标及一致性要求,降低工艺难度,采用一片式的高集成多功能芯片实现收发开关、上行发射、下行限幅低噪放接收、幅相控制功能。

设计过程中,采用 6 位数控移相器、6 位数控衰减器进行信号的相位、幅值控制,数控移相器的相位控制步进为 5.625°,数控移相器的幅值控制步进为 0.5 dB,衰减范围为 0~31.5 dB。

2. 接口要求

TR 组件接口包括射频接口、电源接口和控制接口。射频接口包括发射射频输入/接收射频输出接口(SMA-K)和发射射频输出/接收射频输入接口(SMA-K,4 个);电源接口为 J30 J 矩形连接器,其 1~10 端子为 GND、12~20 端子为 5 V;控制接口为 J30 J 矩形连接器。控制和温度状态接口定义见表 8.3。

表 8.3 控制和温度状态接口定义

端子号	定义	端子号	定义	端子号	定义	端子号	定义
1	DIN-3	14	CLK-4	27	空	40	空
2	CLK-3	15	DEN-4	28	空	41	DIN-1
3	DEN-3	16	SET-4	29	DIN-2	42	CLK-1
4	SET-3	17	TR1-4	30	CLK-2	43	DEN-1
5	TR1-3	18	TR2-4	31	DEN-2	44	SET-1
6	TR2-3	19	LD-4	32	SET-2	45	TR1-1
7	LD-3	20	GY_EN-4	33	TR1-2	46	TR2-1
8	GY_EN-3	21	DOUT-4	34	TR2-2	47	LD-1
9	DOUT-3	22	ZTO-4	35	LD-2	48	GY_EN-1
10	ZTO-3	23	AGND-4	36	GY_EN-2	49	DOUT-1
11	AGND-3	24	NC	37	DOUT-2	50	ZTO-1
12	NC	25	TJ	38	ZTO-2	51	AGND-1
13	DIN-4	26	GND	39	AGND-2		

8.2.5 开关网络设计

阵列天线实验系统硬件平台中,收发组件与天线阵列间通过切换开关进行连接,天线与收发组件间的连接可调,通过切换开关的切换控制,可控制天线所连接的收发组件。每行的 10 个收发组件与 8 个辐射天线间的连接如图 8.16 所示。天线 0~6 都通过开关连接至 4 个收发组件,天线 7 通过开关连接至 3 个收发组件。

为实现阵元与收发组件间的连接,采用多路开关、功分/合路器级联的方式,进行开关网络的设计,其结构如图 8.17 所示。

图 8.17 所示开关网络中,由 1-4 多路开关、1-4 功分/合路器级联,完成每个阵元与 4 个 TR 细胞间的连接。实现过程中,1-4 多路开关采用 HMC7992 射频开关芯片,该芯片在外部控制信号控制下,可实现 1 个公共端到 4 个端口间的切换;1-4 功分/合路器采用功分器级联实现。

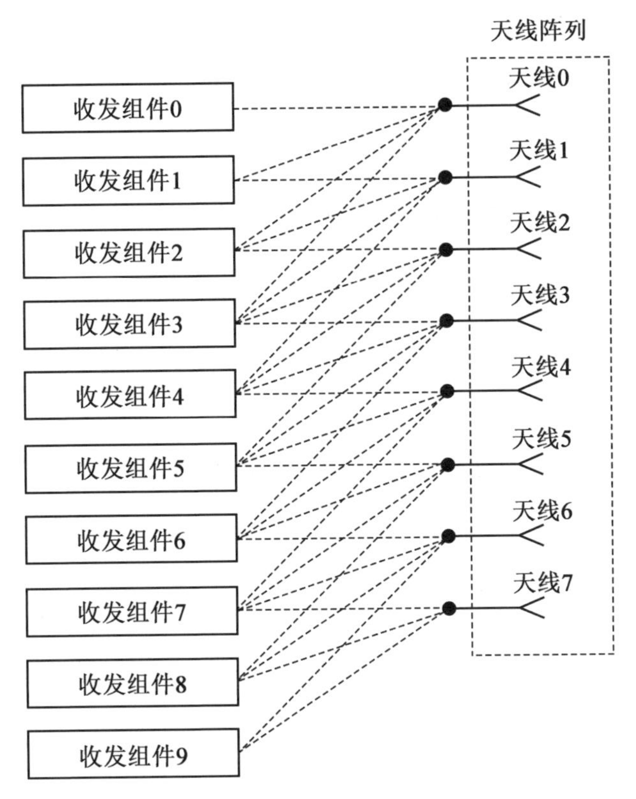

图 8.16　收发组件与天线间的连接

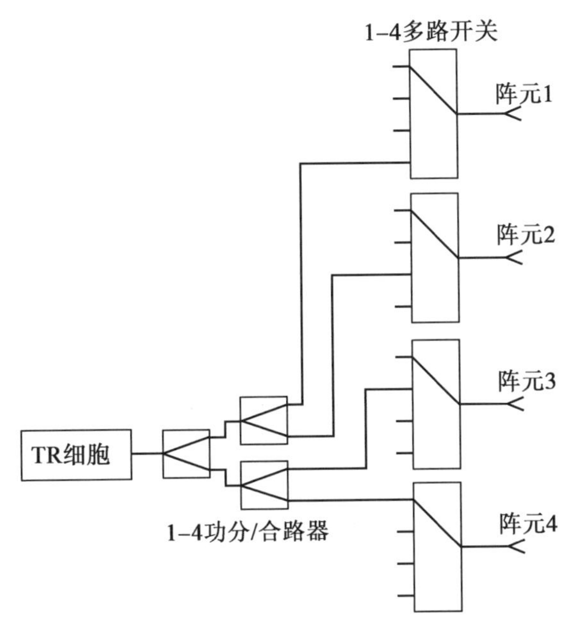

图 8.17　开关网络结构

HMC7992 射频开关芯片工作频率范围为 0.1～6 GHz,开关切换时间为 150 ns,在 2 位控制信号的控制下,完成公共端和 4 个切换端口间的连接切换控制。

阵列天线细胞移除自修复过程中,自修复时间是故障检测时间、控制板计算及命令发送时间和开关切换时间之和。对于固定型故障,通过逻辑电路实时检测,其时间忽略不计;控制板计算根据每个 TR 细胞的故障状态,依据式(7.21)计算每个开关的控制码,对于计算时钟节拍频率 25 MHz 的 FPGA,完成 36 个开关信号控制码计算时间小于 1 ms,在 5 Mbit/s 通信速率下,36 个开关配置时间为(2 bit×36)/5 Mbit/s＝14.4 μs;因此故障移除自修复时间约为 1 ms+14.4 μs+150 ns＝1.014 55 ms,即故障细胞移除自修复时间小于 2 ms。

8.3 进化修复软件的设计与实现

8.3.1 进化修复软件结构设计

进化修复软件主要基于进化修复算法,根据阵列天线规模、阵元间距、主副瓣要求等参数,进行阵列天线方向图综合、性能分析、进化计算,并根据进化计算结果进行阵列天线的重配置。所设计进化修复软件结构如图 8.18 所示。

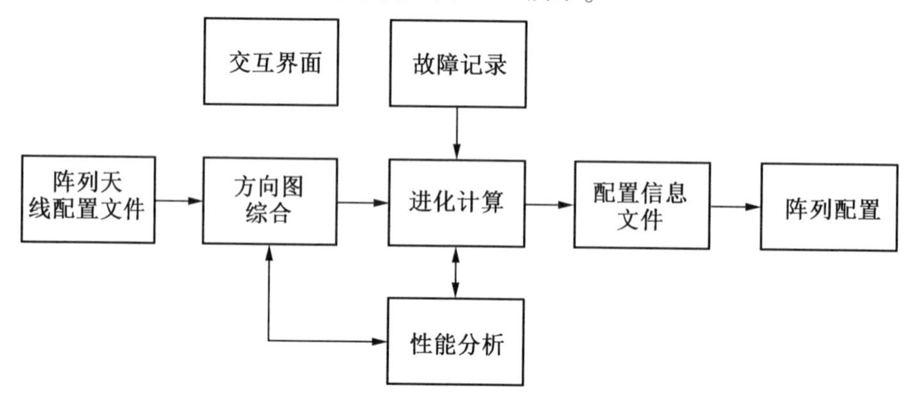

图 8.18 所设计进化修复软件结构

图 8.18 所示进化修复软件结构由交互界面、方向图综合、性能分析、进化计算、阵列配置等模块,以及阵列天线配置文件、配置信息文件等组成。

①交互界面主要完成软件人机交互及阵列天线、方向图、性能参数等信息的显示。

②方向图综合主要根据阵列天线的规模、阵元间距、主副瓣要求等,进行阵元初始幅值分布的综合计算,为阵列天线运行提供初始正常配置。

③性能分析根据阵列天线各阵元配置,进行方向图计算,性能参数的计算。

④进化计算根据阵列天线故障信息,结合阵元初始配置及性能要求,进行阵列天线配置信息的进化计算,获得故障条件下阵元最优化配置。

⑤阵列配置根据方向图综合、进化计算结果,配置阵列天线。

⑥阵列天线配置文件保存阵列天线的规模、阵元数量、阵元间距、工作频率等配置信息。

⑦配置信息文件保存阵列天线各 TR 细胞的配置信息，主要包括相位配置信息和幅值配置信息。

8.3.2　进化修复软件的实现

进化修复软件主界面如图 8.19 所示，分为数据输入及显示部分和图像显示部分。

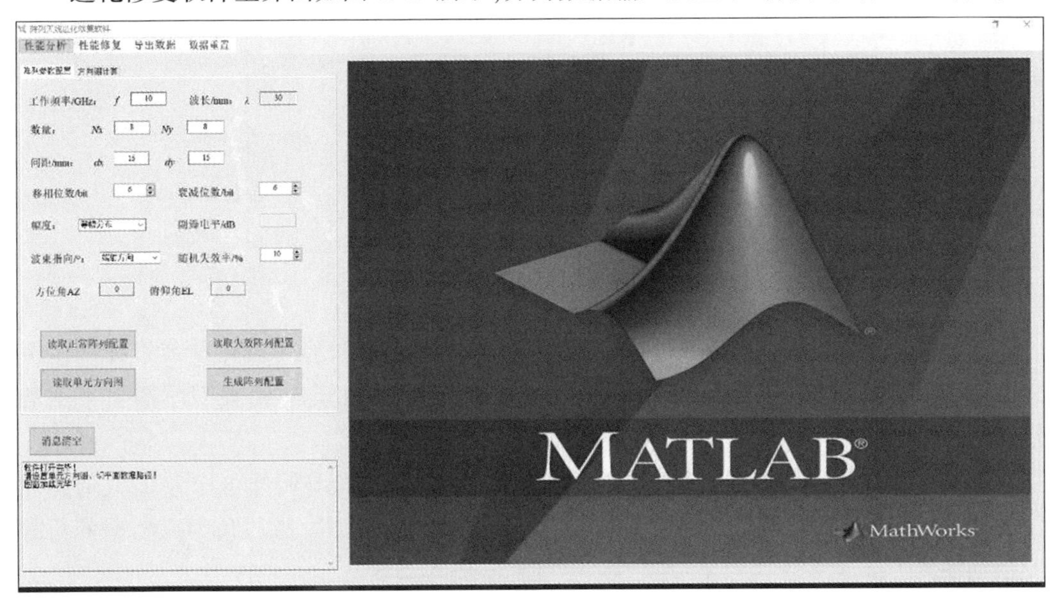

图 8.19　进化修复软件主界面

数据输入最下方的消息栏，将对操作步骤是否完成进行告知。上方的消息清空可以清除所有已存在消息。在数据输入及显示部分，最上方为菜单栏，可以进行对输入阵列的性能分析，对输入阵列的修复，对修复后的阵列数据及方向图等数据导出及数据重置的操作。

1. 数据分析

菜单栏选择性能分析，第二级菜单栏选择阵列参数配置。

(1) 阵列配置，可以选择由软件生成阵列或直接导入已有阵列。

直接导入阵列时，单击读取正常阵列配置，以及读取失效阵列配置，软件根据配置文件自动生成阵列信息。

由软件生成阵列时，阵列配置如图 8.20 所示。

①工作频率。对阵列工作频率进行输入(单位为 GHz)，波长会根据输入的工作频率自动算出(单位为 mm)。

②数量。对阵列沿 x 轴排列的阵元数目“Nx”及间距“dx”(单位为 mm)，沿 y 轴排列的阵元数目“Ny”及间距“dy”(单位为 mm)进行输入。

③移相位数。对于相位量化的移相位数可以选择 4~6 位输入。

④衰减位数。对于幅度量化的衰减位数可以选择 4~6 位输入。

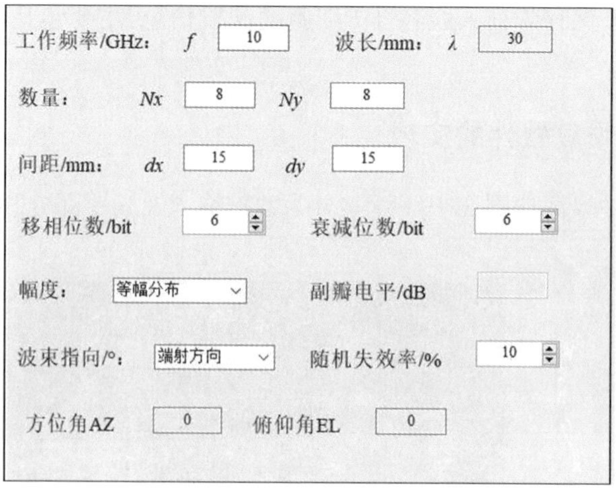

图 8.20 阵列配置

⑤幅度。可以选择等幅分布,如图 8.20 所示,幅度默认位全 1 输入。或选择切比雪夫分布,需要对副瓣电平手动输入(单位为 dB);或选择泰勒分布,需要对副瓣电平手动输入(单位为 dB)。

⑥波束指向。可以选择端射方向,如图 8.20 所示,方位角与俯仰角均为 0;或选择方位面扫描,方位角为 0,俯仰角需要手动输入;或选择俯仰面扫描,方位角为 90°,俯仰角需要手动输入。

⑦随机失效率。设置阵元的失效个数,为总阵元个数与随机失效率的乘积。

(2)读取单元方向图。

阵列信息配置完后,需要单击读取单元方向图,依次将单元方向图,以及计算切平面方向图所需要的单元方向图进行读入。

(3)生成阵列配置。

阵列配置信息与读取单元方向图完成后,单击胜场阵列配置对失效前和失效后阵列进行分析。此时通过计算,将阵元分布及失效的情况、单元三维方向图、激励幅度分布及激励相位分布显示在图像显示部分。

(4)方向图计算。

单击第二级菜单栏下的方向图计算,可以进入阵列参数计算结果的界面。单击界面右下方的计算阵列方向图,将对配置好的阵列进行方向图计算,计算结果对应显示在失效阵列及正常阵列的下方,同时将失效阵列与正常阵列的三维方向图及主平面方向图的对比显示在图像显示部分。

2. 性能修复

对方向图进行计算后,单击第一级菜单的性能修复,进入修复界面,如图 8.21 所示。

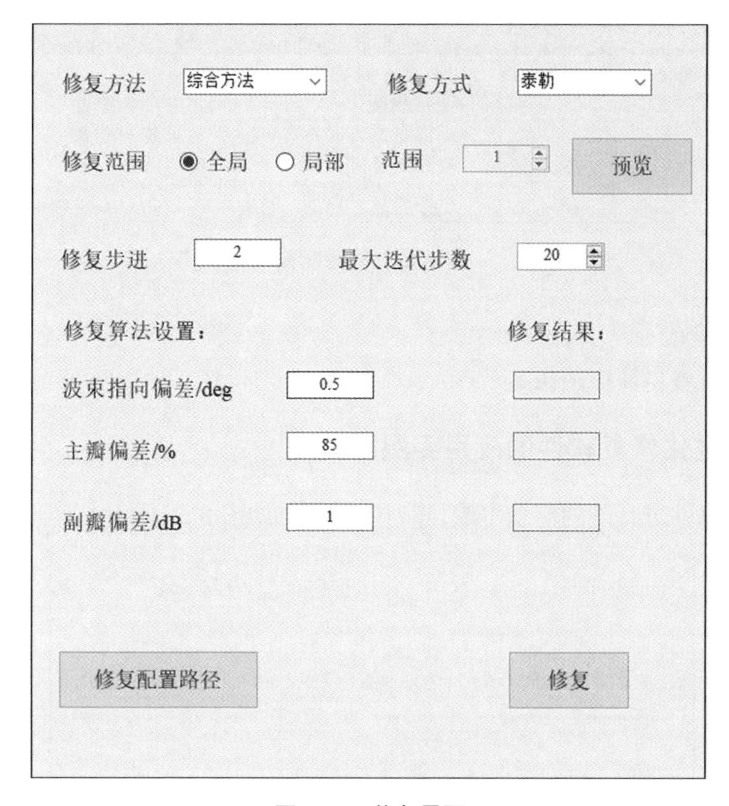

图 8.21　修复界面

①修复方法及方式。可以选择综合方法进行修复，选择综合方法后可以选择修复方式，有泰勒与切比雪夫两种方法，或可以选择遗传算法进行修复。

②修复范围。可以选择进行全局修复或者进行局部修复。进行局部修复时需要选择局部修复的范围，即选择失效单元周围几周内的单元进行修复。修复后单击预览可以查看修复的阵元。

③修复算法设置。可以进行波束指向偏差、主瓣偏差及副瓣偏差的设置，使修复结果符合设置范围。修复配置路径可以进行设置，若不进行设置，则默认放置在软件目录下的 data 文件夹中。

设置完成后单击右下角修复按钮，将计算出修复后与故障前的波束指向偏差，主瓣偏差及副瓣偏差，同时修复后的三维方向图及与故障前后相比的主平面方向图将显示在图像显示部分。此时回到性能分析的方向图计算中，能显示出故障前后与修复后的关键数据。

3. 导出数据

在第一级菜单中单击导出数据，下拉菜单中可以选择阵列配置如图 8.22 所示，可以对正常、故障及修复阵列配置进行导出，对三维或主平面方向图进行导出。

阵列天线进化修复软件
性能分析
性能修复
导出数据
数据重置
阵列配置
正常配置方向图
故障配置方向图
修复配置方向图
正常阵列配置
故障阵列配置
修复阵列配置
修复方法
遗传算法

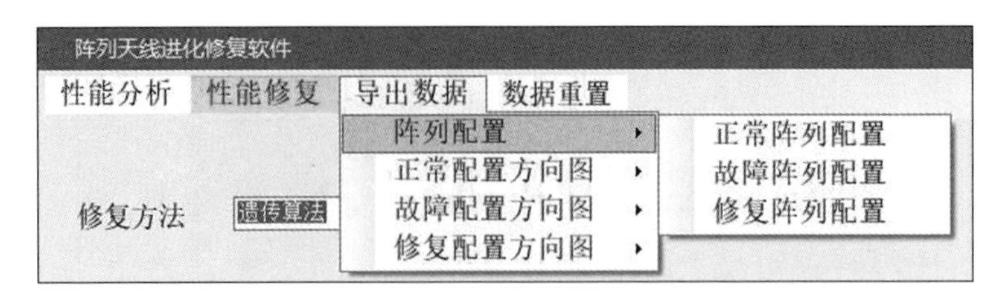

图 8.22　阵列配置

4. 数据重置

单击数据重置将清除图像显示。

8.3.3　进化修复软件的应用实例

选择使用软件进行阵列信息生成,阵列配置信息如图 8.23 所示。

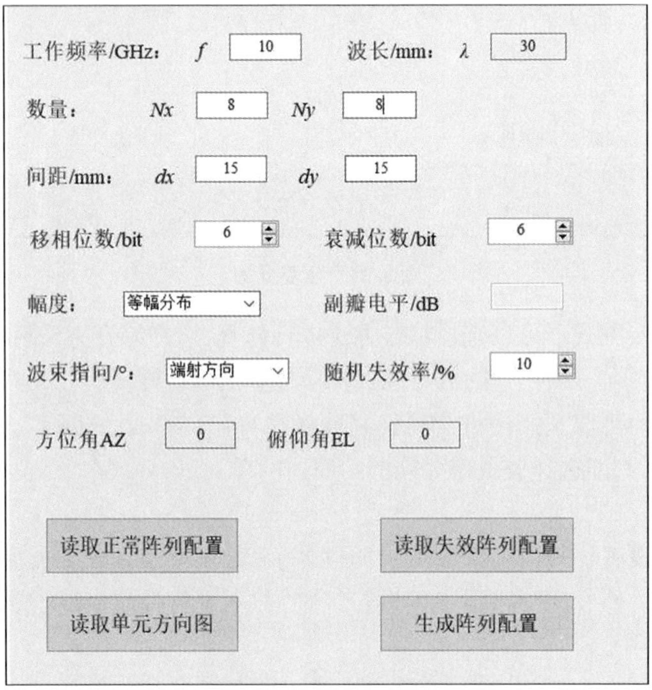

工作频率/GHz: f 10
波长/mm: λ 30
数量: Nx 8 Ny 8
间距/mm: dx 15 dy 15
移相位数/bit 6
衰减位数/bit 6
幅度: 等幅分布
副瓣电平/dB
波束指向/°: 端射方向
随机失效率/% 10
方位角AZ 0
俯仰角EL 0
读取正常阵列配置
读取失效阵列配置
读取单元方向图
生成阵列配置

图 8.23　阵列配置信息

单击读取单元方向图,读入单元方向图及用于切面的单元方向图,读取成功后,消息栏将显示相应提示信息。

单击生成阵列配置,生成阵列配置信息,并将所生成信息保存入相应配置文件中。图像显示部分显示阵元分布状态(正常、失效)、单元天线三维方向图、幅度分布及相位分布,如图 8.24 所示。

单击第二级菜单栏的方向图计算,单击计算阵列方向图,消息栏显示计算成功,如图 8.25 所示。图像显示部分显示阵列故障前后故障后的三维方向图及主平面方向图的对比。

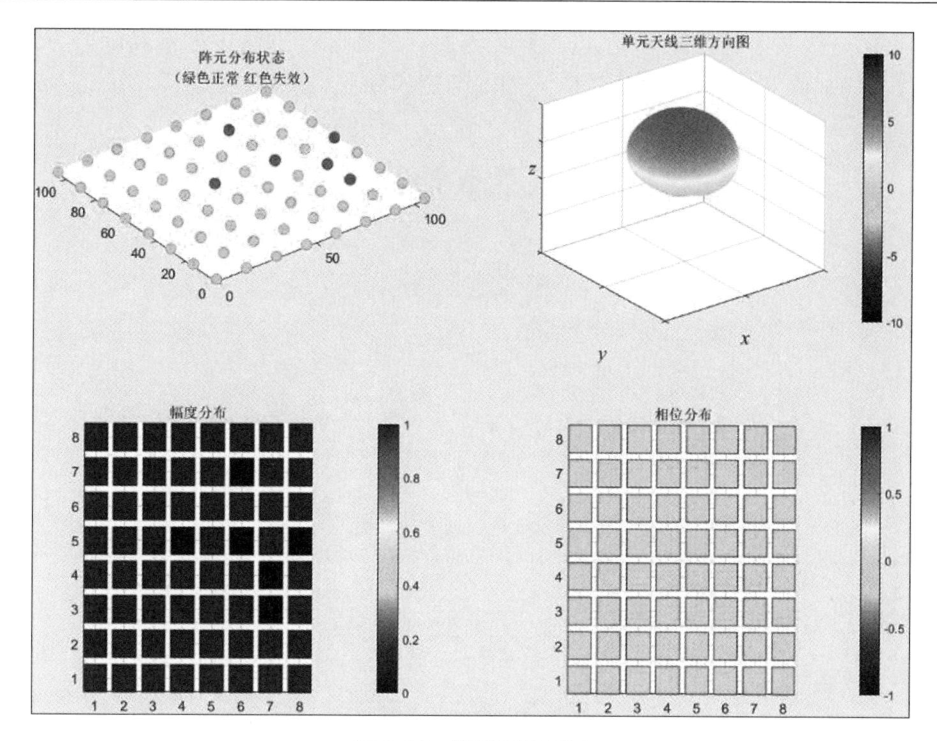

图 8.24　阵列图像显示

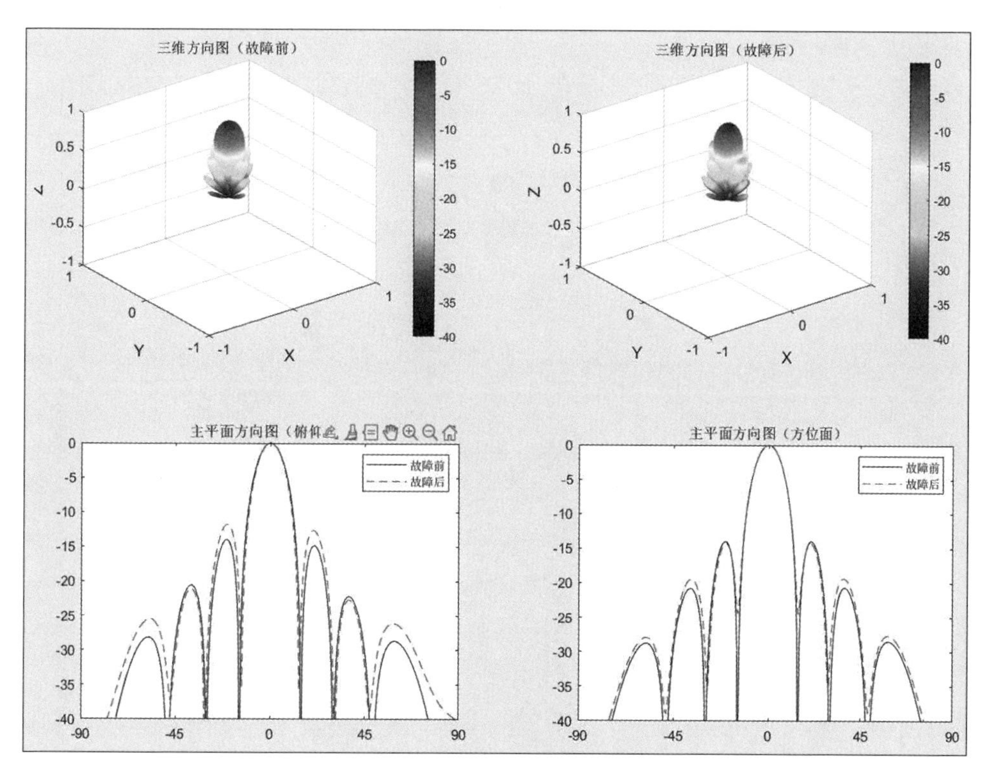

图 8.25　分析方向图显示

单击第一级菜单的性能修复,进入修复界面。选择综合方法中的泰勒综合方法进行修复,选择局部修复方式,修复失效阵元周围两圈的阵元,设置修复波束指向偏差不超过0.5,主瓣偏差不超过85%,副瓣偏差不超过1 dB。单击预览查看,如图8.26所示。

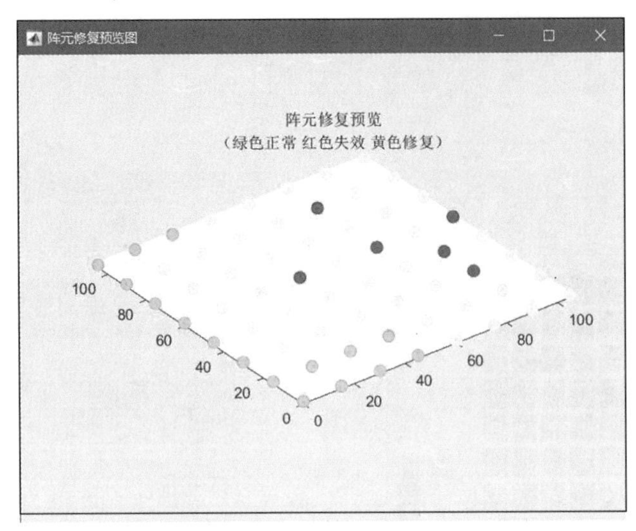

图8.26 阵元修复预览

单击修复,进化修复软件进行修复计算,修复完成后,显示阵列修复后的三维方向图及主平面方向图,如图8.27所示。

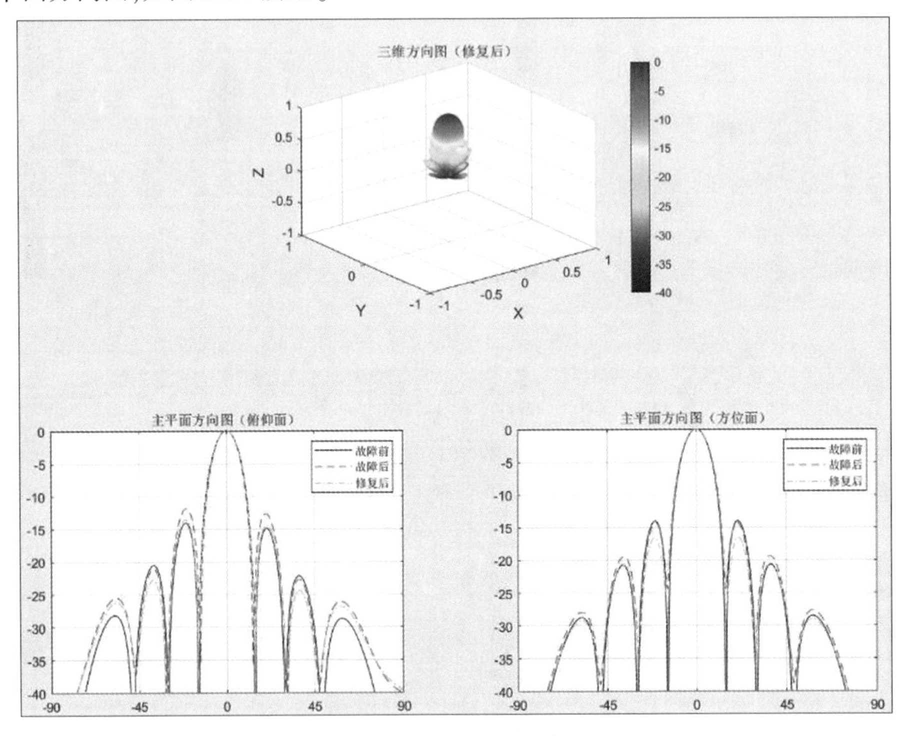

图8.27 修复结果显示

单击导出数据，如要导出修复阵列配置，单击第一级菜单的导出数据，如图 8.28 所示，可进行阵列配置、方向图数据的导出。

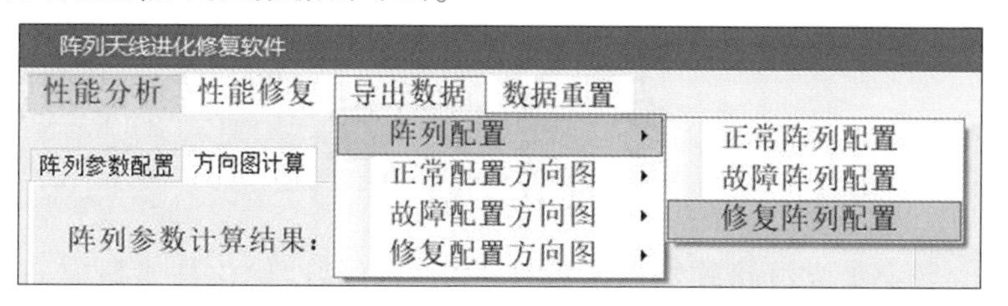

图 8.28　导出数据界面

单击数据重置，重新加载图窗，图像显示界面返回初始界面。

8.4　本章小结

本章设计了包括硬件平台和进化自修复软件的相控阵雷达阵列天线仿生自修复实验系统总体结构，设计了实验系统硬件平台结构，实现了天线阵列、开关网络、TR 组件、控制系统，完成了实验系统的集成。设计了进化修复软件的结构，开发了方向图综合、方向图分析、进化修复计算等模块，完成了进化修复软件的开发。阵列天线仿生自修复实验系统为所提移除-进化自修复方法、多层次仿生结构、进化自修复方法的实验、验证提供了基础，为阵列天线仿生自修复理论持续研究提供了实验平台。

参考文献

[1] 绳伟光. 数字集成电路软错误敏感性分析与可靠性优化技术研究[D]. 哈尔滨：哈尔滨工业大学，2009.

[2] 吴翔虎. COTS 微处理器软件容错性能的研究[D]. 哈尔滨：哈尔滨工业大学，2007.

[3] 吴艳霞. 基于汇编语言的控制流错误检测算法研究[D]. 哈尔滨：哈尔滨工程大学，2008.

[4] 孙岩. 纳米集成电路软错误分析与缓解技术研究[D]. 长沙：国防科学技术大学，2010.

[5] DE GARIS H. Genetic programming artificial nervous systems artificial embryos and embryological electronics[M]//SCHWEFEL H P, M NNER R, eds. Lecture Notes in Computer Science. Berlin, Heidelberg: Springer Berlin Heidelberg, 1991: 117-123.

[6] DE GARIS H. EVOLVABLE HARDWARE genetic programming of a Darwin machine [C]//Artificial Neural Nets and Genetic Algorithms. Vienna: Springer, 1993: 441-449.

[7] MANGE D, SANCHEZ E, STAUFFER A, et al. Embryonics: A new methodology for designing field-programmable gate arrays with self-repair and self-replicating properties [J]. IEEE transactions on very large scale integration (VLSI) systems, 1998, 6(3): 387-399.

[8] ORTEGA-SÁNCHEZ C, TYRRELL A. MUXTREE revisited: Embryonics as a reconfiguration strategy in fault-tolerant processor arrays[M]//SIPPER M, MANGE D, PÉREZ-URIBE A, eds. Lecture Notes in Computer Science. Berlin, Heidelberg: Springer Berlin Heidelberg, 1998: 206-217.

[9] STAUFFER A, MANGE D, TEMPESTI G, et al. A self-repairing and self-healing electronic watch: The BioWatch[M]//Lecture Notes in Computer Science. Berlin, Heidelberg: Springer Berlin Heidelberg, 2001: 112-127.

[10] ORTEGA-SANCHEZ C, MANGE D, SMITH S, et al. Embryonics: A bio-inspired cellular architecture with fault-tolerant properties [J]. Genetic programming and evolvable machines, 2000, 1(3): 187-215.

[11] RESTREPO H F, MANGE D. An embryonics implementation of a self-replicating universal turing machine[M]//Lecture Notes in Computer Science. Berlin, Heidelberg: Springer Berlin Heidelberg, 2001: 74-87.

[12] TEMPESTI G, MANGE D, PETRAGLIO E, et al. Developmental processes in silicon: An engineering perspective[C]//NASA/DoD Conference on Evolvable Hardware, 2003. Proceedings. Chicago, IL, USA. IEEE, 2003: 255-264.

[13] TEUSCHER C, MANGE D, STAUFFER A, et al. Bio-inspired computing tissues: Towards machines that evolve, grow, and learn[J]. Bio systems, 2003, 68(2/3): 235-244.

[14] TYRRELL A M, SANCHEZ E, FLOREANO D, et al. POEtic tissue: An integrated architecture for bio-inspired hardware[M]//TYRRELL A M, HADDOW P C, TORRESEN J, eds. Lecture Notes in Computer Science. Berlin, Heidelberg: Springer Berlin Heidelberg, 2003: 129-140.

[15] MANUEL MORENO J, THOMA Y, SANCHEZ E, et al. Hardware realization of a bio-inspired POEtic tissue[C]//Proceedings of 2004 NASA/DoD Conference on Evolvable Hardware. Seattle, WA, USA. IEEE, 2004: 237-244.

[16] THOMA Y, TEMPESTI G, SANCHEZ E, et al. POEtic: An electronic tissue for bio-inspired cellular applications[J]. Biosystems, 2004, 76(1/2/3): 191-200.

[17] MORENO J M, THOMA Y, SANCHEZ E. POEtic: A prototyping platform for bio-inspired hardware[M]//Lecture Notes in Computer Science. Berlin, Heidelberg: Springer Berlin Heidelberg, 2005: 177-187.

[18] ROSSIER J, THOMA Y, MUDRY P A, et al. MOVE processors that self-replicate and differentiate[C].//Proceedings of Second International Workshop on Biologically Inspired Approaches to Advanced Information Technology, Osaka: Springer-Verlag, 2006: 160-175.

[19] BARKER W, HALLIDAY D M, THOMA Y, et al. Fault tolerance using dynamic reconfiguration on the POEtic tissue[J]. IEEE transactions on evolutionary computation, 2007, 11(5): 666-684.

[20] BROUSSE O, SASSATELLI G, GIL T, et al. The perplexus programming framework: Combining bio-inspiration and agent-oriented programming for the simulation of large scale complex systems[M]//Lecture Notes in Computer Science. Berlin, Heidelberg: Springer Berlin Heidelberg, 2008: 402-407.

[21] UPEGUI A, THOMA Y, PEREZ-URIBE A, et al. Dynamic routing on the ubichip: Toward synaptogenetic neural networks[C]//2008 NASA/ESA Conference on Adaptive Hardware and Systems. Noordwijk, Netherlands. IEEE, 2008: 228-235.

[22] UPEGUI A, THOMA Y, SANCHEZ E, et al. The Perplexus bio-inspired reconfigurable circuit[C]//Second NASA/ESA Conference on Adaptive Hardware and Systems (AHS 2007). Edinburgh, UK. IEEE, 2007: 600-605.

[23] BROUSSE O, GUILLOT J, SASSATELLI G, et al. A bio-inspired agent framework

for hardware accelerated distributed pervasive applications[C]//2009 NASA/ESA Conference on Adaptive Hardware and Systems. San Francisco, CA, USA. IEEE, 2009: 415-422.

[24] THOMA Y, UPEGUI A. UbiManager: A software tool for managing ubichips[C]// 2008 NASA/ESA Conference on Adaptive Hardware and Systems. Noordwijk, Netherlands. IEEE, 2008: 213-219.

[25] UPEGUI A, THOMA Y, SATIZ BAL H F, et al. Ubichip, ubidule, and MarXbot: A hardware platform for the simulation of complex systems[C]//International Conference on Evolvable Systems. Berlin, Heidelberg: Springer, 2010: 286-298.

[26] ORTEGA C. Biologically inspired reconfigurable hardware for dependable applications [C]//IEE Half-day Colloquium on Hardware Systems for Dependable Applications. London, UK. IEE, 1997: 1-4.

[27] ORTEGA-SANCHEZ C, TYRRELL A. Fault-tolerant systems: The way biology does it! [C]//Proceedings 23rd Euromicro Conference New Frontiers of Information Technology - Short Contributions -. Budapest, Hungary. IEEE, 1997: 146-151.

[28] BRADLEY D, ORTEGA-SANCHEZ C, TYRRELL A. Embryonics immunotronics: A bio-inspired approach to fault tolerance[C]//Proceedings of The Second NASA/DoD Workshop on Evolvable Hardware. Palo Alto, CA, USA. IEEE, 2000: 215-223.

[29] CANHAM R O, TYRRELL A M. A hardware artificial immune system and embryonic array for fault tolerant systems[J]. Genetic programming and evolvable machines, 2003, 4(4): 359-382.

[30] JACKSON A H, TYRRELL A M. Implementing asynchronous embryonic circuits using AARDVArc[C]//Proceedings 2002 NASA/DoD Conference on Evolvable Hardware. Alexandria, VA, USA. IEEE, 2002: 231-240.

[31] JACKSON A H, CANHAM R, TYRRELL A M. Robot fault-tolerance using an embryonic array[C]//NASA/DoD Conference on Evolvable Hardware, 2003. Proceedings. Chicago, IL, USA. IEEE, 2003: 91-100.

[32] GREENSTED A J, TYRRELL A M. Extrinsic evolvable hardware on the RISA architecture[C]//International Conference on Evolvable Systems. Berlin, Heidelberg: Springer, 2007: 244-255.

[33] GREENSTED A J, TYRRELL A M. RISA: A hardware platform for evolutionary design[C]//2007 IEEE Workshop on Evolvable and Adaptive Hardware (WEAH2007). Honolulu, HI, USA. IEEE, 2007: 1-7.

[34] SAMIE M, DRAGFFY G, POPESCU A, et al. Prokaryotic bio-inspired model for embryonics[C]//2009 NASA/ESA Conference on Adaptive Hardware and Systems. San Francisco, CA, USA. IEEE, 2009: 163-170.

[35] SAMIE M, DRAGFFY G, POPESCU A, et al. Prokaryotic bio-inspired system[C]//2009 NASA/ESA Conference on Adaptive Hardware and Systems. San Francisco, CA, USA. IEEE, 2009: 171-178.

[36] SAMIE M, DRAGFFY G, PIPE T. UNITRONICS: A novel bio-inspired fault tolerant cellular system[C]//2011 NASA/ESA Conference on Adaptive Hardware and Systems (AHS). San Diego, CA, USA. IEEE, 2011: 58-65.

[37] BREMNER P, LIU Y, SAMIE M, et al. SABRE: A bio-inspired fault-tolerant electronic architecture[J]. Bioinspiration & biomimetics, 2013, 8(1): 016003.

[38] SZASZ C, CHINDRIS V. Fault-tolerance properties and self-healing abilities implementation in FPGA-based embryonic hardware systems[C]//2009 7th IEEE International Conference on Industrial Informatics. Cardiff, UK. IEEE, 2009: 155-160.

[39] SZÁSZ C, CHINDRIS V. Fault-tolerance abilities implementation with spare cells in bio-inspired hardware systems[C]//2009 35th Annual Conference of IEEE Industrial Electronics. Porto, Portugal. IEEE, 2009: 3329-3334.

[40] SZÁSZ C, CHINDRIS V. Development of hardware redundant embryonic structure for high reliability control applications[C]//2010 12th International Conference on Optimization of Electrical and Electronic Equipment. Brasov, Romania. IEEE, 2010: 728-733.

[41] SZÁSZ C, CHINDRIS V. Self-healing and artificial immune properties implementation upon FPGA-based embryonic network[C]//2010 IEEE International Conference on Automation, Quality and Testing, Robotics (AQTR). Cluj-Napoca, Romania. IEEE, 2010: 1-6.

[42] SZÁSZ C, CHINDRIS V. Self-organizing and fault-tolerant behaviors approach in bio-inspired hardware redundant network structures[C]//2010 IEEE 14th International Conference on Intelligent Engineering Systems. Las Palmas, Spain. IEEE, 2010: 37-42.

[43] KIM S, CHU H, YANG I, et al. A hierarchical self-repairing architecture for fast fault recovery of digital systems inspired from paralogous gene regulatory circuits[J]. IEEE transactions on very large scale integration (VLSI) systems, 2012, 20(12): 2315-2328.

[44] YANG I, JUNG S H, CHO K H. Self-repairing digital system with unified recovery process inspired by endocrine cellular communication[J]. IEEE transactions on very large scale integration (VLSI) systems, 2013, 21(6): 1027-1040.

[45] 刘慧, 朱明程. 一种新型仿生硬件容错系统: 胚胎电子系统[J]. 半导体技术, 2002, 27(5): 29-32.

[46] 赵倩, 俞承芳. 胚胎阵列在容错系统中的应用[J]. 信息与电子工程, 2006, 4(2): 153-156.

[47] 荣昊亮，俞承芳. 基于胚胎细胞阵列可容错系统的 FPGA 验证[J]. 复旦学报(自然科学版)，2006，45(1)：127-130.
[48] 赵倩，俞承芳. 胚胎阵列容错系统中单细胞替换的实现[J]. 复旦学报(自然科学版)，2006，45(4)：550-554.
[49] 林勇，罗文坚，钱海，等. n×n 阵列胚胎电子系统应用中的优化设计问题分析[J]. 中国科学技术大学学报，2007，37(2)：171-176.
[50] 林勇. 基于进化型硬件的容错方法研究[D]. 合肥：中国科学技术大学，2007.
[51] 姚睿，王友仁，于盛林. 胚胎型仿生硬件及其关键技术研究[J]. 河南科技大学学报(自然科学版)，2005，26(3)：33-36.
[52] 姚睿，王友仁，于盛林. 胚胎型仿生硬件结构容错机制与设计方法研究[J]. 计算机测量与控制，2005，13(9)：973-975.
[53] 马薇薇，王友仁. 基于多路选择器的胚胎电子系统的设计与实现[J]. 微电子学与计算机，2006，23(6)：5-8.
[54] WANG Y R, YANG S S. New self-repairing digital circuit based on embryonic cellular array[C]//2006 8th International Conference on Solid-State and Integrated Circuit Technology Proceedings. Shanghai, China. IEEE, 2007: 1997-1999.
[55] ZHANG Y, WANG Y R, YANG S S, et al. Design of a cell in embryonic systems with improved efficiency and fault-tolerance[C]//International Conference on Evolvable Systems. Berlin, Heidelberg: Springer, 2007: 129-139.
[56] ZHANG Z, WANG Y R, YANG S S, et al. The research of self-repairing digital circuit based on embryonic cellular array[J]. Neural computing and applications, 2008, 17(2): 145-151.
[57] 谷銮. 胚胎型硬件重构控制配置技术研究[D]. 南京：南京航空航天大学，2007.
[58] 王海滨. 胚胎电子系统配置控制技术研究[D]. 南京：南京航空航天大学，2008.
[59] 杨姗姗. 胚胎型仿生硬件细胞电路设计与自修复方法研究[D]. 南京：南京航空航天大学，2007.
[60] 杨姗姗，王友仁. 胚胎型仿生电路中具有自修复性能的存储器设计[J]. 计算机测量与控制，2009，17(1)：164-166.
[61] 郝国锋. 可重构硬件自诊断与自修复技术研究[D]. 南京：南京航空航天大学，2011.
[62] 郝国锋，王友仁，张砦，等. 可重构硬件内建自测试与容错机制研究[J]. 仪器仪表学报，2011，32(4)：856-862.
[63] 张宇，王友仁，张砦. 用于可重构硬件容错过程的辅助布线电路设计[J]. 小型微型计算机系统，2010，31(3)：561-565.
[64] 孙川. 可重构阵列自测试与容错技术研究[D]. 南京：南京航空航天大学，2010.
[65] 孙川，王友仁，张砦，等. 可重构阵列自主容错方法[J]. 信息与控制，2010，39

(5): 568-573.

[66] 郝国锋, 王友仁, 张砦, 等. 可重构硬件芯片级故障定位与自主修复方法[J]. 电子学报, 2012, 40(2): 384-388.

[67] 王敏,王友仁,张砦. 三维结构可重构阵列在线自诊断与容错方法[J]. 仪器仪表学报. 2013, 34(3): 650-656.

[68] 王敏, 王友仁, 张砦. 三维可重构阵列互连资源在线分布式容错方法[J]. 计算机应用研究, 2013, 30(8): 2360-2363.

[69] 张砦, 王友仁. 基于可靠性分析的胚胎硬件容错策略选择方法[J]. 系统工程理论与实践, 2013, 33(1): 236-242.

[70] ZHANG Z, WANG Y R. Method to self-repairing reconfiguration strategy selection of embryonic cellular array on reliability analysis[C]//2014 NASA/ESA Conference on Adaptive Hardware and Systems (AHS). Leicester, UK. IEEE, 2014: 225-232.

[71] 张砦, 王友仁. 基于可靠性优化的芯片自愈型硬件细胞阵列布局方法[J]. 航空学报, 2014, 35(12): 3392-3402.

[72] XU J Q, DOU Y, LV Q, et al. Etissue: A bio-inspired match-based reconfigurable hardware architecture supporting hierarchical self-healing and self-evolution[C]//2011 NASA/ESA Conference on Adaptive Hardware and Systems (AHS). San Diego, CA, USA. IEEE, 2011: 311-318.

[73] 徐佳庆, 窦勇, 吕启, 等. 电子组织: 一种具有自适应能力的可重构仿生硬件结构[J]. 计算机研究与发展, 2012, 49(9): 2005-2017.

[74] 周贵峰,钱彦岭,王南天,等. 胚胎型仿生硬件结构 FIR 滤波器设计与仿真[J]. 电子测量与仪器学报. 2010, 24: 61-65.

[75] 周贵峰. 基于胚胎型细胞电路的 FIR 滤波器仿生自修复技术研究[D]. 长沙: 国防科学技术大, 2010.

[76] XU G L, XIA Z H, WANG H B, et al. Design of embryo-electronic systems capable of self-diagnosing and self-healing and configuration control[J]. Chinese journal of aeronautics, 2009, 22(6): 637-643.

[77] 王南天. 基于原核仿生阵列的自修复技术研究[D]. 长沙: 国防科学技术大学, 2011.

[78] 李岳, 王南天, 钱彦岭. 原核细胞仿生自修复电路设计[J]. 国防科技大学学报, 2012, 34(3): 154-157.

[79] 吕启, 徐佳庆, 窦勇, 等. 一种仿生的面向可重构多细胞阵列的分布式定序方法[J]. 小型微型计算机系统, 2011, 32(11): 2289-2294.

[80] LI T P, QIAN Y L, LI Y. Bus-structure-based embryonic bio-inspired hardware technology[C]//2012 4th International Conference on Intelligent Human-Machine Systems and Cybernetics. Nanchang, China. IEEE, 2012: 157-161.

[81] 李岳, 钱彦岭, 李廷鹏, 等. 基于总线结构的胚胎型仿生自修复结构及方法: CN102662805B[P]. 2014-05-14.

[82] 李廷鹏. 基于总线结构的仿生自修复技术研究[D]. 长沙: 国防科学技术大学, 2012.

[83] SAMIE M, DRAGFFY G, TYRRELL A M, et al. Novel bio-inspired approach for fault-tolerant VLSI systems[J]. IEEE transactions on very large scale integration (VLSI) systems, 2013, 21(10): 1878-1891.

[84] STAUFFER A, MANGE D, PETRAGLIO E, et al. Self-replication of 3D universal structures[C]//Proceedings of 2004 NASA/DoD Conference on Evolvable Hardware. Seattle, WA, USA. IEEE, 2004: 283-287.

[85] TYRRELL A M, SUN H. A honeycomb development architecture for robust fault-tolerant design[C]//First NASA/ESA Conference on Adaptive Hardware and Systems (AHS'06). Istanbul. IEEE, 2006: 281-287.

[86] THOMAS A, R CKAUER M, BECKER J. HoneyComb: An application-driven online adaptive reconfigurable hardware architecture[J]. International journal of reconfigurable computing, 2012, 2012(1): 832531.

[87] SAMIE M, FARJAH E, DRAGFFY G. Cyclic metamorphic memory for cellular bio-inspired electronic systems[J]. Genetic programming and evolvable machines, 2008, 9(3): 183-201.

[88] BREMNER P, SAMIE M, DRAGFFY G, et al. Evolving cell array configurations using CGP[C]//European Conference on Genetic Programming. Berlin, Heidelberg: Springer, 2011: 73-84.

[89] ZHAN S, MILLER J F, TYRRELL A M. Modular design from gene regulation in a cellular system[C]//IEEE Congress on Evolutionary Computation. Barcelona, Spain. IEEE, 2010: 1-8.

[90] XU J Q, LV Q, LI T, et al. A bio-inspired self-organizing approach for multicellular embryonic architecture[C]//2012 NASA/ESA Conference on Adaptive Hardware and Systems (AHS). Erlangen, Germany. IEEE, 2012: 145-151.

[91] BOESEN M R, MADSEN J. EDNA: A Bio-inspired reconfigurable hardware cell architecture supporting self-organisation and self-healing[C]//2009 NASA/ESA Conference on Adaptive Hardware and Systems. San Francisco, CA, USA. IEEE, 2009: 147-154.

[92] SIPPER M, SANCHEZ E, MANGE D, et al. A phylogenetic, ontogenetic, and epigenetic view of bio-inspired hardware systems[J]. IEEE transactions on evolutionary computation, 1997, 1(1): 83-97.

[93] 徐佳庆. 仿生自适应多细胞阵列体系结构研究[D]. 长沙: 国防科学技术大

学, 2012.

[94] YAO X, HIGUCHI T. Promises and challenges of evolvable hardware[J]. IEEE transactions on systems, man, and cybernetics, part C (applications and reviews), 1999, 29(1): 87-97.

[95] HADDOW P C, TYRRELL A M. Challenges of evolvable hardware: Past, present and the path to a promising future[J]. Genetic programming and evolvable machines, 2011, 12(3): 183-215.

[96] 张伟, 李元香, 戴志峰, 等. 模拟电路在线演化平台 ANEHP-Alpha[J]. 武汉大学学报(工学版), 2008, 41(2): 116-120.

[97] 何国良, 李元香, 史忠植. 基于精英池演化算法的数字电路在片演化方法[J]. 计算机学报, 2010, 33(2): 365-372.

[98] 王友仁,任晋华. 一种低功耗多功能开关电流型 FPAA 的设计[J]. 仪器仪表学报. 2013, 34(12): 2722-2729.

[99] STOICA A, KEYMEULEN D, ZEBULUM R, et al. Evolution of analog circuits on field programmable transistor arrays[C]//Proceedings of The Second NASA/DoD Workshop on Evolvable Hardware. Palo Alto, CA, USA. IEEE, 2000: 99-108.

[100] 谢曼,李元香. 演化硬件及其进展[J]. 武汉大学学报(自然科学版). 1999, 45(5(B)): 761-766.

[101] 王友仁, 崔坚, 游霞, 等. 仿生硬件及其进展[J]. 中国空间科学技术, 2004, 24(6): 32-42.

[102] 姚睿. 数字进化硬件关键技术研究[D]. 南京: 南京航空航天大学, 2008.

[103] 王婷, 兰巨龙, 邬钧霆. 基于演化硬件的硬件重构编码方案及演化算法研究[J]. 通信学报, 2012, 33(8): 35-41.

[104] OREIFEJ R S, DEMARA R F. Intrinsic evolvable hardware platform for digital circuit design and repair using genetic algorithms[J]. Applied soft computing, 2012, 12(8): 2470-2480.

[105] 游霞, 王友仁, 周波. 硬件内部进化原理及其实现[J]. 计算机测量与控制, 2006, 14(1): 120-122.

[106] 游霞, 王友仁, 周波. 仿生硬件在线进化技术研究[J]. 测控技术, 2006, 25(3): 69-71.

[107] 孟庆锋, 涂航, 李元香. 一种外部进化的函数级演化硬件[J]. 计算机工程, 2005, 31(13): 56-58.

[108] 何国良, 李元香, 涂航, 等. 演化硬件平台的数字电路仿真算法[J]. 系统仿真学报, 2006, 18(9): 2661-2664.

[109] 何国良, 李元香, 涂航, 等. 一种多层次数字电路仿真算法[J]. 武汉大学学报(信息科学版), 2006, 31(12): 1120-1123.

[110] 朱继祥, 李元香, 夏学文. 演化硬件的容错模式研究[J]. 小型微型计算机系统, 2010, 31(12): 2472-2475.

[111] 龚健, 杨孟飞. 基于可进化硬件的容错技术及其原理[J]. 航天控制, 2006, 24(6): 72-76.

[112] 韩月平, 刘泳, 孙雅茹, 等. 演化硬件容错技术的研究[J]. 系统工程与电子技术, 2005, 27(3): 416-418.

[113] 姚睿, 王友仁, 于盛林, 等. 基于进化硬件的自修复 TMR 系统设计及其可靠性分析[J]. 传感器与微系统, 2007, 26(8): 72-75.

[114] 姚睿, 王友仁, 于盛林, 等. 具有在线修复能力的强容错三模冗余系统设计及实验研究[J]. 电子学报, 2010, 38(1): 177-183.

[115] ZHANG J B, CAI J Y, MENG Y F, et al. Fault self-repair strategy based on evolvable hardware and reparation balance technology[J]. Chinese journal of aeronautics, 2014, 27(5): 1211-1222.

[116] 纪震, 田涛, 朱泽轩. 进化硬件研究进展[J]. 深圳大学学报(理工版), 2011, 28(3): 255-263.

[117] HUNTER M V, LEE D M, HARRIS T J C, et al. Polarized E-cadherin endocytosis directs actomyosin remodeling during embryonic wound repair[J]. The Journal of cell biology, 2015, 210(5): 801-816.

[118] 波杨,梁静群,刘涛,等. 干细胞参与运动损伤的组织修复[J]. 中国组织工程研究与临床康复. 2011, 15(10): 1867-1870.

[119] 李偏,芮钢. 骨髓基质干细胞与骨缺损的修复[J]. 中国组织工程研究与临床康复. 2011, 15(1): 135-138.

[120] 史雪梅,张惠兰,熊盛道. 成体干细胞 Niche 与肺脏修复[J]. 细胞生物学杂志. 2007, 29(6): 835-839.

[121] 姚鹏. 肝损伤的干细胞治疗[J]. 肝脏, 2014, 19(12): 986-990.

[122] 孙虹, 翁立新. 干细胞在神经创伤修复中的应用[J]. 中国组织工程研究, 2012, 16(45): 8535-8542.

[123] 李红伟,杨波. 神经干细胞与神经修复[J]. 中国临床康复. 2006, 10(37): 107-110.

[124] 黄河, 汤耀卿. 内皮祖细胞在炎症损伤修复中的作用和机制[J]. 生命科学, 2008, 20(2): 225-230.

[125] 周云, 沃兴德. 巨噬源性泡沫细胞形成过程中的机理研究及其进展[J]. 生命科学, 2010, 22(6): 579-582.

[126] 李丹, 任亚娜, 范华骅. 巨噬细胞的分类及其调节性功能的差异[J]. 生命科学, 2011, 23(3): 249-254.

[127] 张翔南,陈忠. 缺血性脑损伤中的自噬——研究进展与挑战[J]. 中国科学: 生

命科学. 2014, 44(4): 379-386.

[128] 张颖,张卯年. 眼细胞间通信研究进展[J]. 眼科研究. 2005, 23(2): 213217.

[129] MANGE D, GOEKE M, MADON D, et al. Embryonics: A new family of coarse-grained field-programmable gate array with self-repair and self-reproducing properties[C]//1996 IEEE International Symposium on Circuits and Systems (ISCAS). Atlanta, GA, USA. IEEE, 1996: 25-28.

[130] KIM J E, LIN J, MCMURCHIE L, et al. Mitigation of single-and multiple-cycle-duration SETs using double-mode-redundancy (DMR) in time[C]//2005 IEEE Aerospace Conference. Big Sky, MT, USA. IEEE, 2005: 1-10.

[131] 黄飞鸿. 基于 LUT 的 FPGA 工艺映射优化[D]. 西安: 西安电子科技大学, 2010.

[132] BETZ V, ROSE J. VPR: a new packing, placement and routing tool for FPGA research[M]//Lecture Notes in Computer Science. Berlin, Heidelberg: Springer Berlin Heidelberg, 1997: 213-222.

[133] LUU J, KUON I, JAMIESON P, et al. VPR 5.0: FPGA CAD and architecture exploration tools with single-driver routing, heterogeneity and process scaling[J]. ACM transactions on reconfigurable technology and systems. 2011, 4(4): 31-32.

[134] ROSE J, LUU J, YU C W, et al. The VTR project: Architecture and CAD for FPGAs from verilog to routing[C]//Proceedings of the ACM/SIGDA international symposium on Field Programmable Gate Arrays. Monterey California USA. ACM, 2012: 77-86.

[135] LUU J, GOEDERS J, WAINBERG M, et al. Vtr 7.0[J]. ACM transactions on reconfigurable technology and systems, 2014, 7(2): 1-30.

[136] 徐金全,郭宏,张秦岭,等. 基于余度和容错技术的高可靠机载智能配电系统设计[J]. 航空学报. 2011, 32(11): 2117-2123.

[137] YUAN L, MENG X Y. Reliability analysis of a warm standby repairable system with priority in use[J]. Applied mathematical modelling, 2011, 35(9): 4295-4303.

[138] 董学军, 武小悦, 陈英武. 基于 Markov 链互模拟的航天器发射任务可靠度模型[J]. 系统工程理论与实践, 2012, 32(10): 2323-2331.

[139] 王新华, 甄子洋, 龚华军, 等. 故障容错光交叉通道数据链路的可靠性[J]. 航空学报, 2011, 32(8): 1524-1530.

[140] WANG L Y, CUI L R. Aggregated semi-Markov repairable systems with history-dependent up and down states[J]. Mathematical and computer modelling, 2011, 53(5/6): 883-895.

[141] 狄鹏, 黎放, 陈童. 考虑不同维修效果的多状态可修系统可靠性模型[J]. 兵工学报, 2014, 35(9): 1488-1494.

[142] ZHANG X, DRAGFFY G, PIPE A G, et al. Partial-DNA supported artificial-life in an embryonic array[C].//Proceedings of the International Conference on Engineering of ReconfigurableSystems and Algorithms, ERSA'04, Las Vegas, NV, United States: CSREA Pressathens, 2004: 203-208.

[143] SAMIE M, DRAGFFY G, PIPE T, et al. Unicellular self-healing electronic array [C].//Proceedings of 2nd International Through-Life Engineering Services Conference, Cranfield, United kingdom: Elsevier, 2013: 400-405.

[144] ORTEGA C, TYRRELL A. Reliability analysis in self-repairing embryonic systems [C]//Proceedings of the First NASA/DoD Workshop on Evolvable Hardware. Pasadena, CA, USA. IEEE, 1999: 120-128.

[145] ORTEGA C, TYRRELL A. Self-repairing multicellular hardware: A reliability analysis [M]//FLOREANO D, NICOUD J D, MONDADA F, eds. Lecture Notes in Computer Science. Berlin, Heidelberg: Springer Berlin Heidelberg, 1999: 442-446.

[146] 杨之廉, 许军. 集成电路导论[M]. 2 版. 北京: 清华大学出版社, 2012: 123-127.

[147] 叶以正, 来逢昌. 集成电路设计[M]. 北京: 清华大学出版社, 2011: 238-245.

[148] 陈伯孝. 现代雷达系统分析与设计[M]. 西安: 西安电子科技大学出版社, 2012: 188-198.

[149] 皮亦鸣,杨建宇,付毓生,等. 合成孔径雷达成像原理[M]. 成都: 电子科技大学出版社, 2007.

[150] 孟田珍. 电子细胞阵列结构研究与数字自修复电路设计[D]. 南京:中国人民解放军陆军工程大学, 2014.

[151] 贝兹,马夸特,罗斯. 深亚微米 FPGA 结构与 CAD 设计[M]. 王伶俐,杨萌,周学功,译. 北京: 电子工业出版社, 2008: 10-85.

[152] 谈世哲, 李健, 管殿柱. 基于 Xilinx ISE 的 FPGA/CPLD 设计与应用[M]. 北京: 电子工业出版社, 2009: 10-14.

[153] 沈涛,李传志,张小平,等. Xilinx FPGA/CPLD 设计初级教程[M]. 西安: 西安电子科技大学出版社, 2009: 14-23.

[154] 杨士元. 数字系统的故障诊断与可靠性设计[M]. 2 版. 北京: 清华大学出版社, 1999: 271-277.